软件开发视频大讲堂

U0154894

R 语言数据分析从入门到精通

明日科技　编著

清华大学出版社

北　京

内 容 简 介

《R语言数据分析从入门到精通》从初学者角度出发，通过通俗易懂的语言、丰富多彩的实例，详细介绍了R语言基础知识、核心技术与高级应用。全书分为3篇，共16章，包括初识R语言、集成开发环境RStudio、R语言入门、数据结构、流程控制语句、日期和时间序列、获取数据、数据处理与清洗、数据计算与分组统计、基本绘图、ggplot2高级绘图、lattice高级绘图、基本统计分析、方差分析、回归分析和时间序列分析等内容。所有知识都结合具体实例进行讲解，涉及的程序代码给出了详细的注释，还有部分代码解析。全书共计242个应用实例，学练结合，读者可以轻松领悟R语言数据分析的精髓，快速提升数据分析技能。

另外，本书除了纸质内容，还配备了77集教学视频和PPT电子课件。

本书既适合作为R语言入门者的自学用书，也适合作为高等院校统计学等相关专业的教学参考书，还可供开发人员查阅和参考。

图书在版编目（CIP）数据

R语言数据分析从入门到精通 / 明日科技编著. —北京：清华大学出版社，2024.1
（软件开发视频大讲堂）
ISBN 978-7-302-65050-8

Ⅰ．①R… Ⅱ．①明… Ⅲ．①程序语言—程序设计 Ⅳ．①TP312

中国国家版本馆CIP数据核字（2024）第004533号

责任编辑：贾小红
封面设计：刘　超
版式设计：文森时代
责任校对：马军令
责任印制：刘海龙

出版发行：清华大学出版社
　　　　网　　　址：https://www.tup.com.cn，https://www.wqxuetang.com
　　　　地　　　址：北京清华大学学研大厦A座　　　　　　**邮　　编**：100084
　　　　社 总 机：010-83470000　　　　　　　　　　　　**邮　　购**：010-62786544
　　　　投稿与读者服务：010-62776969，c-service@tup.tsinghua.edu.cn
　　　　质量反馈：010-62772015，zhiliang@tup.tsinghua.edu.cn
印 装 者：三河市东方印刷有限公司
经　　销：全国新华书店
开　　本：203mm×260mm　　　　**印　　张**：20.75　　　　**字　　数**：550千字
版　　次：2024年3月第1版　　　　　　　　　　　　**印　　次**：2024年3月第1次印刷
定　　价：89.80元

产品编号：103279-01

前　言

Preface

丛书说明： "软件开发视频大讲堂"丛书第 1 版于 2008 年 8 月出版，因其编写细腻、易学实用、配备海量学习资源和全程视频等，在软件开发类图书市场上产生了很大反响，绝大部分品种在全国软件开发零售图书排行榜中名列前茅，2009 年多个品种被评为"全国优秀畅销书"。

"软件开发视频大讲堂"丛书第 2 版于 2010 年 8 月出版，第 3 版于 2012 年 8 月出版，第 4 版于 2016 年 10 月出版，第 5 版于 2019 年 3 月出版，第 6 版于 2021 年 7 月出版。十五年间反复锤炼，打造经典。丛书迄今累计重印 680 多次，销售 400 多万册，不仅深受广大程序员的喜爱，还被百余所高校选为计算机、软件等相关专业的教学参考用书。

"软件开发视频大讲堂"丛书第 7 版在继承前 6 版所有优点的基础上，进行了大幅度的修订。第一，根据当前的技术趋势与热点需求调整品种，拓宽了程序员岗位就业技能用书；第二，对图书内容进行了深度更新、优化，如优化了内容布置，弥补了讲解疏漏，将开发环境和工具更新为新版本，增加了对新技术点的剖析，将项目替换为更能体现当今 IT 开发现状的热门项目等，使其更与时俱进，更适合读者学习；第三，改进了教学微课视频，为读者提供更好的学习体验；第四，升级了开发资源库，提供了程序员"入门学习→技巧掌握→实例训练→项目开发→求职面试"等各阶段的海量学习资源；第五，为了方便教学，制作了全新的教学课件 PPT。

R 语言最初是由新西兰奥克兰大学统计系的 Ross Ihaka 和 Robert Gentleman 教授在 S 语言基础上开发完成的。之所以叫作 R 语言，是因为两位教授名字的第一个字母都是 R。

R 语言是一门解释型的编程语言，同时也是一门数学逻辑性极强的开发语言。它具有出色的计算与统计分析能力，可以用较少的代码完成许多复杂的数据分析工作。简而言之，R 语言是一款极其优秀的，可进行数据处理、数据建模和数据可视化的工具。

本书内容

本书提供了从 R 语言入门到数据分析、数据可视化与数据建模所必需的各类知识，共分为 3 篇。

第 1 篇：基础知识。 本篇重点介绍 R 语言入门者必须掌握的基础知识，包括初识 R 语言、集成开发环境 RStudio、R 语言入门、数据结构、流程控制语句、日期和时间序列。

第 2 篇：核心技术。 本篇按照数据分析的基本流程，详细介绍了获取数据、数据处理与清洗、数据计算与分组统计、基本绘图、ggplot2 高级绘图、lattice 高级绘图，以及基本统计分析方法。由于数据可视化是数据分析、数据建模中最重要的部分，因此本书介绍了 3 款数据可视化工具。

第 3 篇：高级应用。 本篇详细讲解了常用的数据分析与建模方法，包括方差分析、回归分析和时间序列分析，并给出了大量的案例。

本书的大体结构如下图所示。

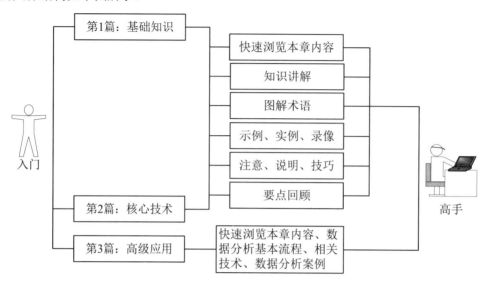

本书特点

☑ **由浅入深，循序渐进**：本书以初、中级程序员和数据分析爱好者为对象，先介绍 R 语言基础知识，帮助初学者掌握数据分析的基本流程，然后介绍 R 语言数据分析、数据可视化和基本统计分析等核心知识，最后介绍常用的数据分析方法和建模方式。本书知识讲解由浅入深，全面详尽，掌握书中内容，读者即可获得系统的统计分析知识和扎实的数据分析能力。

☑ **微课视频，讲解详尽**：为便于读者直观感受数据分析的全过程，书中重要章节配备了教学微课视频（共 77 集，时长 15 小时），使用手机扫描章节标题一侧的二维码，即可观看学习。这些同步教学视频可为读者扫除学习障碍，使大家体验 R 语言的强大，感受编程的快乐，增强深入学习的信心。

☑ **基础知识+应用实例，实战为王**：通过例子学习是最好的学习方式，本书核心知识的讲解通过"知识点+实例"的模式，详尽透彻地介绍了 R 语言数据分析所需的各类知识。全书共计 242 个应用实例，为初学者打造"边学边练、杜绝枯燥"强化实战学习环境，使读者能真正掌握 R 语言数据分析技术。

☑ **精彩栏目，贴心提醒**：本书精心设计了"注意""说明""技巧"等提示栏目，通过它们，读者可轻松理解统计分析中一些抽象的概念，绕过开发陷阱，掌握数据分析的各类实用技巧。

读者对象

☑ 对数据分析感兴趣的读者

☑ 各行各业的数据分析、挖掘、建模人员

☑ 程序开发人员

☑ 高校统计学等相关专业的学生

☑ 经常需要进行专业绘图的科技工作者

本书学习资源

本书提供了大量的辅助学习资源，读者需刮开图书封底的防盗码，扫描并绑定微信后，获取学习权限。

☑　同步教学微课

学习书中知识时，扫描章节名称旁的二维码，可在线观看教学视频。

☑　获取资源

关注清大文森学堂公众号，可获取本书的 PPT 课件、视频等资源。

读者扫描图书封底的"文泉云盘"二维码，或登录清华大学出版社网站（www.tup.com.cn），可在对应图书页面下查阅各类学习资源的获取方式。

清大文森学堂

致读者

本书由明日科技数据分析团队组织编写。明日科技是一家专业从事软件开发、教育培训及软件开发教育资源整合的高科技公司，其编写的教材既注重选取软件开发中的必需、常用内容，又注重内容的易学以及相关知识的拓展，深受读者喜爱。其编写的教材多次荣获"全行业优秀畅销品种""中国大学出版社优秀畅销书"等奖项，多个品种长期位居同类图书销售排行榜的前列。

在本书编写的过程中，我们以科学、严谨的态度，力求精益求精，但书中难免有疏漏和不妥之处，敬请广大读者批评指正。

感谢您选择本书，希望本书能成为您编程路上的领航者。

"零门槛"学编程，一切皆有可能。

祝读书快乐！

编　者

2024 年 2 月

目　录

Contents

第1篇　基础知识

第 2 篇　核 心 技 术

第 3 篇　高 级 应 用

第 1 篇

基础知识

本篇详细介绍了 R 语言入门知识，包括初识 R 语言、集成开发环境 RStudio、R 语言入门、R 语言的数据结构、流程控制语句和日期和时间序列等内容。学习本篇，读者可快速了解 R 语言并掌握其技术基础，为后续学习数据分析奠定坚实的基础。

基础知识

初识R语言
认识R语言，学习R基本开发环境的下载与安装，编写第一个R程序

集成开发环境RStudio
学习RStuido的下载与安装，详细了解RStudio集成开发环境

R语言入门
学习R语言基础知识，包括R语言基本数据类型、运算符、函数、字符串等，以及如何安装和使用R语言的程序包，如何通过R语言帮助文档高效解决问题

数据结构
学习R语言六大数据结构，包括向量、矩阵、数组、数据框、因子和列表，是R语言非常重要的知识点

流程控制语句
学习流程控制语句，包括选择语句、循环语句和跳转语句

日期和时间序列
学习日期处理知识，如日期和时间格式的转换、提取日期和时间等，以及如何创建时间序列

第 1 章

初识 R 语言

R 语言极其出色的计算与统计分析功能，使它可以用极少的代码完成许多复杂的数据分析工作，从而成为统计分析、数据可视化、数据分析报告的优秀工具。接下来就让我们一起认识一下 R 语言。本章知识架构及重难点如下。

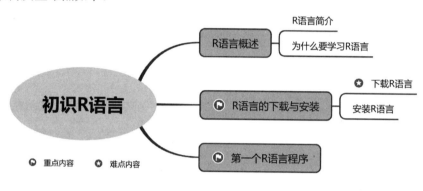

1.1　R 语言概述

R 语言是一门解释型编程语言，也是一门数学性极强的编程语言。下面介绍 R 语言的产生以及为什么要学习 R 语言。

1.1.1　R 语言简介

R 语言最初是由新西兰奥克兰大学统计系的教授 Ross Ihaka 和 Robert Gentleman 在 S 语言基础上开发完成的，因为两位教授名字的第一个字母都是 R，因此称为 R 语言。从 1997 年年中开始，其核心团队拥有对 R 语言源代码的写访问权。现如今的 R 语言由来自世界各地的贡献者共同创造。

 说明

关于 R 语言更详细的资料可访问 R 语言官网（https://www.r-project.org）查看。

R 语言是一门解释型编程语言，同时也是一门数学性极强的编程语言。R 语言提供了各种各样的统计（线性和非线性建模、经典统计检验、时间序列分析、分类、聚类等）和图形技术，并且具有高度的可扩展性。R 语言的优势之一是它可以轻松地生成设计良好的符合出版质量要求的图，包括需要的数学符号和公式。

1.1.2　为什么要学习 R 语言

R 语言具有极其出色的计算与统计分析能力，它可以用极少的代码完成许多复杂的数据分析工作，是完成数据分析、数据可视化、数据挖掘、数据建模和数据分析报告的优秀工具。其具体优势如下。

（1）R 语言是完全免费、开放源代码的。可以在其网站或镜像中下载安装程序、源代码、程序包及其源代码和技术文档、帮助资料等。

（2）R 语言作为一种开放的统计编程语言，其语法通俗易懂，很容易学会并掌握，属于傻瓜式的编程。

（3）R 语言就像是一种环境平台。它提供平台，而统计分析研究人员和计算机研究人员可以将各自通过编程形成的统计分析方法以打包的方式放在 R 语言平台上，供统计分析者直接使用。我们可以不懂统计分析原理，但是我们可以通过编写代码调用统计分析包来完成统计分析工作。

（4）更新速度快。相比一般的统计分析工具，如社会科学统计软件包（statistical package for the social sciences，SPSS）、统计分析系统（statistical analysis system，SAS）等，R 语言更新速度更快，最新和最复杂的统计分析方法，可以很快地在 R 语言上看到并使用。

（5）与 SPSS、SAS、Stata 等统计分析工具相比，R 语言更注重编程，更加灵活，我们能想到的所有与统计分析相关的工作，R 语言都可以轻松地用几行代码实现，非常快捷高效。

（6）可以轻松地生成设计良好的符合出版质量要求的图，包括需要的数学符号和公式。

综上所述，这就是我们为什么要学习 R 语言的原因。

1.2　R 开发环境的下载与安装

1.2.1　下载 R 开发环境

R 语言是一门逻辑性极强的编程语言，在数据分析、数据可视化、数据挖掘、数据建模和数据分析报告等方面具有很大优势。近几年越来越多的人开始关注 R 语言。接下来就学习如何在 Windows 系统中下载和安装 R 语言基本开发环境。

进入 R 语言官网（https://www.r-project.org），选择左侧栏 Download 下的 CRAN 命令，或者单击右侧文本中的 download R 链接，如图 1.1 所示。均可打开镜像选择页面，如图 1.2 所示。

说明

> CRAN 是 Comprehensive R Archive Network 的首字母缩略语，是有关 R 语言的发布版本、包、文档和源代码的网络集合。

（1）选择相关镜像。镜像链接是按照国家进行分组的，这里找到 China，然后任意选择一个镜像。

（2）打开下载页面，可以看到 R 语言在不同操作系统（如 Linux、macOS 和 Windows）下的下载链接，如图 1.3 所示。这里选择 Windows 系统，单击 Download R for Windows 链接。

The R Project for Statistical Computing

Getting Started

R is a free software environment for statistical computing and graphics. It compiles and runs on a wide variety of UNIX platforms, Windows and MacOS. To **download R**, please choose your preferred CRAN mirror.

If you have questions about R like how to download and install the software, or what the license terms are, please read our answers to frequently asked questions before you send an email.

News

- R version 4.2.1 (Funny-Looking Kid) has been released on 2022-06-23.
- R version 4.2.0 (Vigorous Calisthenics) has been released on 2022-04-22.
- R version 4.1.3 (One Push-Up) was released on 2022-03-10.
- Thanks to the organisers of useRl 2020 for a successful online conference. Recorded tutorials and talks from the conference are available on the R Consortium YouTube channel.
- You can support the R Foundation with a renewable subscription as a supporting member

[Home]

Download
CRAN

R Project
About R
Logo
Contributors
What's New?
Reporting Bugs
Conferences
Search
Get Involved: Mailing Lists
Get Involved: Contributing
Developer Pages
R Blog

图 1.1　R 语言官网

CRAN Mirrors

The Comprehensive R Archive Network is available at the following URLs, please choose a location close to you. Some statistics on the status of the mirrors can be found here: main page, windows release, windows old release.

If you want to host a new mirror at your institution, please have a look at the CRAN Mirror HOWTO.

0-Cloud
    https://cloud.r-project.org/   Automatic redirection to servers worldwide, currently sponsored by Rstudio
Argentina
    http://mirror.fcaglp.unlp.edu.ar/CRAN/   Universidad Nacional de La Plata
Australia
    https://cran.csiro.au/   CSIRO
    https://mirror.aarnet.edu.au/pub/CRAN/   AARNET
    https://cran.ms.unimelb.edu.au/   School of Mathematics and Statistics, University of Melbourne
    https://cran.curtin.edu.au/   Curtin University
Austria
    https://cran.wu.ac.at/   Wirtschaftsuniversität Wien
Belgium
    https://www.freestatistics.org/cran/   Patrick Wessa
    https://ftp.belnet.be/mirror/CRAN/   Belnet, the Belgian research and education network
Brazil
    https://cran-r.c3sl.ufpr.br/   Universidade Federal do Parana
    https://cran.fiocruz.br/   Oswaldo Cruz Foundation, Rio de Janeiro
    https://vps.fmvz.usp.br/CRAN/   University of Sao Paulo, Sao Paulo
    https://brieger.esalq.usp.br/CRAN/   University of Sao Paulo, Piracicaba
Bulgaria
    https://ftp.uni-sofia.bg/CRAN/   Sofia University
Canada
    https://mirror.rcg.sfu.ca/mirror/CRAN/   Simon Fraser University, Burnaby
    https://muug.ca/mirror/cran/   Manitoba Unix User Group
    https://cran.utstat.utoronto.ca/   University of Toronto
    https://mirror.csclub.uwaterloo.ca/CRAN/   University of Waterloo
Chile
    https://cran.dcc.uchile.cl/   Departamento de Ciencias de la Computación, Universidad de Chile
China
    https://mirrors.tuna.tsinghua.edu.cn/CRAN/   TUNA Team, Tsinghua University
    https://mirrors.bfsu.edu.cn/CRAN/   Beijing Foreign Studies University

图 1.2　镜像选择页面

The Comprehensive R Archive Network

Download and Install R

Precompiled binary distributions of the base system and contributed packages, **Windows and Mac** users most likely want one of these versions of R:

- Download R for Linux (Debian, Fedora/Redhat, Ubuntu)
- Download R for macOS
- Download R for Windows

CRAN
Mirrors
What's new?
Search

图 1.3　选择适合的镜像入口

说明

所谓镜像就是把网站资源的副本放在镜像服务器上，也就是说，登录不同的镜像网站和登录主网站一样。一般选择离得近的镜像，这样下载速度更快。另外，如果主站不能用了，那么镜像网站也可以作为备用。

（3）对于 Windows 系统，R 语言提供了不同的开发环境版本，这里选择 base（基础版），如图 1.4 所示。

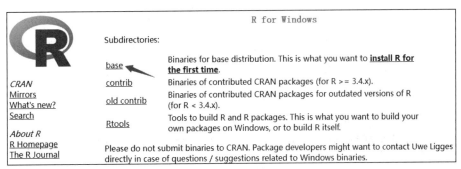

图 1.4　选择版本

（4）单击 Download R-4.2.1 for Windows 的链接（见图 1.5），在弹出的"新建下载任务"对话框中设置文件保存地址，这里选择下载到桌面，如图 1.6 所示，然后单击"下载"按钮。

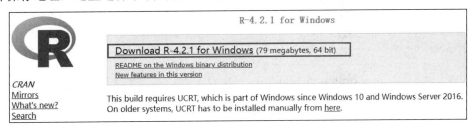

图 1.5　根据操作系统选择适合的版本

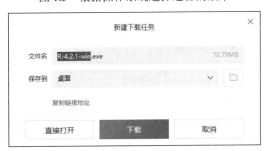

图 1.6　下载

说明

R 语言的开发环境是免费的，可以在各种 UNIX 平台、Windows 和 macOS 上编译和运行，读者可以根据自己的计算机环境进行下载。

1.2.2　安装 R 开发环境

（1）下载完成，桌面上出现如图 1.7 所示的.exe 文件，双击该文件即可安装 R 语言。首先弹出"选择语言"对话框，这里选择"中文（简体）"，如图 1.8 所示，然后单击"确定"按钮。

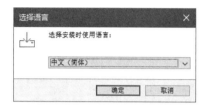

图 1.7　R 语言的快捷方式　　　　　　　　图 1.8　选择安装语言

（2）打开"安装向导"对话框，如图 1.9 所示，单击"下一步"按钮。

（3）选择安装位置，这里选择安装到 D 盘，如图 1.10 所示，单击"下一步"按钮。

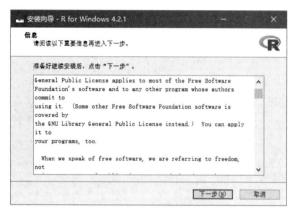

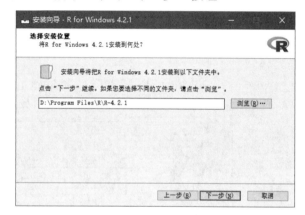

图 1.9　安装向导　　　　　　　　　　　　图 1.10　选择安装位置

（4）选择要安装的组件，这里采用默认设置，如图 1.11 所示，单击"下一步"按钮。

（5）定义启动选项，这里采用默认设置，如图 1.12 所示，单击"下一步"按钮。

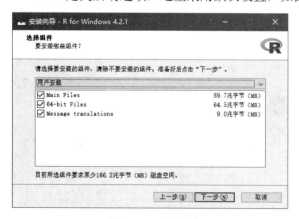

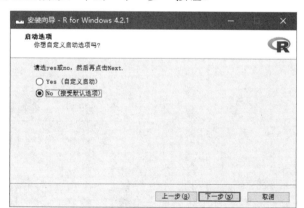

图 1.11　选择组件　　　　　　　　　　　　图 1.12　启动选项

（6）创建快捷方式，这里采用默认设置，单击"下一步"按钮，开始安装。

（7）安装完成后，桌面上会自动创建一个 R 语言图标，双击该图标将打开 RGui 编辑窗口，如图 1.13 所示，这证明 R 已安装成功。

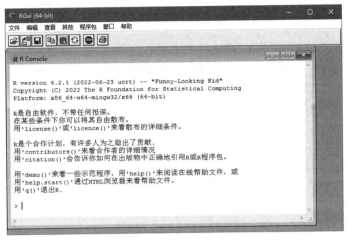

图 1.13　RGui 编辑窗口

1.3　编写第一个 R 语言程序

安装 R 开发环境时，会自动安装 RGui，它是 R 语言默认的编译器，程序开发人员可以利用 RGui 与 R 语言交互。RGui 编辑窗口中包括 R 语言图形用户界面（RGui）和 R 语言控制台（R Console）。通过该窗口可以新建脚本文件、编写代码、运行程序等。

下面一起来编写一个 R 语言程序，体验一下 R 语言。

运行 RGui，在控制台（R Console）的 R 语言提示符"＞"后面输入代码，写完一条语句后，按 Enter 键执行代码。在实际开发时，通常需要编写多行代码，一般单独创建一个脚本文件来保存代码，待全部代码编写完毕再一起执行。

（1）在 RGui 编辑窗口中，选择"文件"→"新建程序脚本"命令，将打开代码编辑窗口，如图 1.14 所示。在该窗口中编写 R 语言代码，编写完后按 Enter 键，将自动切换到下一行，等待输入新的代码。

图 1.14　新创建的程序脚本文件窗口

（2）在代码编辑区中，编写"hello world"程序，代码如下：

```
print("hello world")
```

（3）编写完成的代码效果如图 1.15 所示。按 Ctrl+S 组合键，将文件保存为 demo.R。其中，.R 是 R 语言文件的扩展名。

7

图 1.15　编写代码

（4）运行程序。在菜单栏中选择"编辑"→"运行所有代码"命令，运行效果如图 1.16 所示。

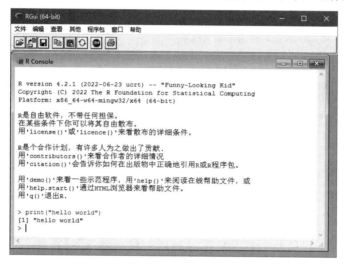

图 1.16　第一个 R 语言程序

说明

程序运行结果在 R Console 中呈现，每运行一次程序就在 R Console 中呈现一次。

第 2 章

集成开发环境 RStudio

通过前面的学习，我们对 R 语言的基本开发环境有了初步认识。本章一起来认识一下 R 语言的"秘密武器"——RStudio 集成开发环境，相信它能够给读者带来不一样的开发体验。

本章知识架构及重难点如下。

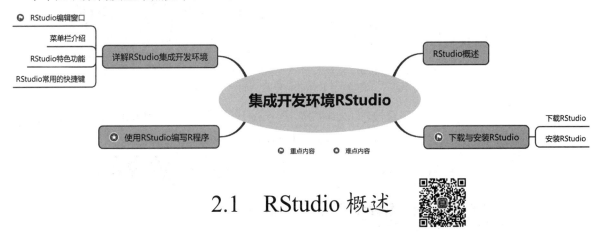

2.1　RStudio 概述

R 语言自带的 RGui 编译器较为粗糙，虽然也提供了文本编译器，但无法实现代码高亮、自动纠错、快捷命令等功能。RStudio 则是改装后的编译器，它是 R 语言集成开发环境（integrated development environment，IDE），即将程序开发所需的代码编辑器、编译器、调试器等工具集成在一个界面环境中，使开发更加方便、快捷。

RStudio 是一个独立开源项目，支持多平台（如 Windows、Mac、Linux）运行，还可以通过 Web 浏览器（使用服务器安装）运行。与 RGui 相比，RStudio 功能强大，使用方便，具有友好的页面及强大的可操作性，更适合程序开发人员。它弥补了 R Console 的许多不足，可以方便地编写代码、修改代码还可以自动纠错，且 R 语言社区里提供了各种程序包。另外，RStudio 的数据可视化功能非常强，图文结合效果更加完美。

2.2　下载与安装 RStudio

2.2.1　下载 RStudio

RStudio 是免费开源软件，可以通过官网下载安装，具体下载步骤如下。

（1）打开 RStudio 的官方网址（https://www.rstudio.com），单击 DOWNLOAD RSTUDIO 按钮，如图 2.1 所示。

图 2.1　RStudio 官网页面

（2）单击 RStudio 桌面版的下载选项，如图 2.2 所示，商业版及专业版 RStudio 是收费的，虽然功能更强大，但是对于刚接触 R 语言的读者，开源 RStudio 完全能够满足日常开发需求。

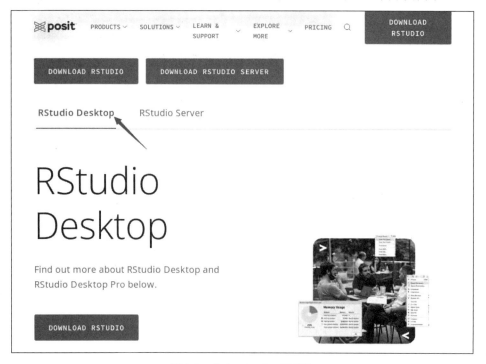

图 2.2　单击 RStudio 桌面版

（3）单击 DOWNLOAD RSTUDIO 按钮进入下载页面，如图 2.3 所示，这里有两个选项，第一个选项是安装 R 语言，如果您的计算机操作系统中已经安装了 R 语言并且版本为 3.3.0 以上，那么可以忽略该选项；第二个选项是安装 RStudio，我们选择安装 RStudio，单击 DOWNLOAD RSTUDIO DESKTOP FOR WINDOWS，即下载 Windows 版本的 RStudio 桌面版。

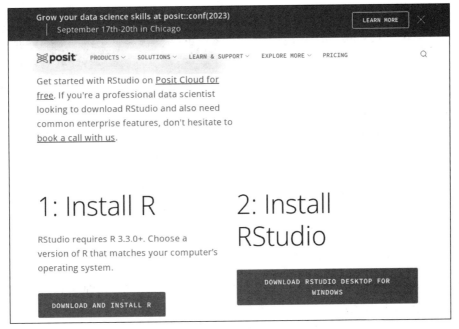

图 2.3　下载页面

说明

　　如果计算机操作系统不是 Windows 可以拖曳滚动条到下面的页面中选择适合自身计算机操作系统的版本进行下载。

（4）进入下载任务，如图 2.4 所示，这里下载到桌面。

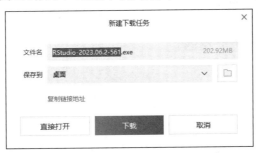

图 2.4　下载任务

至此，RStudio 就下载完了。

2.2.2　安装 RStudio

双击下载后的 EXE 文件开始安装，具体安装步骤如下。

（1）单击"下一步"按钮，选择安装位置，这里将 RStudio 安装在 R 的目录里（见图 2.5），以免发生 RStudio 无法关联到 R 的问题。

（2）选择开始菜单文件夹，如图 2.6 所示，单击"安装"按钮，开始安装。

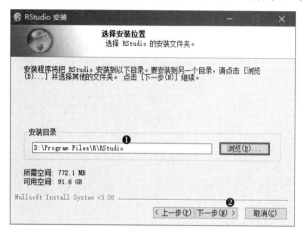

图 2.5　选择安装位置

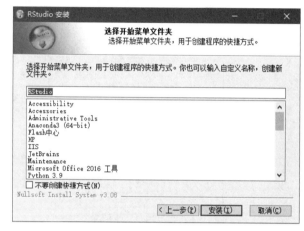

图 2.6　选择开始菜单文件夹

（3）安装程序结束，如图 2.7 所示，单击"完成"按钮，开始菜单出现一个蓝色的 RStudio 图标，双击即可进入 RStudio 的编辑窗口。

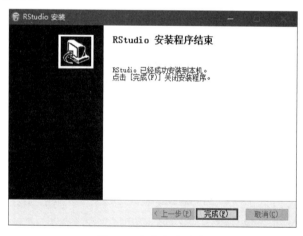

图 2.7　安装程序结束

2.3　使用 RStudio 编写 R 程序

RStudio 安装完成后，使用 RStudio 集成开发环境编写一个 R 程序。

（1）运行 RStudio，新建一个项目。选择 File→New Project 菜单项，然后选择 New Directory→New Project 命令，选择一个位置创建新项目，如图 2.8 所示。

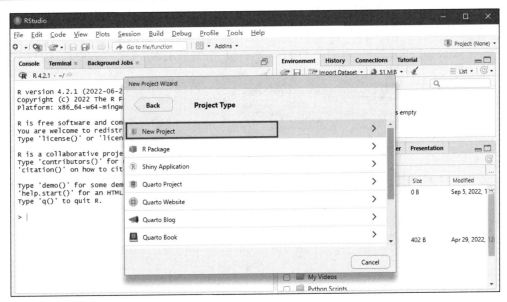

图 2.8　创建新项目

（2）打开新建项目窗口，输入项目文件夹名称（如 RProjects），选择项目存放路径（如 D:/R 程序），如图 2.9 所示，单击 Create Project 按钮，创建项目。

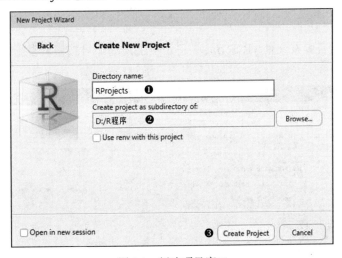

图 2.9　新建项目窗口

（3）完成创建后，项目自动打开，如图 2.10 所示。

（4）此时就可以在 Console 中编写代码并执行了。写完一行代码后，按 Enter 键执行并显示结果，如图 2.11 所示。

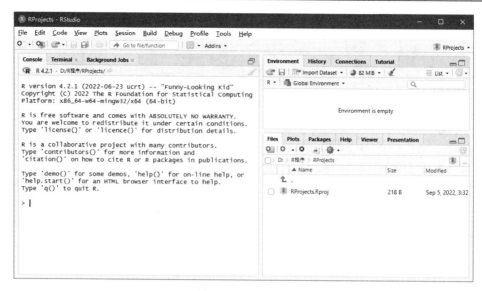

图 2.10　打开项目

图 2.11　在 Console 中编写代码

注意

双引号为英文输入法状态下的双引号。

（5）新建一个 R 语言脚本文件（R Script）。单击左上角的加号按钮，选择 R Script 命令，如图 2.12 所示。

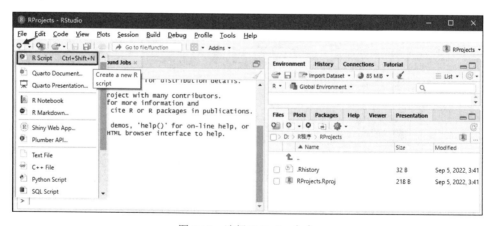

图 2.12　选择 R Script 命令

（6）新创建的 R 语言脚本文件如图 2.13 所示，默认文件名为 Untitled1。此时再编写代码就可以保存为.R 文件了。

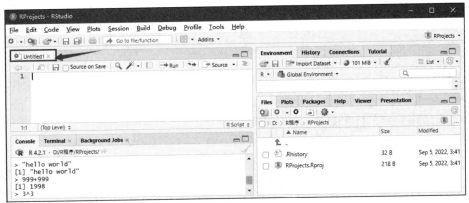

图 2.13　新建 R 文件

（7）在上述窗口中编写代码，输出"hello world"，代码如下：

```
print("hello world")
```

（8）运行程序，单击运行按钮，如图 2.14 所示，或按 Ctrl+Enter 组合键。

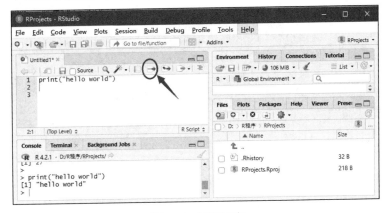

图 2.14　运行程序

（9）按 Ctrl+S 组合键，将打开 Save File 对话框，输入文件名"demo"，如图 2.15 所示，单击 Save 按钮保存文件，此时文件名变为 demo.R。

图 2.15　保存文件

2.4　详解 RStudio 集成开发环境

通过前面的学习，相信读者对 RStudio 集成开发环境已经有了初步了解，下面就来详细认识一下它。

2.4.1　RStudio 编辑窗口

RStudio 编辑界面由 4 个独立窗口组成，分别为代码编辑窗口、环境管理窗口、控制台（又称代码运行窗口）以及资源管理窗口，如图 2.16 所示。这 4 个窗口的大小可通过拖曳鼠标来调整。

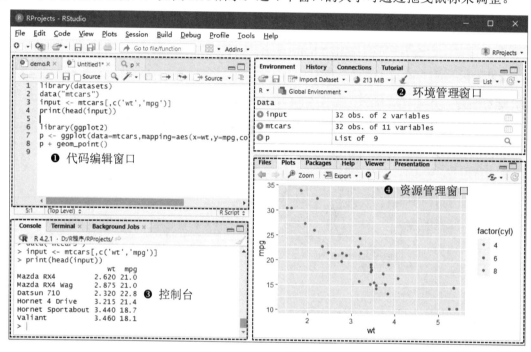

图 2.16　RStudio 编辑窗口

下面详细介绍 4 个窗口的功能。

1. 代码编辑窗口

代码编辑窗口是 R 语言脚本文件的编辑区域。在该区域上方依次提供了"追溯源位置""显示窗口""代码保存""查找/替换""代码工具""编辑报告""运行光标所在行或选定区域的代码""运行所有脚本"等功能按钮，如图 2.17 所示。

说明

代码编辑窗口中最常用的是"代码保存""运行光标所在行""运行所有脚本"按钮。

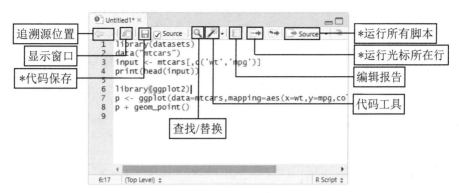

图 2.17　代码编辑窗口

2．环境管理窗口

通过环境管理窗口可以查看代码运行产生的工作变量、代码的运行记录及 RStudio 的相关连接。

3．控制台

控制台既可以编写代码，又可以运行代码。与 RGui 编辑器类似，窗口最开始出现的文字是运行 R 语言时的一些说明和指引，包括 R 语言版本介绍、版权声明等，文字下方的"＞"符号是 R 语言的命令提示符，可以在其后面输入命令。

技巧

若要清除控制台中的内容可以按 Ctrl+L 组合键或在控制台中输入代码 cat('\f)。

4．资源管理窗口

在资源管理窗口中，Files 选项卡提供了项目管理功能，包括文件夹的创建、删除、重命名、复制、移动等操作；Plots 选项卡提供了 R 语言绘图的图片浏览、放大、导出与清理功能；Packages 选项卡提供了 R 语言程序包的安装、加载、更新等操作功能；Help 选项卡提供了函数帮助文档。

2.4.2　菜单栏介绍

RStudio 的菜单栏主要用于管理项目、文件、代码、试图、绘图、调试等，如图 2.18 所示。下面介绍几个主要的菜单栏中的常用功能。

图 2.18　菜单栏

（1）File（文件）菜单，主要包括 R 语言脚本文件及项目的创建、打开、保存等，以及重命名、导入数据（文本文件、Excel、SAS、SPSS 等）和编辑报告等。

（2）Edit（编辑）菜单，主要包括代码的复制、粘贴功能，还包括查找代码、代码字符替换、清除运行窗口的历史记录等功能。

（3）Code（代码）菜单，主要包括代码块创建、多行注释、取消注释、转换函数、运行等功能。

（4）Tools（工具）菜单，主要包括数据集的导入、程序包的安装与升级、DOS 形式的 R 语言命令行页面、内置 R 语言版本设置、默认工作路径设置、页面布局、RStudio 与代码外观设置等全局设置。

2.4.3　RStudio 特色功能

下面来看下 RStudio 有哪些特色功能。

☑　特色 1：能够看到完整流程。

RStudio 编辑窗口通过 4 部分展示代码的流程，编写代码→查看变量→运行代码→数据可视化，完整的流程一目了然。

☑　特色 2：自动代码补全。

编写代码过程中，RStudio 能够自动补全并通过关键字显示相关函数。例如，输入 library，不需要拼写完整，RStudio 就会自动显示完整的函数名称和相关语法，如图 2.19 所示。

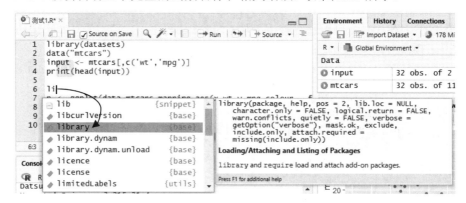

图 2.19　自动代码补全

☑　特色 3：自动补充完整的括号。

读者输入函数时，如输入 print，系统将自动在后面给出一对括号，以免开发者因丢失括号而导致程序出错。

2.4.4　RStudio 常用的快捷键

为了提高日常编程效率，节省时间，读者需要熟记以下几个常用快捷键。

☑　新建脚本文件：Shift+Ctrl+N。

☑　运行代码：Ctrl+R。代替 Run 按钮，执行选中的多行或者光标所在单行代码。

☑　打开文件：Ctrl+O。

☑　清除控制台中的内容：Ctrl+L。

☑　关闭当前脚本文件：Ctrl+W。

☑　光标移至代码编辑窗口：Ctrl+1。

☑　光标移至代码运行窗口：Ctrl+2。

☑　批量注释所选代码：Shift+Ctrl+C。

第 3 章

R 语言入门

从本章开始正式学习 R 语言。首先是入门知识，包括 R 语言编码规则，R 语言常用保留字、变量、基本数据类型和运算符，以及如何安装和使用 R 语言提供的程序包，最后介绍如何使用 R 语言提供的帮助文档，为 R 语言开发奠定基础。

本章知识架构及重难点如下。

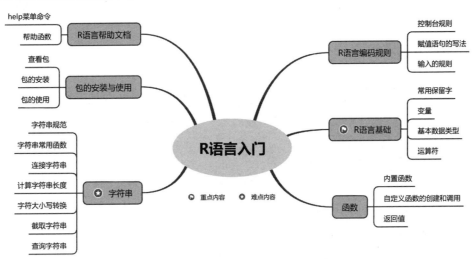

3.1 R 语言编码规则

3.1.1 控制台规则

在 RGui 中编写代码主要使用控制台（R Console），下面先来了解控制台的规则。

（1）在 R Console 中直接编写代码时，在命令提示符"＞"后输入代码并按 Enter 键，输入的代码会立刻运行。

（2）选择"文件"→"新建程序脚本"命令后，在 R 编辑器中输入代码并按 Enter 键，会换行而不会立刻运行。运行代码时，需要选择运行区域，然后选择"编辑"→"运行当前行或所选代码"命令。

📢**注意**

在 R 编辑器中，必须用鼠标手动选中需要运行的代码，否则只运行光标所在位置的那一行代码。

（3）在 R Console 中编写代码无法直接通过鼠标拖曳改变代码的位置。例如，输入代码"print("奋发图强")"后，无法通过鼠标将"发"拖曳到"奋"前，选中"发"后按 Delete 键也无法将其删除，只能通过键盘上的左右方向键改变光标位置，按 Backspace 键进行删除。通过按键盘上的上下方向键可以显示上一行或下一行代码。

3.1.2 赋值语句的写法

R 语句由函数和赋值语句构成。需要注意的是，R 语言使用"<-"作为赋值符号，而不像其他语言那样使用"="作为赋值符号。另外，"<-"符号的前后要各空一个格。

例如，将变量 a 赋值为 99，代码如下：

```
a <- 99
```

与 Python 一样，R 语言也使用"#"作为注释符号，被注释的内容不参与编译。需要注意，R 语言不支持多行注释。

3.1.3 输入的规则

（1）R 语言本身区分大小写，因此 a 和 A 在 R 语言里是两个变量。例如：

```
> a <- 99
> A <- 100
> a
[1] 99
> A
[1] 100
```

（2）多段代码可以使用分号（;)隔开。例如：

```
print("a");print("b");print("c")
```

（3）当输入的函数有误时，R 语言直接提示错误。当输入的函数不完整时，按 Enter 键自动出现一个加号"+"提醒，在"+"后可继续输入代码。如果代码还是不完整，按 Enter 键再次出现加号"+"，直到代码输入完整才停止提醒，如图 3.1 所示。

```
> print("奋发图强"
+
+ )
[1] "奋发图强"
```

图 3.1 加号"+"提醒

注意

如果代码中的错误是 R 语言也不认识的，就只能按 Esc 键退出。当输入行开头变成">"时，才可以继续输入代码。

3.2 R 语言基础

3.2.1 常用保留字

保留字是 R 语言中被赋予特定意义的一些单词。在编写代码时，不可以把这些保留字作为变量、函数、类、模块和其他对象的名称来使用。R 语言中的常用保留字如表 3.1 所示。

表 3.1　R 语言中常用的保留字

if	TRUE	next	NA	Inf
else	FALSE	repeat	return	NaN
for	function	break	while	NULL

表 3.1 中有几个比较特殊的保留字，是数据处理过程中经常遇到的保留字。

（1）NA：表示缺失值，是 Not Available 的缩写。

（2）Inf：表示无穷大，是 Infinite 的缩写。

（3）NaN：表示非数值，即不是一个数，是 Not a Number 的缩写。

（4）NULL：表示空值。

3.2.2　变量

程序运行过程中，其值可以发生改变的量称为"变量"。每个变量都有一个用于标识自己的名字，如 a。在 R 语言中，不需要先声明变量名及其类型，直接赋值即可创建各种类型的变量。

变量的命名并不是任意的，应遵循以下几条规则。

（1）变量名可以包含英文字母、数字、下画线和英文句号（.）。

（2）变量名不能存在中文（新版本可以使用中文，但不建议）、空格、"-"、"$" 等符号。

（3）不能以数字和下画线开头。

（4）变量名以"."符号开头的，后面不能是数字，如果是数字会变成 0.××××。

（5）变量名不能是 R 语言的保留字（如表 3.1 中常用的保留字）。

（6）谨慎使用小写字母 l 和大写字母 O，容易与 1 和 0 混淆。

（7）应选择有意义的单词作为变量名。

为变量赋值可以通过符号"<-"来实现，最好在"<-"符号前后各空一个格。

例如，创建一个变量 number，并为其赋值为 1024，代码如下：

```
number <- 1024          # 创建变量 number 并赋值为 1024，该变量为数值型
```

上述创建的变量 number 就是数值型的变量。

如果直接为变量赋值一个字符串，那么该变量就是字符型。代码如下：

```
myname <- "明日科技"        # 字符型的变量
```

另外，R 语言是一种动态类型语言，也就是说，变量的类型可以改变。例如，在 RGui 中创建变量 myname，为其赋值"明日科技"，输出变量类型会发现该变量为字符型；为其赋值 1024，输出变量类型会发现该变量为数值型。代码如下：

```
> myname <- "明日科技"
> print(mode(myname))
[1] "character"
> myname <- 1024
> print(mode(myname))
[1] "numeric"
```

说明

在 R 语言中，使用内置函数 mode()可以返回变量类型。

3.2.3　基本数据类型

R 语言的基本数据类型包括数值型（numeric，含数字、整型、双整型）、字符型（character）、逻辑型（logical）等，如表 3.2 所示。例如，一个人的姓名通常使用字符型存储，年龄通常使用数值型存储，婚否则可以使用逻辑型存储。

表 3.2　基本数据类型

数 据 类 型	说　　明	举　　例
numeric	数值型	包括数字，如 1、3.14、-99；整型，如 1、2、3、4、5……（必须为整数）；双整型，如 88、0.88、-88
character	字符型	"明日科技"
logical	逻辑型	TRUE、FALSE、NA
complex	复数类型	3.14+12.5j

下面对基本的数据类型进行详细介绍。

1．数值型（numeric）

数值型又可以分为数字（numeric）、整型（integer）、双整型（double）等。其中，整型用来表示整数数值，即没有小数部分的数值。R 语言中，在数字后面添加 L，即声明该数字以整型方式储存。在计算机内存中，整型比双整型更加准确（除非该整数非常大或非常小）。

双整型用于储存普通数值型数据，包括正数、负数和小数。R 语言中，输入的任何一个数值都默认以 Double 类型存储。在数据科学里，常被称为数值型（numeric）。

2．字符型（character）

字符型向量用以储存一小段文本，在 R 语言中字符要加双引号表示。字符型向量中的单个元素被称为"字符串（string）"，字符串不仅可以包含英文字母和中文，也可以由数字或符号组成。需要注意的是一定要加上引号，如"mingrisoft"、"明日科技"，不加引号会报错，单引号或双引号都可以。

3．逻辑型（logical）

逻辑型变量也就是我们常说的布尔变量（Boolean），其值为 TRUE 和 FALSE，或者大写的 T 和 F，需要注意的是英文字母全是大写。另外一种取值为 NA 缺失值（未知值），数值型和字符型也有 NA。

4．复数类型（complex）

R 语言中的复数与数学中的复数完全一致，都由实部和虚部组成，使用 j 或 J 表示虚部。当表示一个复数时，可以将其实部和虚部相加。例如，一个复数的实部为 3.14，虚部为 12.5j，则这个复数可表示为 3.14+12.5j。复数类型主要用来存储数据的原始字节。

读者可通过以下 3 个函数查看数据类型。

☑　class()函数：用于查看数据类型。

☑　mode()函数：用于查看数据大类。

☑　typeof()函数：用于查看数据细类。

示例代码如下：

```
class("mr")
class(TRUE)
class(99)
mode("mr")
mode(TRUE)
mode(99)
typeof("mr")
typeof(TRUE)
typeof(99)
```

运行程序，结果如图 3.2 所示。从运行结果得知不同函数的返回结果略有不同。

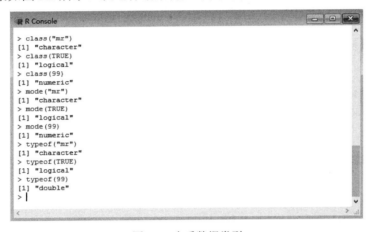

图 3.2　查看数据类型

除此之外，在程序中还可以对数据类型进行判断和转换，主要用到的函数如表 3.3 所示。

表 3.3　数据类型的判断和转换函数

数 据 类 型	判 断 函 数	转 换 函 数	数 据 类 型	判 断 函 数	转 换 函 数
numeric	is.numeric()	as.numeric()	character	is.character()	as.character()
interger	is.interger()	as.interger()	complex	is.complex()	as.complex()
logical	is.logical()	as.logical()			

其中，is 族函数用于判断数据类型，返回值为 TRUE 和 FALSE；as 族函数用于实现数据类型之间的转换。代码如下：

```
is.numeric("明日科技")          # 判断"明日科技"是否为数值型
as.numeric("88")               # 将字符串"88"转换为数值型 88
```

3.2.4　运算符

运算符是一些特殊的符号，主要用于数学计算、比较大小和逻辑运算等。R 语言中的运算符主要包括算术运算符、关系（比较）运算符、逻辑运算符、赋值运算符和其他运算符。在 R 语言中，运算符主要用于向量运算，下面介绍一些常用的运算符。

1. 算术运算符

在 R 语言中，算术运算符主要用于向量运算，即元素与元素之间的算术运算，如表 3.4 所示。

表 3.4　算术运算符

算术运算符	说　明	举　例	运 行 结 果
+	向量相加	a<-c(2,2,0,5) b<-c(1,1,1,0) print(a+b)	3 3 1 5
-	向量相减	a<-c(2,2,0,5) b<-c(1,1,1,0) print(a-b)	1　1 -1　5
*	向量相乘	a<-c(2,2,0,5) b<-c(1,1,1,0) print(a*b)	2 2 0 0
/	向量相除	a<-c(2,2,0,5) b<-c(1,1,1,0) print(a/b)	2　2　0 Inf
%%	两个向量求余，返回除法的余数	a<-c(2,2,0,5) b<-c(1,1,1,0) print(a%%b)	0　0　0 NaN
%/%	两个向量取整除，返回商的整数部分	a<-c(2,2,0,5) b<-c(1,1,1,0) print(a%/%b)	2　2　0 Inf
^或**	乘方，如 x^y（或 x**y）返回 x 的 y 次方。将第二个向量作为第一个向量的指数	a<-c(2,2,0,5) b<-c(1,1,1,0) print(a^b)	2 2 0 1

 说明

向量是 R 语言中最简单、最重要的一种数据结构，由一系列同一种数据类型的有序的元素构成，类似一维数组。另外，上述代码 c()函数主要用于创建向量。例如 x<-c(1,2)，是将 1 和 2 两个数组合成向量(1,2)，并存入变量 x 中。有关向量更加详细的介绍可参见 4.1 节。

下面重点看一下 R 语言和其他编程语言有哪些不同。

（1）R 语言中，乘方运算既可以使用"^"符号，也可以使用"**"符号。

（2）除法"/"运算与 C/C++不同，在 C/C++中若不能整除则向下取整；R 语言与 Python 是一样的，均采用浮点数计算。例如，下面的代码分别为 R 语言和 Python 的除法运行结果。

R 语言代码：

```
> 1/3
[1] 0.3333333
```

Python 代码：

```
>>> 1/3
0.3333333333333333
```

【例 3.1】计算学生成绩的分差及平均分（**实例位置：资源包\Code\03\01**）

某学生 3 门课程的成绩如图 3.3 所示，通过编程实现：

（1）Python 和 R 语言课程的分数之差；

（2）3 门课程的平均分。

运行 RGui，新建程序脚本，名称为 demo.R。在该文件中定义 3 个变量，用于存储各门课程的分数，然后应用减法运算符计算分数差，应用加法运算符和除法运算符计算平均成绩，最后输出计算结果。代码如下：

```
python<-95                              # 定义变量，存储 Python 的分数
english<-92                             # 定义变量，存储 English 的分数
R<-89                                   # 定义变量，存储 R 语言的分数
sub<- python – R                       # 计算 Python 和 R 语言的分数差
avg<-(python + english + R) / 3        # 计算平均成绩
print(paste("Python 和 R 语言课程的分数之差:",sub,"分"))
print(paste("3 门课的平均分：  ",avg,"分"))
```

运行程序，结果如图 3.4 所示。

课程	分数
Python	95
English	92
R 语言	89

图 3.3　学生成绩

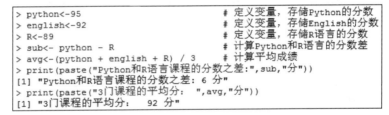

图 3.4　计算学生成绩的分差及平均分

⬇ 代码解析

第 6～7 行代码中的 paste()函数用于连接字符串。

2．比较运算符

在 R 语言中，比较运算符可对两个向量中的元素逐个进行比较，比较后的结果为布尔值。常用的比较运算符如表 3.5 所示。

表 3.5　比较运算符

关系运算符	作　用	举　例	运 行 结 果
>	大于	a<-c(1,5,8,4) b<-c(4,15,4,5) print(a>b)	FALSE FALSE TRUE FALSE
<	小于	a<-c(1,5,8,4) b<-c(4,15,4,5) print(a<b)	TRUE TRUE FALSE TRUE

续表

关系运算符	作　用	举　例	运 行 结 果
==	等于	a<-c(1,5,8,4) b<-c(4,15,4,5) print(a==b)	FALSE FALSE FALSE FALSE
!=	不等于	a<-c(1,5,8,4) b<-c(4,15,4,5) print(a!=b)	TRUE TRUE TRUE TRUE
>=	大于或等于	a<-c(1,5,8,4) b<-c(4,15,4,5) print(a>=b)	FALSE FALSE TRUE FALSE
<=	小于或等于	a<-c(1,5,8,4) b<-c(4,15,4,5) print(a<=b)	TRUE TRUE FALSE TRUE

3. 逻辑运算符

逻辑运算符可对真（TRUE）、假（FALSE）两种布尔值进行运算，即对两个向量中的元素逐个进行比较，运算后的结果仍是一个布尔值。R 语言中，逻辑运算符仅适用于逻辑型、数值型或复杂类型的向量。常用的逻辑运算符如表 3.6 所示。

表 3.6　逻辑运算符

逻辑运算符	用　　途	举　例	运 行 结 果
&	与（and），按元素进行逻辑运算。两侧都为 TRUE，则结果为 TRUE。否则结果为 FALSE	a<-c(1,5,FALSE,8,FALSE) b<-c(4,15,FALSE,4,TRUE) print(a&b)	TRUE TRUE FALSE TRUE FALSE
&&	同上，不同的是仅判断向量中第一个元素	print(a&&b)	TRUE
|	或，两侧都为 FALSE，则结果为 FALSE。有一侧为真，则结果为 TRUE	print(a|b)	TRUE TRUE FALSE TRUE TRUE
||	同上，不同的是仅判断向量中第一个元素，如果其中一个为 TRUE，则结果为 TRUE	print(a||b)	TRUE
!	逻辑非运算符	print(!a)	FALSE FALSE TRUE FALSE TRUE

4. 赋值运算符

在 R 语言中，赋值运算符用于为向量赋值，如表 3.7 所示。

表 3.7　赋值运算符

赋值运算符	用　途	举　例	运 行 结 果
<-	左分配赋值（即运算符左边为变量名，右边为向量值）	a1<-c(2,4,6,8,10) print(a1)	2 4 6 8 10
=		a2=c(2,4,6,8,10) print(a2)	2 4 6 8 10
<<-		a3<<-c(2,4,6,8,10) print(a3)	2 4 6 8 10
-<	右分配赋值（即运算符右边为变量名，左边为向量值）	c(2,4,6,8,10)->b1 print(b1)	2 4 6 8 10
-<<		c(2,4,6,8,10)->>b2 print(b2)	2 4 6 8 10

以上赋值运算符，在编程过程中常用的是标准赋值运算符"<-"。

5. 其他运算符

还有一些特殊的运算符，用于特定目的，而不是一般的数学运算或逻辑运算，如表 3.8 所示。

表 3.8　其他运算符

其他运算符	用　途	举　例	运 行 结 果
:	用于创建公差为 1 或-1 的等差数列的向量，形式为 x:y	a<-c(1:9) print(a)	1 2 3 4 5 6 7 8 9
%in%	一种特殊的比较运算符，形式为 x %in% y 表示向量 x 中的元素是否符合向量 y 中的元素	c(1,3,4) %in% c(2,3,4) c(1,3) %in% c(2,3,4)	FALSE　TRUE　TRUE FALSE　TRUE
%*%	矩阵乘法	m1=matrix(1:4,2) m2=matrix(1:4,2) print(m1%*%m2)	[,1]　[,2] [1,]　7　15 [2,]　10　22

3.3　函　　数

我们可以把实现某一功能的代码定义为函数，在需要使用时，随时调用即可，十分方便。对于函数，简单地理解就是可以执行某项工作的代码块，类似积木块可以反复地使用。

在 R 语言中包括大量的内置函数可以在程序中直接调用。当然，也可以自己创建和使用函数，这种称为自定义函数。下面分别进行介绍。

3.3.1　内置函数

内置函数指的是 R 语言自带的函数，包括查看和改变路径的函数、数学函数、字符串函数等。例如，进行统计计算时常用的 min()、max()、sum()、mean()等函数。

内置函数可以在程序中直接调用，代码如下：

```
min(23:98)        # 最小值
max(23:98)        # 最大值
sum(23:98)        # 求和
mean(23:98)       # 平均值
```

运行程序，结果如图 3.5 所示。

```
> # 最小值
> min(23:98)
[1] 23
> # 最大值
> max(23:98)
[1] 98
> # 求和
> sum(23:98)
[1] 4598
> # 平均值
> mean(23:98)
[1] 60.5
```

图 3.5　内置函数

3.3.2　自定义函数的创建和调用

1．创建一个函数

用户自己创建的函数称为自定义函数，可以理解为用户创建了一个具有某种用途的工具。在 R 语言中，自定义函数主要使用 function 实现，语法格式如下：

```
function_name <- function(arg_1, arg_2, ...)
{
    Function body
}
```

参数说明如下。

☑　function_name：函数名称。

☑　arg_1, arg_2, ...：参数，是一个占位符。当函数被调用时，将传递一个值到参数。参数是可选的，也就是说，函数可能不包含参数。参数也可以有默认值。

☑　Function body：函数体，定义函数功能的代码块。

【例 3.2】自定义计算 BMI 指数的函数（实例位置：资源包\Code\03\02）

自定义计算 BMI（体脂）指数的函数 fun_bmi()。运行 RGui，新建程序脚本，编写如下代码：

```
fun_bmi <- function(height,weight)
{
    weight/(height*height)
}
```

⬇　代码解析

在上述代码中，fun_bmi 是创建的函数名，height 和 weight 是该函数的参数（形参），大括号中的内容为函数体，用于计算 BMI 指数。

说明

大括号也可以省略，因为函数体只有一行，省略后的代码如下：

```
fun_bmi <- function(height,weight)
    weight/(height*height)
```

2．调用函数

调用函数也就是执行函数。如果把创建函数理解为创建一个具有某种用途的工具，那么调用函数就相当于使用该工具。

例如，调用例 3.2 创建的 fun_bmi()函数，示例代码如下：

```
fun_bmi(1.6,65)
```

运行程序，结果为：

```
[1] 25.39062
```

上述代码也可以指定 x 和 y 参数，示例代码如下：

```
fun_bmi(x=1.6,y=65)
```

在不特别指定 x 和 y 的情况下，R 语言自动按位置进行匹配，即 1.6 为第一个参数，65 为第二个
参数。

如果自定义函数中没有参数，可以直接调用函数名。示例代码如下：

```
myfun <- function()
{
    print(4*5)
}
myfun()
```

3.3.3　返回值

前面创建的函数都只是为了完成特定任务，并不需要返回什么。但在实际开发中，通常需要返回
一个执行结果。这就好比主管向下级职员下达命令，职员做完后，还需要反馈结果给主管。函数返回
值的作用就是将函数的处理结果返回给调用它的程序。

在 R 语言中，可以在函数体中使用 return()函数为自定义函数指定返回值。如果不使用 return()函数，
则默认将最后执行的语句的值作为返回值。如果自定义函数需要多个返回值，则可以打包在一个列表
（list）中。另外，函数的返回值可以是任何 R 语言对象。

例如，定义一个计算 BMI 指数的 fun_bmi()函数并要求返回 BMI 值，代码如下：

```
fun_bmi <- function(height,weight)
{
    bmi=weight/(height*height)
    return(bmi)
}
fun_bmi(1.5,70)
```

3.4　字　符　串

在程序开发中，姓名、性别（男或女）、商品名称、类别等通常用字符串表示，因此经常需要对字符
串做各种操作处理。常用的字符串操作有连接字符串、计算字符串长度、字符大小写转换、截取字符串等。

3.4.1　字符串规范

在 R 语言中，通常使用一对单引号（''）或双引号（""）将字符串括起来。具体规范如下。

☑　单引号或双引号应成对出现，分别位于字符串的开头和结尾。如'mrsoft'、"mrsoft"。

☑　字符串的打印和显示通常采用双引号形式表示。

☑　如果字符串中已经包含单引号，则再次出现单引号需要进行转义（使用反斜杠"\"）。

☑　单引号不能插入以单引号开头和结尾的字符串中。

☑　单引号可以插入以双引号开头和结尾的字符串中。

☑　双引号不能插入以双引号开头和结尾的字符串中。

示例代码如下：

```
a <- '编程改变命运'
print(a)
b <- "编程改变命运"
print(b)
c <- '编程\'改变命运'
print(c)
d <- "编程'改变'命运"
print(d)
```

运行程序，结果如图 3.6 所示。

```
> a <- '编程改变命运'
> print(a)
[1] "编程改变命运"
> b <- "编程改变命运"
> print(b)
[1] "编程改变命运"
> c <- '编程\'改变命运'
> print(c)
[1] "编程'改变命运"
> d <- "编程'改变'命运"
> print(d)
[1] "编程'改变'命运"
```

图 3.6　字符串规范

3.4.2　字符串常用函数

字符串常用处理函数如表 3.9 所示。

表 3.9　字符串处理函数

函　　　数	说　　　明
strsplit()	字符串分割函数
paste(s1，s2，sep=)	字符串连接函数
paste0(s1,s2)	字符串连接函数（直接无缝连接）
nchar(s)	计算每个字符串的长度
length(s)	计算字符串总长度
substr(s,start,stop)	字符串截取函数
substring(s,start,stop=lenth(s))	字符串截取函数，可以不指定末尾位置，默认为字符串末尾
sub()	字符串替换函数，替换第一个匹配的字符串
gsub()	字符串替换函数，替换所有匹配的字符串
chartr()	字符串替换函数。用指定为参数的新字符替换字符串中出现该字符的所有匹配项
grep()	关键字匹配查询，返回匹配位置
grepl()	关键字匹配查询，返回布尔值
tolower()	小写转换
toupper()	大写转换
trimws()	去除字符串首尾的空格
match()	整词匹配查询，匹配模板

3.4.3　连接字符串

在 R 语言中，使用 paste()函数可以将字符串连接起来。paste()函数可以将任何数量的参数组合在一起，语法格式如下：

```
paste(..., sep = " ", collapse = NULL)
```

参数说明如下。
- ☑ ...：要组合在一起的任意数量的变量。
- ☑ sep：参数之间的分隔符，可选参数。
- ☑ collapse：用于去除两个字符串之间的空格。注意，这里去除的不是一个字符串中两个字符之间的空格。

【例 3.3】字符串的连接（实例位置：资源包\Code\03\03）

使用 paste()函数连接各种字符串。运行 RGui，新建程序脚本，编写如下代码：

```
a <- "www"
b <- 'mrsoft'
c <- "com "
print(paste(a,b,c))
print(paste(a,b,c, sep = "."))
print(paste(a,b,c, sep = ".", collapse = ""))
```

```
> a <- "www"
> b <- 'mrsoft'
> c <- "com "
> print(paste(a,b,c))
[1] "www mrsoft com "
> print(paste(a,b,c, sep = "."))
[1] "www.mrsoft.com "
> print(paste(a,b,c, sep = ".", collapse = ""))
[1] "www.mrsoft.com "
```

运行程序，结果如图 3.7 所示。

图 3.7　连接字符串

3.4.4　计算字符串长度

nchar()函数用于计算字符串中字符的个数（包含空格的字符数），语法格式如下：

```
nchar(x)
```

其中，参数 x 表示一个向量。

示例代码如下：

```
myval <- nchar("吉林省明日科技有限公司 ")
print(myval)
myval <- nchar("www.mingrisoft.com")
print(myval)
```

```
> myval1 <- nchar("吉林省明日科技有限公司 ")
> print(myval1)
[1] 12
> myval2 <- nchar("www.mingrisoft.com")
> print(myval2)
[1] 18
```

运行程序，结果如图 3.8 所示。

图 3.8　计算字符串长度

3.4.5　字符大小写转换

在 R 语言中，toupper()函数和 tolower()函数用于改变字符串中字符的大小写，语法格式如下：

```
toupper(x)
tolower(x)
```

其中，参数 x 表示一个向量。

示例代码如下：

```
myval <- toupper("mingrisoft.COM")
print(myval)
myval <- tolower("mingrisoft.COM")
print(myval)
```

运行程序，结果如图 3.9 所示。

```
> myval <- toupper("mingrisoft.COM")
> print(myval)
[1] "MINGRISOFT.COM"
> myval <- tolower("mingrisoft.COM")
> print(myval)
[1] "mingrisoft.com"
```

3.4.6　截取字符串

图 3.9　大小写转换

substring()函数用于截取字符串中的一部分字符，语法格式如下：

```
substring(x,first,last)
```

参数说明如下。

☑　x：字符向量。

☑　first：要提取的第一个字符的位置。

☑　last：要提取的最后一个字符的位置。

示例代码如下：

```
myval <- substring("www.mingrisoft.com", 5, 14)
print(myval)
```

运行程序，结果如图 3.10 所示。

```
> myval <- substring("www.mingrisoft.com", 5, 14)
> print(myval)
[1] "mingrisoft"
```

3.4.7　查询字符串

图 3.10　字符串截取

grep()函数和 grepl()函数可在向量中查询指定字符串。

1. grep()函数

grep()函数用于在向量 x 中寻找含有特定字符串（由 pattern 参数指定）的元素，返回其在 x 中的下标。语法格式如下：

```
grep(pattern, x, ignore.case = FALSE, perl = FALSE, value = FALSE, fixed = FALSE, useBytes = FALSE, invert = FALSE)
```

主要参数说明如下。

☑　pattern：字符串类型，正则表达式，用于指定搜索模式。当 fixed 为 TRUE 时，表示待搜索的字符串。

☑　x：字符串向量，表示被搜索的字符串。

☑　value：逻辑值，为 FALSE 时，grep 返回搜索结果的位置信息；为 TRUE 时，返回结果位置的值。

2. grepl()函数

grepl()函数用于查询向量 x 中是否包含特定的字符串，返回一个逻辑向量，值为 TRUE 或 FALSE。语法格式如下：

```
grepl(pattern, x, ignore.case = FALSE, perl = FALSE, fixed = FALSE, useBytes = FALSE)
```

参数说明参见 grep()函数。

【例 3.4】查找指定的字符（实例位置：资源包\Code\03\04）

创建一个字符串向量，分别使用 grep()函数和 grepl()函数查找指定字符串。运行 RGui，新建程序脚本，编写如下代码：

```
str1 <- c("m", "r", "mrsoft")      # 创建一个字符串向量
grep("m", str1)                    # 查找包含 m 的元素所在的位置
grepl("r", str1)                   # 判断每个元素是否包含 r，返回的是逻辑向量
grep("m|r", str1)                  # 同时匹配多个内容，查找包含 m 或者 r 的元素所在的位置
grepl("m|r", str1)                 # 同时匹配多个内容，判断每个元素是否包含 m 或者 r，返回的是逻辑向量
```

运行程序，结果如图 3.11 所示。

```
> #创建一个字符串向量
> str1 <- c("m", "r", "mrsoft")
> #查找包含m的元素所在的位置
> grep("m", str1)
[1] 1 3
> #判断每个元素是否包含r，返回的是逻辑向量
> grepl("r", str1)
[1] FALSE  TRUE  TRUE
> #同时匹配多个内容，查找包含m或者r的元素所在的位置
> grep("m|r", str1)
[1] 1 2 3
> #同时匹配多个内容，判断每个元素是否包含m或者r，返回的是逻辑向量
> grepl("m|r", str1)
[1] TRUE TRUE TRUE
```

图 3.11　使用 grep()函数和 grepl()函数查找指定字符串

3.5　包的安装与使用

3.5.1　查看包

R 语言中的程序包（以下简称包）是 R 函数、编译代码和样本数据集的集合，存储在 R 语言安装目录下的 library 文件夹中，如图 3.12 所示。

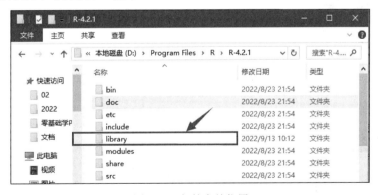

图 3.12　包的存储位置

在默认情况下，R 语言自带了一些包，如 base、boot、class 等。如果想了解 R 语言安装了哪些包，可以使用 library()函数查看，示例代码如下：

```
library()
```

运行程序，结果如图 3.13 所示。

图 3.13 已经安装的包

3.5.2 包的安装

有时需要用到一些特殊功能的包（即扩展包），用户可以自行下载并安装它，方法有以下两种。

（1）在 RGui 控制台输入安装命令"install.packages("R 包名")"来安装包。

例如，安装包 ggplot2，代码如下：

```
install.packages("ggplot2")
```

此时将显示一个 CRAN 镜像站点的列表，选择一个适合的镜像站点，如图 3.14 所示，单击"确定"按钮开始安装。

如果需要一次安装多个包，代码如下：

```
Install.packages(c("包 1","包 2"))
```

（2）在 RStudio 的资源管理窗口中，选择 Packages 进入 Packages 窗口，在包列表中选中需要安装的包，然后单击 Install 按钮下载并安装包，如图 3.15 所示。

图 3.14 CRAN 镜像列表

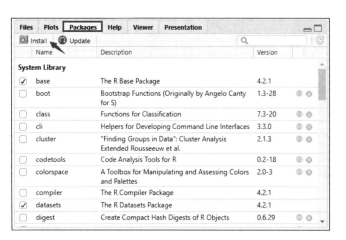

图 3.15 通过 RStudio 资源管理窗口安装包

3.5.3　包的使用

包安装完成后，在 RGui 控制台或 RStudio 代码编辑窗口中输入"library(包名)"或"require(包名)"就可以使用这些包了。如要使用包 lubridate，代码如下：

```
library(lubridate)
```

或者

```
require(lubridate)
```

如果编写代码时需要某个函数，则可以通过"包名::函数名"命令临时加载该包。代码如下：

```
lubridate::floor_date()
```

3.6　R 语言帮助文档

学会使用帮助文档不仅可以提高学习效率、缩短学习路径，还可以解决日常编程中遇到的问题。本节将介绍如何使用 R 语言中的帮助文档。

3.6.1　help 菜单命令

RStudio 中可以通过 Help 菜单查看帮助信息。选择 Help→R Help 命令，即可打开帮助页面，如图 3.16 所示。

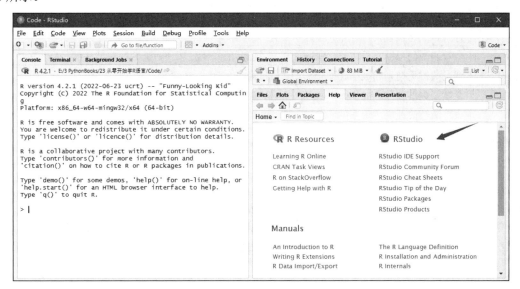

图 3.16　通过 Help 命令查看帮助信息

也可以使用搜索引擎输入关键字进行搜索。例如，在搜索框中输入"list"，下方会显示 list() 函数的相关帮助信息，如图 3.17 所示。

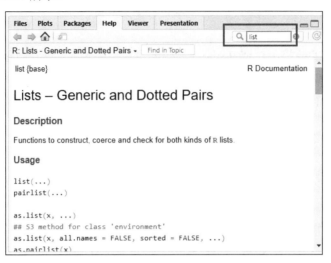

图 3.17　list()函数的帮助信息

在 RStudio 代码编辑窗口的指定关键词处按 F1 键，也可以显示相关的帮助信息。

3.6.2　帮助函数

R 语言还提供了一些帮助函数，用于获取函数的参数解释和使用示例等。这些函数需要在 RGui 或 RStudio 的控制台中使用，如表 3.10 所示。

表 3.10　帮助函数

函　　数	用　　途
help.start()	打开帮助文档首页
help()	查看函数的帮助文档，如"help("list")"或"?list"可查看 list 函数的帮助文档（引号可以省略）
help.search()	通过关键词搜索相关帮助文档，如"help.search("c")"或"??c"
args()	显示函数的参数，如 args(list)
example()	查看函数的使用示例，如 example("list")
demo()	列出包的应用场景，如 demo(graphics)
apropos()	列出名称中含有关键字的内容，如 apropos("c")　　　　　　　　　# 列出所有包含 c 的内容 apropos("c",mode="funtion")　　# 只列出函数
data()	列出当前已加载包中包含的可用的示例数据集
RSiteSearch()	通过关键字搜索在线文档，如"RSiteSearch("list")"可通过关键词 list 搜索在线文档
vignette()	列出当前已安装包中所有可用的 vignette 文档，如"vignette("manage")"可显示 manage 的 vignette 文档

说明

　　vignette 文档包含很多内容，也更加规范，例如里面有简介、教程、开发文档等，可以通过 vignette()函数来查看，不过不是每个包都包含这种格式的文档。

例如，想了解 split()函数的用法，可在 RGui 控制台中输入如下代码：

```
help("split")
```

按 Enter 键，将打开帮助页面，如图 3.18 所示，其中包括语法、参数说明和示例等。

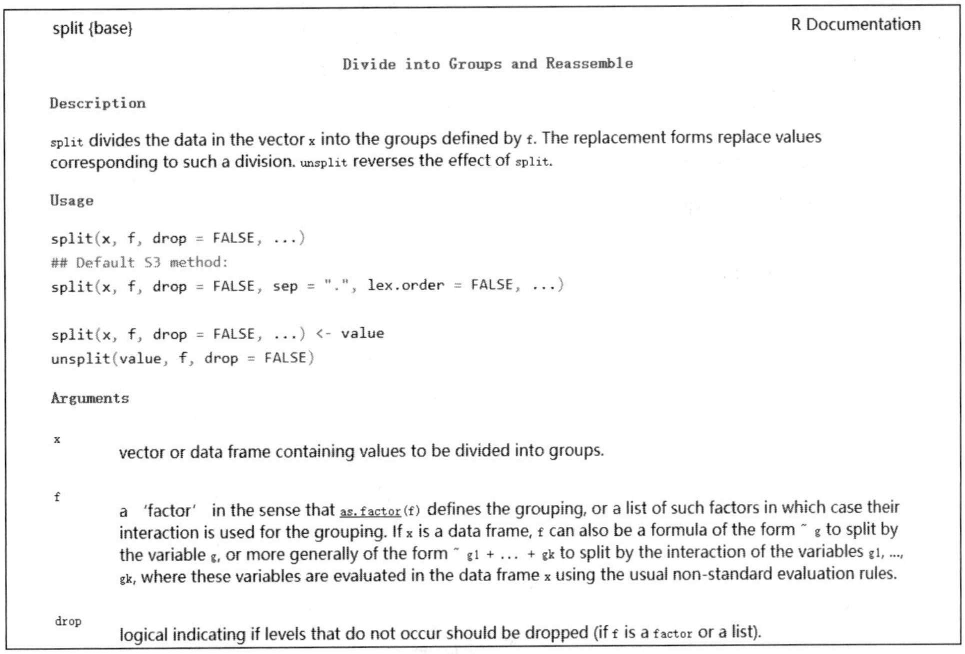

split {base}   R Documentation

Divide into Groups and Reassemble

Description

split divides the data in the vector x into the groups defined by f. The replacement forms replace values corresponding to such a division. unsplit reverses the effect of split.

Usage

```
split(x, f, drop = FALSE, ...)
## Default S3 method:
split(x, f, drop = FALSE, sep = ".", lex.order = FALSE, ...)

split(x, f, drop = FALSE, ...) <- value
unsplit(value, f, drop = FALSE)
```

Arguments

x   vector or data frame containing values to be divided into groups.

f   a 'factor' in the sense that as.factor(f) defines the grouping, or a list of such factors in which case their interaction is used for the grouping. If x is a data frame, f can also be a formula of the form ~ g to split by the variable g, or more generally of the form ~ g1 + ... + gk to split by the interaction of the variables g1, ..., gk, where these variables are evaluated in the data frame x using the usual non-standard evaluation rules.

drop   logical indicating if levels that do not occur should be dropped (if f is a factor or a list).

图 3.18 split()函数的帮助页面

3.7 要点回顾

本章主要学习了 R 语言编码规则和 R 语言基础知识，读者应熟练掌握。同时，语句的写法和输入规则，应熟练掌握的是 R 语言包的安装与使用以及如何使用帮助，这些都是在日常编程过程中需要频繁使用的操作。

第 4 章

数据结构

R 语言有许多用于存储数据的数据结构，主要包括向量、矩阵、数组、数据框、因子和列表，其中向量是最基本、最重要的一种数据结构。

本章知识架构及重难点如下。

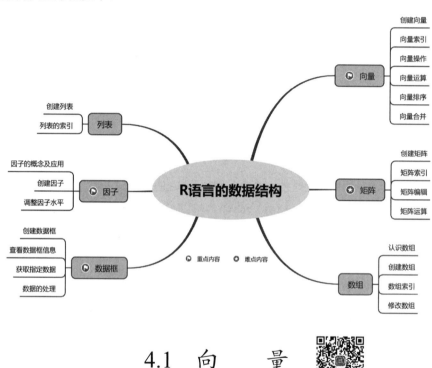

4.1 向 量

向量是 R 语言中最基本、最重要的数据结构，是构成其他数据结构的基础。R 语言中的向量与数学中的向量不同，它更类似于数学中"集合"的概念，表示由一个或多个元素构成。

本节将主要介绍创建向量、向量索引、向量操作、向量运算、向量排序和向量合并的相关知识。

4.1.1 创建向量

向量是由一系列相同数据类型的有序元素构成的数据组，如图 4.1 所示，相当于一维数组。向量是用来存储数值型、字符型和逻辑型数据的一维数组。

在 R 语言中创建向量的方法有多种，下面依次进行介绍。

向量

图 4.1 向量示意图

1. 通过 c()函数创建向量

在 R 语言中,创建向量主要使用 c()函数。各参数(或各元素)之间用逗号分隔,且为同一种数据类型。如果参数的数据类型不一致,则 c()函数会强制将所有参数转换为同一数据类型。

使用 c()函数创建数值型向量,示例代码如下:

```
a <- c(1,2,3,4,5)
print(a)
```

运行程序,结果为:

```
1 2 3 4 5
```

使用 c()函数创建字符型向量时,一定要为各字符加上双引号,示例代码如下:

```
b <- c("m","r","s","o","f","t")
print(b)
```

运行程序,结果为:

```
"m" "r" "s" "o" "f" "t"
```

使用 c()函数创建逻辑型向量,示例代码如下:

```
c <- c(TRUE,FALSE,TRUE,TRUE)
print(c)
```

运行程序,结果为:

```
TRUE  FALSE  TRUE  TRUE
```

说明

代码中的 TRUE 和 FALSE 可以简写成 T 和 F。

2. 使用冒号运算符创建向量

在 R 语言中,使用冒号运算符 ":" 也可以创建向量。冒号运算符主要用于创建公差为 1 或-1 的等差数列向量,其使用形式为 x:y,使用规则如下:

☑ 当 x<y 时,将生成 x, x+1, x+2, x+3,···的等差数列,公差为 1,最后的元素≤y。

☑ 当 x>y 时,将生成 x, x-1, x-2, x-3,···的等差数列,公差为-1,最后的元素≥y。

☑ 当 x 和 y 相同时,将输出只有一个元素的向量,元素为 x。

下面使用冒号创建向量,示例代码如下:

```
1    d <- 1:20
2    print(d)
3    d <- 5.1:10.2
4    print(d)
5    d <- -2:-10
6    print(d)
```

```
> d <- 1:20
> print(d)
 [1]  1  2  3  4  5  6  7  8  9 10 11 12 13 14 15 16 17 18 19 20
> d <- 5.1:10.2
> print(d)
[1]  5.1  6.1  7.1  8.1  9.1 10.1
> d <- -2:-10
> print(d)
[1]  -2  -3  -4  -5  -6  -7  -8  -9 -10
```

图 4.2 冒号运算符创建向量

运行程序,结果如图 4.2 所示。从运行结果可知:使用冒号运算符创建的是等差数列向量。

3．使用 seq()函数创建向量

seq()函数也可用来创建等差数列向量，语法格式如下：

```
seq(from = 1, to = 1, by = ((to - from)/(length.out - 1)),length.out = NULL, along.with = NULL, ...)
```

参数说明如下。
- ☑ from：数值型，表示等差数列开始的位置，默认值为1。
- ☑ to：数值型，表示等差数列结束的位置，默认值为1。
- ☑ by：数值型，表示等差数列之间的间隔。
- ☑ length.out：数值型，表示等差数列的长度。
- ☑ along.with：向量，表示产生的等差数列与向量具有相同的长度。

注意

by、length.out 和 along.with 3 个参数只能输入其中一项。

示例代码如下：

```
1    seq(0,2,length.out=6)
2    seq(1,12,by=2)
3    seq(1,8,by=pi)
4    seq(8)
```

运行程序，结果如图 4.3 所示。

```
> seq(1,12,by=2)
[1]  1  3  5  7  9 11
> seq(1,8,by=pi)
[1] 1.000000 4.141593 7.283185
> seq(8)
[1] 1 2 3 4 5 6 7 8
```

图 4.3　seq()函数创建向量

4．使用 rep()函数创建向量

rep()函数是一个重复函数，主要用于创建重复的变量或向量，语法格式如下：

```
rep(x, ...)
```

参数说明如下。
- ☑ x：表示向量或类向量的对象。
- ☑ …：表示除 x 的其他参数，包括 each、times 和 length.out。
  - ➢ each：表示 x 元素重复的次数。
  - ➢ times：表示整体重复的次数。
  - ➢ length.out：表示向量最终输出的长度。如果过长则会被截掉，过短会根据前面的规则补上。

示例代码如下：

```
1    rep(1:5, 2)                       # 1~5重复2次
2    rep(1:5, each = 2, times = 3)     # 1~5重复2次，整体重复3次
3    rep(1:5, each = 2, len = 3)       # 1~5重复2次，长度为3
4    rep(1:5, each = 2, len = 12)      # 1~5重复2次，长度为12
```

运行程序，结果如图 4.4 所示。

5．使用 sample()函数随机抽取向量

在 R 语言中，sample()函数可以随机抽取向量，也可以从数据集中抽取指定数量的样本，返回向量或数据框。语法格式如下：

```
> rep(1:5, 2)  # 1~5重复2次
 [1] 1 2 3 4 5 1 2 3 4 5
> # 1~5重复2次，整体重复3次
> rep(1:5, each = 2, times = 3)
 [1] 1 1 2 2 3 3 4 4 5 5 1 1 2 2 3 3 4 4 5 5 1 1 2 2 3 3 4 4 5 5
> # 1~5重复2次，长度为3
> rep(1:5, each = 2, len = 3)
[1] 1 1 2
> # 1~5重复2次，长度为12
> rep(1:5, each = 2, len = 12)
[1] 1 1 2 2 3 3 4 4 5 5 1 1
```

图 4.4　rep()函数创建向量

```
sample(x, size, replace = FALSE, prob = NULL)
```

参数说明如下。

☑　x：表示被抽取的样本的来源。

☑　size：表示抽取的样本的数量。

☑　replace：逻辑值，表示是否重复抽样。默认值为 F，表示不重复抽样，此时 size 参数不能大于 x 的长度；如果值为 T，则表示重复抽样，此时 size 参数允许大于 x 的长度。

☑　prob：表示各样本被抽取的概率。

例如，在 1～20 中不重复地随机创建 10 个元素的向量，示例代码如下：

```
sample(c(1:20),size=10)          # 在 1～20 中不重复随机创建 10 个元素的向量
```

运行程序，结果为：

```
[1] 15 19  7  9 13  6  5 14 12 18
```

例如，在 1～20 中重复地随机创建 15 个元素的向量，示例代码如下：

```
sample(c(1:20),size=15,replace=T)    # 在 1～20 中重复地随机创建 15 个元素的向量
```

运行程序，结果为：

```
[1] 11 18 12  3  6 10 17  6  1 19  4  1  2  6  1
```

6．使用 runif()函数生成符合均匀分布的随机数

在 R 语言中，runif()函数用于生成 0～1 之间符合均匀分布的随机数，也可以指定最小值和最大值。示例代码如下：

```
1    runif(10)                    # 生成 10 个 0~1 之间符合均匀分布的随机数
2    runif(10, min = 3, max = 30) # 生成 10 个最小值为 3，最大值为 30 符合均匀分布的随机数
```

运行程序，结果如图 4.5 所示。

```
> # 生成10个0~1之间符合均匀分布的随机数
> runif(10)
 [1] 0.7979028 0.2773953 0.6552514 0.7402401 0.2816560
 [6] 0.5348352 0.9071048 0.3170784 0.9323483 0.1278111
> # 生成10个最小值为3，最大值为30符合均匀分布的随机数
> runif(10, min = 3, max = 30)
 [1]  3.787232 29.568168  6.827424 27.784316 25.598613
 [6] 16.502409  5.651384 16.957696 25.657432  6.850175
```

图 4.5　runif()函数生成符合均匀分布的随机数

7．使用 rnorm()函数生成服从正态分布的随机数

在 R 语言中，rnorm()函数用于生成服从正态分布的随机数。

例如，直接使用，默认生成平均数为 0、标准差为 1 的随机数，示例代码如下：

```
rnorm(20)
```

设置平均值，生成平均数为 5、标准差默认为 1 的随机数，示例代码如下：

```
rnorm(20,5)
```

设置平均值和标准差，生成平均数为 0、标准差为 9 的随机数，示例代码如下：

```
rnorm(20, mean = 0, sd = 9)
```

说明

rnorm()函数生成的是随机数，因此每次运行生成的随机数都会不同。如果想要生成的随机数不发生改变，可在 rnorm()函数前使用 set.seed()函数。set.seed()函数的参数可以是任意数字，标记设置的是第几号种子。例如：

```
1    set.seed(0)
2    rnorm(20,5)
```

4.1.2 向量索引

通过向量索引可访问向量中的元素。索引就是向量中元素所处位置的数值，本质上是一个编号，由系统自动生成，值为 1、2…，依次类推。在方括号 "[ ]" 中指定元素所在位置的数值就可以访问该元素。例如，在如图 4.6 所示的向量 a 中，a[1]表示访问第 1 个元素，也就是 3。

在 R 语言中，向量索引分为正（负）整数索引、逻辑索引和名称索引。

1. 正（负）整数索引

正整数索引从位置 1 开始，负整数索引从-1 开始，如图 4.7 所示。正整数索引访问的是向量中该位置的元素，负整数索引访问的是向量中除了该位置的所有元素。

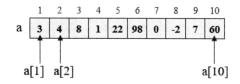

图 4.6 访问向量 a 中的元素

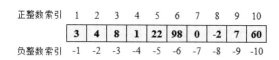

图 4.7 正（负）整数索引示意图

示例代码如下：

```
1    a <- c(100,90,68,77,45,88)
2    b <- c("a","b","c","d","e")
3    print(a[1])              # 访问 a[1]位置的元素
4    print(b[-2])             # 访问除了 b[-2]位置的所有元素
```

运行程序，结果如图 4.8 所示。

可以使用向量访问向量中的多个元素。例如，访问向量 a 中 1、3、5 位置的元素，示例代码如下：

```
> a <- c(100,90,68,77,45,88)
> b <- c("a","b","c","d","e")
> print(a[1])
[1] 100
> print(b[-2])
[1] "a" "c" "d" "e"
```

图 4.8 正（负）整数索引的示例

```
print(a[c(1,3,5)])
```

运行程序，结果为：

```
100  68  45
```

可以使用冒号连续访问向量中的元素，示例代码如下：

```
print(a[c(1:3)])
```

运行程序，结果为：

```
100  90  68
```

2. 逻辑索引

在 R 语言中，还可以使用逻辑向量作为向量索引。逻辑值为 TRUE，表示输出；逻辑值为 FALSE，表示不输出。默认值为 TRUE，示例代码如下：

```
print(a[c(T,T,F,F)])
```

运行程序，结果为：

```
100  90  45  88
```

如果逻辑值的个数超出了向量中元素的个数，则会出现缺失值（NA），示例代码如下：

```
print(a[c(T,T,F,F,T,T,T,T)])
```

运行程序，结果为：

```
100  90  45  88  NA  NA
```

说明

TRUE 可以简写为 T，FALSE 可以简写为 F。

3. 名称索引

在 R 语言中，还可以通过元素名称访问向量中的元素。首先需要使用 names()函数为向量添加名称，然后通过名称访问向量中的元素。

示例代码如下：

```
1   # 为向量 a 添加名称
2   a <- c(100,90,68,77,45,88)
3   names(a) <- c("甲","乙","丙","丁","戊","己")
4   print(a)
5   # 通过名称索引访问向量中的元素
6   print(a["甲"])
7   print(a[c("甲","乙","丙")])
```

```
> # 为向量a添加名称
> a <- c(100,90,68,77,45,88)
> names(a) <- c("甲","乙","丙","丁","戊","己")
> print(a)
 甲  乙  丙  丁  戊  己
100  90  68  77  45  88
> # 通过名称索引访问向量中的元素
> print(a["甲"])
甲
100
> print(a[c("甲","乙","丙")])
 甲  乙  丙
100  90  68
```

图 4.9 名称索引

运行程序，结果如图 4.9 所示。

4.1.3 向量操作

向量创建完成后，需要在原始向量中添加新元素、修改元素和删除元素等，下面进行详细的介绍。

1. 添加元素

1）添加元素

在原向量中添加新元素，可以通过添加新索引并为其赋值的方法。示例代码如下：

```
1   a <- c(100,90,68,77,45,88)          # 原始向量 a
2   print(a)
3   a[c(7,8,9)] <- c(60,99,50)          # 为向量 a 的 7、8、9 的索引赋值
4   print(a)
```

运行程序，结果为：

```
100  90  68  77  45  88  60  99  50
```

其中,"60 99 50"为新添加的元素。

2）插入元素

append()函数用于在指定位置插入元素。例如,在索引 2 的后面插入元素"60   99   50",示例代码如下:

```
append(x = a,values = c(60,99,50),after = 2)
```

2. 修改元素

要想修改向量中的元素,需要先通过索引找到该元素,然后为其赋新值。例如,将索引为 2 的元素修改为 99,示例代码如下:

```
1    # 原始向量 a
2    a <- c(100,90,68,77,45,88)
3    a[2] <- 99
4    print(a)
```

运行程序,结果为:

```
100  99  68  77  45  88
```

3. 删除向量或向量中的元素

1）删除整个向量

删除整个向量经常使用 rm()函数。如删除向量 a,示例代码如下:

```
rm(a)
```

2）删除向量中的某一个元素

删除向量中的某一个元素可以采用负整数索引的方式,将不需要的元素排除在外。例如,删除向量 a 中的前 4 个元素并输出剩余元素,示例代码如下:

```
a[-c(1:4)]
```

运行程序,结果为:

```
45 88
```

4.1.4 向量运算

向量运算是指向量中元素与元素之间的加、减、乘、除、幂、求余等运算。在 3.2.4 节中,我们对运算符和向量运算已经有了初步了解。本节将主要介绍如何计算向量的绝对值、平方根、对数、指数、最小整数、最大整数等,如表 4.1 所示。

表 4.1 向量运算函数

函 数	用 途	举 例	运 行 结 果
abs()	求绝对值	a <- -3:3 abs(a)	3 2 1 0 1 2 3
sqrt()	计算平方根	sqrt(36)	6

函 数	用 途	举 例	运 行 结 果
log()	求对数，第一个参数为要求的值，第二个参数为底数，不指定底数，则默认是自然对数	log(16,base=2) log(16)	4 2.772589
log10()	常见的以 10 为底的对数	log10(10)	1
exp()	计算指数	a <- 1:3 exp(a)	2.718282 7.389056 20.085537
ceiling(x)	返回不小于 x 的最小整数	a <- c(-1.8,5,3.1415926) ceiling(a)	-1 5 4
trunc()	返回整数部分	a <- c(-1.8,5,3.1415926) trunc(a)	-1 5 3
round()	四舍五入函数，digits 参数可以规定保留的小数位数	a <- c(-1.8,5,3.1415926) round(a,2)	-1.80 5.00 3.14
signif()	同上，只保留小数的有效位数	a <- c(-1.8,5,3.1415926) signif(a,2)	-1.8 5.0 3.1
sin()	计算正弦值	a <- 1:3 sin(a)	0.8414710 0.9092974 0.1411200
cos()	计算余弦值	a <- 1:3 cos(a)	0.5403023 -0.4161468 -0.9899925
range()	返回最小值和最大值	a <- -3:3 range(a)	-3 3
prod()	返回向量的连乘的积	a <- 10:15 prod(a)	3603600

4.1.5 向量排序

实现向量排序的主要函数有 sort()、order()、rev()和 rank()，下面分别进行介绍。

1. sort()函数

向量排序是对向量中的元素进行排序，主要使用 sort()函数。语法格式如下：

```
sort(x, decreasing = FALSE, na.last = NA, ...)
```

参数说明如下。

☑ x：表示要排序的对象。

☑ decreasing：逻辑值，表示升序排序或降序排序。默认值为 FALSE，表示升序排序。

☑ na.last：缺失值 NA 的处理方式。取值为 TRUE 时，缺失值放在最后面；取值为 FALSE 时，缺失值放在最前面；取值为 NA 时（默认值），缺失值被移除，不参与排序。

【例 4.1】学生数学成绩排序（**sort()函数，实例位置：资源包\Code\04\01**）

使用 sort()函数对一组学生数学成绩进行排序，包括升序排序和降序排序。运行 RStudio，新建一个 R Script 脚本文件，编写如下代码。

```
1    a <- c(89,90,120,110,78,99,130,56,88,130,145,120,NA)    # 创建向量数据
2    print(a)
3    result <- sort(a)                                        # 升序排序
4    print(result)
5    result <- sort(a,decreasing = TRUE,na.last = TRUE)        # 降序排序并且 NA 参与排序
6    print(result)
```

运行程序，结果如图 4.10 所示。

```
> # 创建向量数据
> a <- c(89,90,120,110,78,99,130,56,88,130,145,120,NA)
> print(a)
 [1]  89  90 120 110  78  99 130  56  88 130 145 120  NA
> # 升序排序
> result <- sort(a)
> print(result)
 [1]  56  78  88  89  90  99 110 120 120 130 130 145
> # 降序排序并且NA参与排序
> result <- sort(a,decreasing = TRUE,na.last = TRUE)
> print(result)
 [1] 145 130 130 120 120 110  99  90  89  88  78  56  NA
```

图 4.10　学生数学成绩排序

2. order()函数

order()函数用于返回向量排序后的位置，也就是索引，默认为升序排序。语法格式如下：

```
order(... = data, na.last = TRUE,decreasing = TRUE)
```

参数说明如下。

☑　…：表示要排序的向量。

☑　na.last：逻辑值，表示排序时是否将 NA 值放在最后，默认 NA 值放在最后。

☑　decreasing：逻辑值，表示升序排序还是降序排序，默认为升序排序。

【例 4.2】学生数学成绩排序（**order()**函数，实例位置：**资源包\Code\04\02**）

使用 order()函数将学生数学成绩排序，对比 sort()函数，分析结果有什么不同。运行 RStudio，编写如下代码。

```
1    a <- c(89,90,120,110,78,99,130,56,88,130,145,120,NA)    # 创建向量数据
2    print(a)
3    result <- order(a)                                       # 升序排序
4    print(result)
```

运行程序，结果为：

```
8  5  9  1  2  6  4  3 12  7 10 11 13
```

这个排序结果是向量索引，是学生成绩数据对应的索引，如图 4.11 所示。

图 4.11 为排序前的向量索引，使用 order()函数排序后，向量索引变为 8　5　9　1　2　6　4　3 12 7 10 11 13。其中，13 为 NA 值，被放在了最后。

3. rev()函数

rev()函数用于反向（逆序）排列向量，示例代码如下：

```
1    rev(1:10)
2    rev(c('a','b','c','d','e'))
```

运行程序，结果如图 4.12 所示。

索引	1	2	3	4	5	6	7	8	9	10	11	12	13
	89	90	120	110	78	99	130	56	88	130	145	120	NA

图 4.11　向量索引示意图

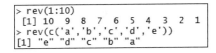

图 4.12　反向排列向量

4．rank()函数

rank()函数用于排名，返回向量中各元素的排名，默认为升序。语法格式如下：

```
rank(x, na.last = TRUE,ties.method = c("average", "first", "random", "max", "min"))
```

参数说明如下。

- ☑ x：表示要排名的向量。
- ☑ na.last：逻辑值，表示排名时是否将 NA 值放在最后，默认 NA 值放在最后。
- ☑ ties.method：表示排名方式，包括 5 个值。
  - ➢ first：最基本的排名方式，从小到大排序。相同的元素先者在前，后者在后。
  - ➢ max：相同元素取该组中最好的水平，即并列排名。
  - ➢ min：相同元素取该组中最差的水平，以增大序列的等级差异。
  - ➢ average：相同元素取该组中的平均水平，该水平可能是个小数。
  - ➢ random：相同元素随机编排名次，避免"先到先得"，"权重"优于"先后顺序"的机制增大了随机程度。

【例 4.3】学生数学成绩排名（**rank()函数，实例位置：资源包\Code\04\03**）

使用 rank()函数对学生成绩排序，获取各学生的名次。运行 RStudio，新建一个 R Script 脚本文件，编写如下代码。

```
1    a <- c(89,90,120,110,78,99,130,56,88,130,145,120,NA)    # 创建向量数据
2    print(a)
3    result <- rank(a)                                       # 升序排名
4    print(result)
```

运行程序，结果为：

```
4.0  5.0  8.5  7.0  2.0  6.0 10.5  1.0  3.0 10.5 12.0  8.5 13.0
```

这些数字代表着每个成绩的名次，13 为 NA 值，被放在了最后。

4.1.6　向量合并

在数据处理中，向量合并是一种常见操作，它可以将不同的向量按照一定的规则合并为一个更大的向量。在 R 语言中，合并向量主要使用 c()函数、rbind()函数和 cbind()函数，下面分别进行介绍。

1．c()函数

使用 c()函数可以将两个或多个向量按顺序合并为一个向量，示例代码如下：

```
1    a <- c(1,2,3,4)
2    b <- c(5,6,7,8)
3    c(a,b)
```

运行程序，向量 a 和向量 b 合并后，结果如下：

```
[1] 1 2 3 4 5 6 7 8
```

2. rbind()函数和 cbind()函数

rbind()函数和 cbind()函数用于将两个或多个向量按照行或列将向量或矩阵合并为一个矩阵，示例代码如下：

```
1    rbind(a,b)        # 按行合并
2    cbind(a,b)        # 按列合并
```

运行程序，结果如图 4.13 所示。

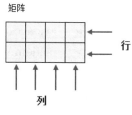

图 4.13　将向量合并为矩阵

4.2　矩　　阵

矩阵是将数据按行和列组织数据的一种数据结构，相当于二维数组，如图 4.14 所示。与向量类似，矩阵的每个元素都拥有相同的数据类型。通常用列表示来自不同变量的数据，用行表示相同的数据。

在 R 语言中，矩阵在数据统计分析中尤为重要。矩阵运算是多元统计的核心，主成分分析、因子分析和聚类分析都离不开矩阵变换与运算。

4.2.1　创建矩阵

在 R 语言中，创建矩阵有以下几种方式，下面依次进行介绍。

1. 直接将向量转换为矩阵

创建一个向量，然后使用 dim()函数设置矩阵的维数。这里，dim()函数主要用于获取或设置指定矩阵、数组或数据框的维数。

例如，创建一个 3 行 5 列的矩阵，示例代码如下：

```
1    x <- 1:15
2    dim(x) <- c(3,5)       # 创建 3 行 5 列的矩阵
3    print(x)
```

运行程序，结果如图 4.15 所示。

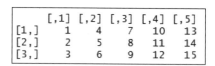

图 4.15　创建 3 行 5 列的矩阵

2. 通过 matrix()函数创建矩阵

在 R 语言中，创建矩阵最快捷、常用的方法是使用 matrix()函数，语法格式如下：

```
matrix(data=NA, nrow = 1, ncol = 1, byrow = FALSE, dimnames = NULL)
```

参数说明如下。

☑　data：表示矩阵的元素，默认值为 NA，如果未给出元素值，则各元素值为 NA。

☑　nrow：表示矩阵的行数，默认值为 1。

☑ ncol：表示矩阵的列数，默认值为 1。

☑ byrow：布尔值，元素是否按行填充，默认按列填充。

☑ dimnames：字符型向量，表示行名和列名的标签列表。

【例 4.4】创建简单矩阵（实例位置：资源包\Code\04\04）

使用 matrix()函数创建几个简单的矩阵。运行 RStudio，编写如下代码。

```
1  m1 <- matrix(1:25,nrow=5,ncol=5)              # 创建 5×5 的矩阵
2  print(m1)
3  m2 <- matrix(1:9,nrow=3,ncol=3)               # 创建 3×3 的矩阵
4  print(m2)
5  m3 <- matrix(1:6,nrow=3,ncol=2,byrow = TRUE)  # 创建 3×2，按行填充的矩阵
6  print(m3)
7  m4 <- matrix(1:6,nrow=3,ncol=2,byrow = FALSE) # 创建 3×2，按列填充的矩阵
8  print(m4)
```

运行程序，结果如图 4.16 所示。这里，首先创建了一个包含数字 1~25 的 5×5（即 5 行 5 列）的矩阵；接着创建的是一个包含数字 1~9 的 3×3 的矩阵；然后创建了一个包含数字 1~6 的 3×2 按行填充的矩阵；最后创建了一个包含数字 1~6 的 3×2 按列填充的矩阵。

```
> m1 <- matrix(1:25,nrow=5,ncol=5)
> print(m1)
     [,1] [,2] [,3] [,4] [,5]
[1,]    1    6   11   16   21
[2,]    2    7   12   17   22
[3,]    3    8   13   18   23
[4,]    4    9   14   19   24
[5,]    5   10   15   20   25
> # 创建3×3的矩阵
> m2 <- matrix(1:9,nrow=3,ncol=3)
> print(m2)
     [,1] [,2] [,3]
[1,]    1    4    7
[2,]    2    5    8
[3,]    3    6    9
> # 创建3×2，按行填充的矩阵
> m3 <- matrix(1:6,nrow=3,ncol=2,byrow = TRUE)
> print(m3)
     [,1] [,2]
[1,]    1    2
[2,]    3    4
[3,]    5    6
> # 创建3×2，按列填充的矩阵
> m4 <- matrix(1:6,nrow=3,ncol=2,byrow = FALSE)
> print(m4)
     [,1] [,2]
[1,]    1    4
[2,]    2    5
[3,]    3    6
```

图 4.16 创建简单矩阵

【例 4.5】创建学生成绩表（实例位置：资源包\Code\04\05）

使用 matrix()函数创建学生成绩表。运行 RStudio，新建一个 R Script 脚本文件，编写如下代码。

```
1  # 创建学生成绩表
2  m1 <- matrix(c(89,90,120,110,78,99,130,56,88,130,145,120),nrow=4,ncol=3,byrow = TRUE,
3          dimnames=list(c("甲","乙","丙","丁"),c("语文","数学","英语")))
4  print(m1)
```

运行程序，结果如图 4.17 所示。

```
> # 创建学生成绩表
> m1 <- matrix(c(89,90,120,110,78,99,130,56,88,130,145,120),nrow=4,ncol=3,byrow = TRUE,
+                dimnames=list(c("甲","乙","丙","丁"),c("语文","数学","英语")))
> print(m1)
     语文 数学 英语
甲    89    90   120
乙   110    78    99
丙   130    56    88
丁   130   145   120
```

图 4.17　创建学生成绩表

在上述代码中，创建了一个 4 行 3 列的学生成绩表，并且按行填充，这样数据看上去更清晰。首先创建的是"甲"同学的"数学""语文""英语"成绩，然后是"乙""丙""丁"同学各科的成绩。通过 dimnames 参数设置了行标签为姓名，列标签为学科，其中使用了 list()函数，该函数用于创建列表。

3．创建对角矩阵和单位矩阵

通过 diag()函数可以创建对角矩阵和单位矩阵。语法格式如下：

```
diag(x=1,nrow,ncol)
```

参数说明如下。

- ☑　x：表示矩阵、向量或一维数组。
- ☑　nrow：表示可选参数，生成对角矩阵的行数。
- ☑　ncol：表示可选参数，生成对角矩阵的列数。

【例 4.6】创建对角矩阵和单位矩阵（**实例位置：资源包\Code\04\06**）

使用 diag()函数创建对角矩阵和单位矩阵。运行 RStudio，新建一个 R Script 脚本文件，编写如下代码。

```
1  # 创建对角矩阵
2  x <- 1:5
3  diag(x)
4  # 创建单位矩阵
5  x <- rep(1,5)
6  diag(x)
```

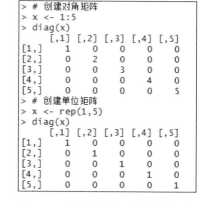

运行程序，结果如图 4.18 所示。

从运行结果可知，单位矩阵与对角矩阵的区别是，对角矩阵的数据是重复的。创建单位矩阵应首先使用 rep()函数创建一个包含重复值的向量，然后使用 diag()函数创建矩阵就是单位矩阵。

4.2.2　矩阵索引

图 4.18　创建对角矩阵和单位矩阵

矩阵索引用于访问矩阵中的元素，类似于向量元素。通过在方括号"[ ]"中指定元素所在行和列的位置（也称下标），便可以访问该元素。如 x[i,j]可获取矩阵中第 i 行第 j 列的元素。

【例 4.7】获取矩阵中的元素（**实例位置：资源包\Code\04\07**）

通过矩阵下标可以获取矩阵元素，下面获取学生成绩表中的元素。运行 RStudio，编写如下代码。

```
1  # 创建学生成绩表
2  m1 <- matrix(c(89,90,120,110,78,99,130,56,88,130,145,120),nrow=4,ncol=3,byrow = TRUE,
3                  dimnames=list(c("甲","乙","丙","丁"),c("语文","数学","英语")))
```

```
4    print(m1)
5    print(m1[,2])                    # 获取所有行第 2 列的元素
6    print(m1[1,])                    # 获取第 1 行所有列的元素
7    print(m1[1,3])                   # 获取第 1 行第 2 列中的元素
8    print(m1["甲",])                 # 获取"甲"的成绩
```

运行程序，结果如图 4.19 所示。

```
> # 创建学生成绩表
> m1 <- matrix(c(89,90,120,110,78,99,130,56,88,130,145,120),nrow=4,ncol=3,byrow = TRUE,
+               dimnames=list(c("甲","乙","丙","丁"),c("语文","数学","英语")))
> print(m1)
     语文 数学 英语
甲     89   90  120
乙    110   78   99
丙    130   56   88
丁    130  145  120
> # 获取所有行第2列的元素
> print(m1[,2])
 甲  乙  丙  丁
 90  78  56 145
> # 获取第1行所有列的元素
> print(m1[1,])
语文 数学 英语
  89   90  120
> # 获取第1行第2列中的元素
> print(m1[1,3])
[1] 120
> # 获取"甲"的成绩
> print(m1["甲",])
语文 数学 英语
  89   90  120
```

图 4.19 获取矩阵中的元素

4.2.3 矩阵编辑

矩阵编辑包括矩阵元素的添加、修改和删除，还需为矩阵行列命名。假设有如图 4.20 所示的矩阵，下面对其元素进行添加、修改和删除操作。

图 4.20 原始矩阵

1. 矩阵元素添加

矩阵创建完成后，有时还需要对该矩阵添加一行或者一列，此时可以使用 rbind()函数或 cbind()函数。例如，在原始矩阵中添加一行和一列数据，示例代码如下：

```
1    mat <- matrix(1:9, nrow=3)       # 创建原始矩阵
2    print(mat)
3    rbind(mat,c(10,20,30))           # 在原始矩阵 mat 后面添加一行
4    print(mat)
5    cbind(mat,c(10,20,30))           # 在原始矩阵 mat 后面添加一列
6    print(mat)
```

运行程序，结果如图 4.21 所示。

2. 矩阵元素修改

类似于向量，可以通过赋值运算修改矩阵中的元素。示例代码如下：

```
> # 创建原始矩阵
> mat <- matrix(1:9, nrow=3)
> print(mat)
     [,1] [,2] [,3]
[1,]    1    4    7
[2,]    2    5    8
[3,]    3    6    9
> # 在原始矩阵mat后面添加一行
> rbind(mat,c(10,20,30))
     [,1] [,2] [,3]
[1,]    1    4    7
[2,]    2    5    8
[3,]    3    6    9
[4,]   10   20   30
> print(mat)
     [,1] [,2] [,3]
[1,]    1    4    7
[2,]    2    5    8
[3,]    3    6    9
> # 在原始矩阵mat后面添加一列
> cbind(mat,c(10,20,30))
     [,1] [,2] [,3] [,4]
[1,]    1    4    7   10
[2,]    2    5    8   20
[3,]    3    6    9   30
```

图 4.21 矩阵元素添加

```
1   mat[2, 2] <- 15              # 将第 2 行第 2 列元素改为 15
2   print(mat)
3   mat[3,] <- 5                 # 将第 3 行元素全部改为 5
4   print(mat)
5   mat[,3] <- 5                 # 将第 3 列元素全部改为 5
6   print(mat)
7   mat[mat<5] <- 2              # 将小于 5 的元素改为 2
8   print(mat)
```

3．矩阵元素删除

删除矩阵元素同样是通过赋值运算的方法实现的，原理是通过负整数索引访问矩阵中除了该位置的所有元素，也就是将要删除的矩阵元素排除在外，从而实现删除矩阵元素的功能。示例代码如下：

```
1   1   mat <- mat[-2, -2]        # 删除第 2 行第 2 列
2   2   mat <- mat[-2,]           # 删除第 2 行
3   3   mat <- mat[c(1,3,5),]     # 删除多行
```

4．矩阵行列命名

矩阵行列命名可以使用 rownames()函数或 colnames()函数。例如，设置行名为"甲""乙""丙"，列名为"语文""数学""英语"。示例代码如下：

```
1   rownames(mat) <- c("甲","乙","丙")
2   colnames(mat) <- c("语文","数学","英语")
```

4.2.4 矩阵运算

本节主要介绍矩阵运算，包括矩阵加减运算、乘除运算、线性代数运算和统计计算等。

1．加减运算

矩阵加减运算的规则为将两个矩阵对应的元素分别进行加减运算得到的矩阵。需要注意的是，在矩阵加减运算中，两个矩阵的维数必须一致，否则报错。

例如，创建两个矩阵，实现加减法运算，示例代码如下：

```
1   # 创建原始矩阵
2   m1 <- matrix(1:6, nrow=2)
3   print(m1)
4   m2 <- matrix(7:12, nrow=2)
5   print(m2)
6   print(m1+m2)                 # 矩阵加法运算
7   print(m1-m2)                 # 矩阵减法运算
```

运行程序，结果如图 4.22 所示。

2．乘除运算

矩阵乘法运算是最有用的矩阵操作，广泛应用于网络理论、坐标转换等领域。除了前面介绍过的 m1*m2，即两个矩阵对应元素分别相乘之外，还有多种乘法运算，下面详细进行介绍。

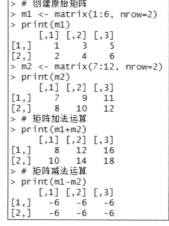

图 4.22 矩阵加减法运算

1）两个矩阵的乘除运算

矩阵乘除运算的规则为将两个矩阵对应的元素分别进行乘除运算得到的矩阵。同样，两个矩阵的

维数必须一致，否则报错。

例如，矩阵 m1 和 m2 进行乘除运算，示例代码如下：

```
1    print(m1*m2)                    # 矩阵乘法运算
2    print(m1/m2)                    # 矩阵除法运算
```

运行程序，结果如图 4.23 所示。

2）矩阵与标量相乘

标量通常指一个单独的数。当矩阵与标量相乘时，矩阵中的
每个元素都将与这个标量相乘。

例如，有如图 4.24 所示的 m1 矩阵，求其与标量 10 相乘的结果。示例代码如下：

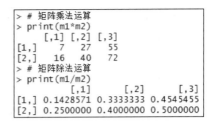

图 4.23　矩阵乘除法运算

```
1    m1 <- matrix(1:6, nrow=2)      # 创建原始矩阵
2    print(m1)
3    m1 <- 10*m1                    # 与标量相乘
4    print(m1)
```

运行程序，结果如图 4.25 所示。

在上述代码中，标量 10 与矩阵 m1 中的每个元素相乘，运算过程如下：

```
10*1=10          10*3=30          10*5=50
10*2=20          10*4=40          10*6=60
```

3）矩阵与向量相乘

当矩阵与向量相乘时，向量将被转换为行或列矩阵，以使两个参数相符。

例如，矩阵 m1 与向量相乘，示例代码如下：

```
1    # 创建一个向量
2    x <- 1:2
3    print(m1*x)
```

运行程序，结果如图 4.26 所示。运算过程如下：

```
1*1=1            1*3=3            1*5=5
2*2=4            2*4=8            2*6=12
```

	[,1]	[,2]	[,3]
[1,]	1	3	5
[2,]	2	4	6

图 4.24　原始矩阵

	[,1]	[,2]	[,3]
[1,]	10	30	50
[2,]	20	40	60

图 4.25　与标量 10 相乘的结果

	[,1]	[,2]	[,3]
[1,]	1	3	5
[2,]	4	8	12

图 4.26　矩阵 m1 与向量相乘的结果

4）使用 %*% 运算符进行矩阵乘法运算

运算符 %*% 也可用于矩阵乘法运算，它是线性代数的乘法。与使用"*"的矩阵乘法运算不同，它的计算规则为将第一个矩阵的每一行与第二个矩阵的每一列相乘，并将结果累加，得到乘积矩阵的每一个元素。需要注意的是，条件是第一个矩阵的列数与第二个矩阵的行数相等。

示例代码如下：

```
1    m1 <- matrix(1:6, nrow=2)
2    m2 <- matrix(7:12, nrow=3)
3    print(m1%*%m2)
```

	[,1]	[,2]
[1,]	76	103
[2,]	100	136

图 4.27　%*% 运算符的矩阵乘法

运行程序，结果如图 4.27 所示。

运算过程如下：

1*7+3*8+5*9=76	1*10+3*11+5*12=103
2*7+4*8+6*9=100	2*10+4*11+6*12=136

3．线性代数运算

线性代数是一门应用性很强，理论知识非常抽象的学科，其中很多定理、性质和方法在数据分析中都有着重要作用。在 R 语言中提供了很多用于线性代数运算的函数，具体介绍如下。

1）矩阵求逆

使用 solve()函数可获得逆矩阵。例如，solve(a, b, ...) 用于求解 a %*% x = b，当参数 b 省略时，b 会被设为单位矩阵，此时 solve()函数返回 a 的逆矩阵。如果 a 是不可逆的，那么将会报错。

示例代码如下：

```
1    m <- diag(1:5)                           # 创建对角矩阵
2    solve(m)                                 # 矩阵求逆
```

```
      [,1] [,2]      [,3] [,4] [,5]
[1,]    1  0.0 0.0000000 0.00  0.0
[2,]    0  0.5 0.0000000 0.00  0.0
[3,]    0  0.0 0.3333333 0.00  0.0
[4,]    0  0.0 0.0000000 0.25  0.0
[5,]    0  0.0 0.0000000 0.00  0.2
```

图 4.28　矩阵求逆

运行程序，结果如图 4.28 所示。

2）矩阵转置

使用 t()函数可将矩阵转置，即将原有矩阵的行变成列。例如，将 3 行 4 列的矩阵转置成 4 行 3 列，示例代码如下：

```
1    m <- matrix(1:12,nrow=3,ncol=4)          # 原始矩阵
2    print(m)
3    t(m)                                     # 矩阵转置
```

```
> # 原始矩阵
> m <- matrix(1:12,nrow=3,ncol=4)
> print(m)
      [,1] [,2] [,3] [,4]
[1,]    1    4    7   10
[2,]    2    5    8   11
[3,]    3    6    9   12
> # 矩阵转置
> t(m)
      [,1] [,2] [,3]
[1,]    1    2    3
[2,]    4    5    6
[3,]    7    8    9
[4,]   10   11   12
```

图 4.29　矩阵转置

运行程序，结果如图 4.29 所示。

3）特征值分解

eigen()函数用于计算矩阵的特征值和特征向量。其中，特征值是缩放特征向量的因子，示例代码如下：

```
1    m <- matrix(1:9,nrow=3,ncol=3)          # 原始矩阵
2    print(m)
3    eigen(m)                                 # 特征值和特征向量
```

运行程序，结果如图 4.30 所示。

4）奇异值分解

奇异值分解（SVD）是线性代数中一种重要的矩阵分解，它可将矩阵分解为奇异值和奇异向量。每个实数矩阵都有奇异值分解，但不一定都有特征分解。

在 R 语言中，svd()函数用于对矩阵进行奇异值分解，示例代码如下：

```
1    m <- matrix(c(15,12,30,9,-7,-2), nrow = 2, byrow = TRUE)     # 原始矩阵
2    svd.value <- svd(m, nu = 2, nv = 3)                          # 奇异值分解
3    print(svd.value)
```

运行程序，结果如图 4.31 所示。从运行结果得知 svd()函数返回了 3 个值。

svd()函数返回的 3 个值具体说明如下。

☑　d：返回数字，表示矩阵 m 的奇异值，即矩阵 d 的对角线上的元素。

☑　u：返回正交阵 u。

☑　v：返回正交阵 v。

```
> # 原始矩阵
> m <- matrix(1:9,nrow=3,ncol=3)
> print(m)
     [,1] [,2] [,3]
[1,]    1    4    7
[2,]    2    5    8
[3,]    3    6    9
> # 特征值和特征向量
> eigen(m)
eigen() decomposition
$values
[1]  1.611684e+01 -1.116844e+00 -5.700691e-16

$vectors
           [,1]        [,2]       [,3]
[1,] -0.4645473 -0.8829060  0.4082483
[2,] -0.5707955 -0.2395204 -0.8164966
[3,] -0.6770438  0.4038651  0.4082483
```

```
$d
[1] 35.62403 11.57275

$u
            [,1]         [,2]
[1,] -0.999968567  0.007928768
[2,]  0.007928768  0.999968567

$v
           [,1]        [,2]        [,3]
[1,] -0.4190478  0.7879411 -0.4511627
[2,] -0.3383987 -0.5966285 -0.7276818
[3,] -0.8425469 -0.1522606  0.5166541
```

图 4.30　特征值分解　　　　　　　　　　　图 4.31　奇异值分解

5）Cholesky 分解

在 R 语言中，chol()函数用于计算实对称矩阵的 Cholesky 分解。这里，"实"代表矩阵元素都是实数；"对称"代表矩阵元素沿主对角线对称相等，即 A(i,j)=A(j,i)。示例代码如下：

```
1    x <- 1:4
2    chol(diag(x))
```

运行程序，结果如图 4.32 所示。

6）行列式

在 R 语言中，使用 det()函数可以计算指定矩阵的行列式。示例代码如下：

```
1    x <- matrix(c(2, 13, 26, -1, 7, -6,9,33,-8), 3, 3)        # 原始矩阵
2    print(x)
3    det(x)                                                     # 矩阵的行列式
```

运行程序，结果如图 4.33 所示。

```
     [,1]     [,2]     [,3] [,4]
[1,]    1 0.000000 0.000000    0
[2,]    0 1.414214 0.000000    0
[3,]    0 0.000000 1.732051    0
[4,]    0 0.000000 0.000000    2
```

```
> # 原始矩阵
> x <- matrix(c(2, 13, 26, -1, 7, -6,9,33,-8), 3, 3)
> print(x)
     [,1] [,2] [,3]
[1,]    2   -1    9
[2,]   13    7   33
[3,]   26   -6   -8
> # 矩阵的行列式
> det(x)
[1] -3018
```

图 4.32　Choleskey 分解　　　　　　　　　图 4.33　行列式

4．矩阵统计计算

进行矩阵统计计算，会用到求和函数 sum()、平均值函数 mean()、最大值函数 max()、最小值函数 min()等。

1）sum()函数

矩阵求和主要使用 sum()函数，可以按行求和，也可以按列求和。示例代码如下：

```
1    m <- matrix(1:15, nrow=5)              # 创建原始矩阵
2    print(m)
3    m1 <- sum(m[,2])                       # 按列求和
4    print(m1)
```

```
5    m2 <- sum(m[2,])              # 按行求和
6    print(m2)
```

运行程序，结果如图 4.34 所示。

2）mean()函数

矩阵求平均值常用 mean()函数，可以按行求平均值，也可以按列求平均值。

例如，求第 2 列的平均值，示例代码如下：

```
1    m3 <- mean(m[,2])
2    print(m3)
```

运行程序，结果为 8。

3）max()函数

矩阵求最大值常用 max()函数，可以求每行的最大值，也可以求每列的最大值。

例如，求第 2 列的最大值，示例代码如下：

```
1    m4 <- max(m[,2])
2    print(m4)
```

运行程序，结果为 10。

4）min()函数

矩阵求最大值常用 min()函数，可以求每行的最小值，也可以求每列的最小值。

例如，求第 2 列的最小值，示例代码如下：

```
1    m5 <- min(m[,2])
2    print(m5)
```

运行程序，结果为 6。

```
> # 创建原始矩阵
> m <- matrix(1:15, nrow=5)
> print(m)
     [,1] [,2] [,3]
[1,]    1    6   11
[2,]    2    7   12
[3,]    3    8   13
[4,]    4    9   14
[5,]    5   10   15
> # 按列求和
> m1 <- sum(m[,2])
> print(m1)
[1] 40
> # 按行求和
> m2 <- sum(m[2,])
> print(m2)
[1] 21
```

图 4.34　按列和按行求和

4.3　数　　组

数组主要用于存储多维数据，可分为一维数组、二维数组、三维数组和多维数组，一般三维以上的数组称为多维数组。

4.3.1　认识数组

一维、二维、三维数组的示意图如图 4.35所示。

☑　一维数组：一维数组很简单，就是一行数据。

☑　二维数组：数组元素仍为数组的数组。二维数组包括行和列，类似于表格形状，又称为矩阵。

☑　三维数组：由维度相同的矩阵构成的集合，所有元素组成一个长方体。三维数组包括固定的

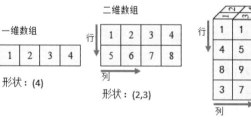

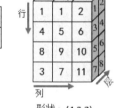

图 4.35　数组示意图

行、列，还有第三个维度叫作层。

三维数组是最常见的多维数组，可用来描述三维空间中的位置或状态。例如，彩色图像就是三维数组，灰度图像是二维数组。

4.3.2　创建数组

在 R 语言中，创建数组一般使用 array()函数，语法格式如下：

```
array(data = NA, dim = length(data), dimnames = NULL)
```

参数说明如下。

- ☑　data：表示数据。
- ☑　dim：表示数组的维数，是数值型向量。
- ☑　dimnames：表示数组各维度中名称标签列表。

【例 4.8】创建数组（**实例位置：资源包\Code\04\08**）

下面介绍如何创建数组。运行 RStudio，编写如下代码。

```
1   a <- array(1:12,c(2,6))              # 创建2行6列，包含12个元素的数组
2   print(a)
3   b <- array(1:12,c(2,3,4))            # 创建2行3列4层的数组，包含24个元素
4   print(b)
5   # 创建2行3列，包含6个元素并设置行列标签
6   c <- array(c(89,90,120,110,78,99),c(2,3),dimnames = list(c("甲","乙"),c("语文","数学","英语")))
7   print(c)
```

运行程序，结果如图 4.36 所示。

```
> # 创建2行6列，包含12个元素的数组
> a <- array(1:12,c(2,6))
> print(a)
     [,1] [,2] [,3] [,4] [,5] [,6]
[1,]    1    3    5    7    9   11
[2,]    2    4    6    8   10   12
> # 创建4个2行3列的数组，包含24个元素
> b <- array(1:12,c(2,3,4))
> print(b)
, , 1

     [,1] [,2] [,3]
[1,]    1    3    5
[2,]    2    4    6

, , 2

     [,1] [,2] [,3]
[1,]    7    9   11
[2,]    8   10   12

, , 3

     [,1] [,2] [,3]
[1,]    1    3    5
[2,]    2    4    6

, , 4

     [,1] [,2] [,3]
[1,]    7    9   11
[2,]    8   10   12

> # 创建2行3列，包含6个元素并设置行列标签
> c <- array(c(89,90,120,110,78,99),c(2,3),dimnames = list(c("甲","乙"),c("语文","数学","英语")))
> print(c)
   语文 数学 英语
甲   89  120   78
乙   90  110   99
```

图 4.36　创建数组

在 R 语言中，创建数组还可以使用 dim()函数。dim()函数用于获取或设置指定矩阵、数组或数据框的维数。创建方法是通过 dim()函数和赋值运算相结合将向量变成数组。

例如，创建一个 2 行 5 列 2 层的数组，示例代码如下：

```
1   a <- 1:20              # 创建向量
2   dim(a) <- c(2,5,2)     # 添加维度 2 行 5 列 2 层
3   print(a)
```

运行程序，结果如图 4.37 所示。

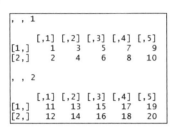

图 4.37　dim()函数创建数组

4.3.3　数组索引

数组索引用于获取数组中的元素，与向量索引一样，在方括号"[ ]"中指定元素所在位置就可以访问该元素。不同的是，数组用于存储多维数据，所以索引需用多个下标（即位置）。

例如，a[1,5]表示访问第 1 行第 5 列元素，结果为 9，如图 4.38 所示；b[2,3,3]表示访问第 2 行第 3 列第 3 层的元素，结果为 6，如图 4.39 所示。

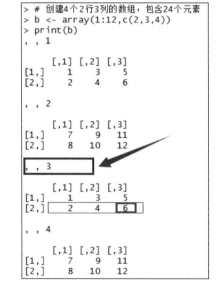

```
> # 创建2行6列，包含12个元素的数组
> a <- array(1:12,c(2,6))
> print(a)
     [,1] [,2] [,3] [,4] [,5] [,6]
[1,]    1    3    5    7    9   11
[2,]    2    4    6    8   10   12
```

图 4.38　获取数组中的元素 1

图 4.39　获取数组中的元素 2

【例 4.9】访问数组元素（实例位置：资源包\Code\04\09）

随机创建一组学生成绩数据，然后获取指定的数据。运行 RStudio，编写如下代码。

```
1    学生姓名 = c("甲","乙","丙","丁")
2    学科 = c("语文", "数学", "英语")
3    类别 = c("期中", "期末")
4    a = array(sample(60:100, 28, replace = TRUE), dim = c(4,3,2), dimnames = list(学生姓名,学科,类别))
5    print(a)
6    a[1, 1, 2]             # 甲期末的语文成绩
7    a[,2,1]               # 所有同学期中的数学成绩
8    a[, 1,]               # 所有同学期中期末的语文成绩
9    a[,, 1]               # 所有同学的期中成绩
10   a[1:3, c(1, 3),]       # 前3名同学期中期末语文和英语成绩
```

运行程序，结果如图 4.40 和图 4.41 所示。

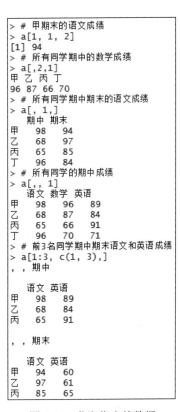

图 4.40　原始数据　　　　　　　图 4.41　获取指定的数据

4.3.4　修改数组

数组的修改与矩阵的修改类似，首先找到索引位置，然后利用赋值语句进行修改。

【例 4.10】修改指定学生的学习成绩（**实例位置：资源包\Code\04\10**）

修改指定学生的学习成绩，运行 RStudio，编写如下代码。

```
1    学生姓名 = c("甲","乙","丙","丁")
2    学科 = c("语文", "数学", "英语")
3    类别 = c("期中", "期末")
4    a = array(sample(60:100, 28, replace = TRUE), dim = c(4,3,2), dimnames = list(学生姓名,学科,类别))
5    print(a)
6    a[1, 1, 2] <- 99       # 甲期末的语文成绩
```

```
7    print(a)
8    a[,2,1] <- c(98,76,89,99)      # 所有同学期中的数学成绩
9    print(a)
```

运行程序，结果如图 4.42 和图 4.43 所示。

```
, , 期中

    语文  数学  英语
甲   98    96    89
乙   68    87    84
丙   65    66    91
丁   96    70    71

, , 期末

    语文  数学  英语
甲   94    97    60
乙   97    60    61
丙   85    91    65
丁   84    63    92
```

图 4.42　原始数据

```
, , 期中

    语文  数学  英语
甲   99    98    76
乙   69    76    97
丙   65    89    70
丁   65    99    75

, , 期末

    语文  数学  英语
甲   99    71    91
乙   62    81    74
丙   93    97    64
丁   60    97    69
```

图 4.43　修改后的数据

4.4　数　据　框

数据框也是 R 语言的一种数据结构，比矩阵应用更为广泛。数据框包括行、列数据，可以有多种数据类型，如图 4.44 所示。数据框具有以下特点。

（1）每列都有一个唯一的列名称，同列数据要求类型一致，不同列数据的类型可以不同。

（2）行名称应该是唯一的。

（3）存储在数据框中的数据可以是字符型、数值型或逻辑型。

dataframe数据框

	姓名	是否走读	成绩
1	甲	TRUE	100
2	乙	FALSE	90
3	丙	TRUE	80
4	丁	TRUE	70

图 4.44　数据框示意图

4.4.1　创建数据框

使用 data.frame() 函数创建数据框，语法格式如下：

```
data.frame(…,row.names = NULL,check.rows = FALSE,check.names = TRUE, fix.empty.names = TRUE,stringsAsFactors = default.stringsAsFactors())
```

参数说明如下。

☑　…：列向量，可以是任何类型（字符型、数值型、逻辑型），一般以 tag = value 的形式表示，也可以是 value。

☑　row.names：行名，默认为 NULL，可以设置为单个数字、字符串或字符串和数字的向量。

☑　check.rows：检测行的名称和长度是否一致。

☑　check.names：检测数据框的变量名是否合法。

☑　fix.empty.names：检查未命名的参数是否自动设置名字。

☑　stringsAsFactors：布尔值，字符是否转换为因子。

1．直接使用向量创建数据框

首先创建向量，然后使用 data.frame()函数创建数据框。

【**例 4.11**】创建一个简单的数据框（**实例位置：资源包\Code\04\11**）

使用 data.frame()函数创建一个学生成绩表，运行 RStudio，编写如下代码。

```
1    # 创建数据框
2    df = data.frame(
3        姓名 = c("甲","乙","丙","丁"),
4        数学 = c(145,101,78,65),
5        语文 = c(100, 120,132,110),
6        英语 = c(100,80,76,91)
7    )
8    print(df)
```

运行程序，结果如图 4.45 所示。

2．使用函数读取文件返回数据框

R 语言提供了读取各种文件返回数据框的函数，如文本文件、Excel 文件、数据库中的数据、SPSS 文件、SAS 文件等。

【**例 4.12**】使用 read.table()函数读取文本文件（**实例位置：资源包\Code\04\12**）

使用 read.table()函数读取"1 月.txt"文本文件。运行 RStudio，编写如下代码。

```
1    setwd("D:/R 程序/RProjects/Code")        # 设置工程路径
2    df <- read.table("datas/1 月.txt")        # 读取文本文件
3    head(df)                                   # 输出前 6 条数据
```

运行程序，结果如图 4.46 所示。

```
  姓名 数学 语文 英语
1  甲  145  100  100
2  乙  101  120   80
3  丙   78  132   76
4  丁   65  110   91
```

图 4.45　学生成绩表

```
       买家会员名 买家实际支付金额        收货人姓名   宝贝标题 订单付款时间
mrhy1      41.86                  周某某  零基础学Python 2023/5/16      9:41
mrhy2      41.86                  杨某某  零基础学Python  2023/5/9     15:31
mrhy3      48.86                  刘某某  零基础学Python 2023/5/25     15:21
mrhy4      48.86                  张某某  零基础学Python 2023/5/25     15:21
mrhy7     104.72                  张某某  C语言精彩编程200例 2023/5/21   1:25
mrhy8      55.86                  周某某  C语言精彩编程200例 2023/5/6   2:38
```

图 4.46　读取文本文件

说明

关于读取各种文件的详细介绍参见第 7 章。

4.4.2　查看数据框信息

1．使用 names()和 colnames()函数查看、修改列名

获取例 4.11 中的列名，示例代码如下：

```
names(df)                                  # 返回列名
colnames(df)                               # 返回列名
```

运行程序，结果如下：

```
[1] "姓名" "数学" "语文" "英语"
[1] "姓名" "数学" "语文" "英语"
```

修改第 4 列的列名为"外语",示例代码如下:

```
names(df)[4] <- '外语'                      # 修改第 4 列的列名
print(df)
```

运行程序,结果如图 4.47 所示。

```
   姓名 数学 语文 外语
1  甲   145  100  100
2  乙   101  120  80
3  丙   78   132  76
4  丁   65   110  91
```

图 4.47 修改列名

2．使用 row.names()和 rownames()函数查看、修改行名

获取例 4.11 中的行名,示例代码如下:

```
row.names(df)                            # 返回行名
rownames(df)                             # 返回行名
```

运行程序,结果如下:

```
[1] "1" "2" "3" "4"
[1] "1" "2" "3" "4"
```

修改行名的示例代码如下:

```
rownames(df)= c("r1","r2","r3","r4")      # 修改行名
print(df)
```

运行程序,结果如图 4.48 所示。

```
dimnames(df)                             # 查看行名和列名
```

```
    姓名 数学 语文 英语
r1  甲   145  100  100
r2  乙   101  120  80
r3  丙   78   132  76
r4  丁   65   110  91
```

图 4.48 修改行名

运行程序,结果如下:

```
[[1]]
[1] "1" "2" "3" "4"
[[2]]
[1] "姓名" "数学" "语文" "英语"
```

3．获取行列信息

获取行、列信息的示例代码如下:

```
nrow(df)                                 # 返回行数
ncol(df)                                 # 返回列数
dim(df)                                  # 返回行列数
```

运行程序,结果如下:

```
[1] 4
[1] 4
[1] 4 4
```

4．获取数据框结构信息

获取数据框结构信息的示例代码如下:

```
str(df)
```

运行程序,结果如图 4.49 所示。

```
'data.frame':   4 obs. of  4 variables:
 $ 姓名: chr  "甲" "乙" "丙" "丁"
 $ 数学: num  145 101 78 65
 $ 语文: num  100 120 132 110
 $ 英语: num  100 80 76 91
```

图 4.49 获取数据框结构信息

5. 显示数据框数据

显示数据框数据的示例代码如下：

```
head(df)                    # 默认返回前 6 行数据
head(df,2)                  # 返回前 2 行数据
tail(df)                    # 默认返回最后 6 行数据
tail(df,2)                  # 返回最后 2 行数据
```

运行程序，结果如图 4.50 所示。

4.4.3 获取指定数据

通过指定列名可获取数据框中指定的数据。

【**例 4.13**】获取数据框中指定列的数据（**实例位置：资源包\Code\04\13**）

获取"姓名"和"数学"成绩。运行 RStudio，新建一个 R Script 脚本文件，编写如下代码。

```
1    # 创建数据框
2    data1 = data.frame(
3        姓名 = c("甲","乙","丙","丁"),
4        数学 = c(145,101,78,65),
5        语文 = c(100, 120,132,110),
6        英语 = c(100,80,76,91)
7    )
8    print(data1)
9    # 提取指定列的数据
10   data2 <- data.frame(data1$姓名,data1$数学)
11   print(data2)
```

```
> head(df)      # 默认返回前6行数据
  姓名 数学 语文 英语
1  甲  145  100  100
2  乙  101  120  80
3  丙   78  132  76
4  丁   65  110  91
> head(df,2)    # 返回前2行数据
  姓名 数学 语文 英语
1  甲  145  100  100
2  乙  101  120  80
> tail(df)      # 默认返回最后6行数据
  姓名 数学 语文 英语
1  甲  145  100  100
2  乙  101  120  80
3  丙   78  132  76
4  丁   65  110  91
> tail(df,2)    # 返回最后2行数据
  姓名 数学 语文 英语
3  丙   78  132  76
4  丁   65  110  91
```

图 4.50　显示数据框数据

运行程序，结果如图 4.51 所示。

```
  data1.姓名  data1.数学
1      甲          145
2      乙          101
3      丙           78
4      丁           65
```

图 4.51　获取数据框中指定列的数据

说明

上述代码中的"$"是 S3 类（R 语言的类）的引用方式，比较常用，通常用于获取数据框、列表和向量中的某个变量，例如 data1$姓名。

使用下标可以获取数据框中指定行列的元素。如使用 x[i,j]可获取第 i 行第 j 列的数据。

【**例 4.14**】获取数据框中指定行列的元素（**实例位置：资源包\Code\04\14**）

下面获取数据框中指定行列的数据。运行 RStudio，编写如下代码。

```
1    # 创建数据框
2    data1 = data.frame(
3        姓名 = c("甲","乙","丙","丁"),
4        数学 = c(145,101,78,65),
5        语文 = c(100, 120,132,110),
6        英语 = c(100,80,76,91)
7    )
8    print(data1)
9    print(data1[1,2])           # 获取第 1 行第 2 列的元素
10   print(data1[1,"数学"])
11   print(data1[1,])            # 获取第 1 行的所有元素
```

```
12    print(data1[,2])              # 获取第 2 列的所有元素
13    print(data1["数学"])
```

运行程序，结果如图 4.52 所示。

4.4.4 数据的处理

1．增加数据

假设原始数据如图 4.53 所示，下面介绍如何增加一列数据或增加一行数据。

1）增加一列数据

增加一列数据有两种方法：一是为指定列直接赋值；二是使用 cbind() 函数，按列合并数据。

【例 4.15】 增加一列"物理"成绩（**实例位置：资源包\Code\04\15**）

增加一列"物理"成绩，运行 RStudio，编写如下代码。

```
1     # 创建数据框
2     df = data.frame(
3         姓名  = c("甲","乙","丙","丁"),
4         数学  = c(145,101,78,65),
5         语文  = c(100, 120,132,110),
6         英语  = c(100,80,76,91)
7     )
8     print(df)
9     wl <- c(88,79,60,50)              # 创建向量
10    df$物理 <- wl                     # 增加一列物理
11    print(df)
```

运行程序，结果如图 4.54 所示。

【例 4.16】 使用 cbind() 函数增加一列数据（**实例位置：资源包\Code\04\16**）

下面使用 cbind() 函数增加一列"物理"成绩，运行 RStudio，主要代码如下：

```
1     df2 <- cbind(df1,物理=c(88,79,60,50))    # 增加一列物理
2     print(df2)
```

2）增加一行数据

增加一行数据主要使用 rbind() 函数，需要注意的是，数据列名要一致且列数相同，否则报错。

【例 4.17】 在成绩表中增加一行数据（**实例位置：资源包\Code\04\17**）

在成绩表中增加一行数据，即"戊"同学的成绩，运行 RStudio，主要代码如下：

```
1     row <- c("戊",100,120,99)        # 创建向量
2     df2 <- rbind(df1,row)            # 增加一行
3     print(df2)
```

运行程序，结果如图 4.55 所示。

```
  姓名 数学 语文 英语
1 甲   145  100  100
2 乙   101  120  80
3 丙   78   132  76
4 丁   65   110  91
```

图 4.53　原始数据

```
  姓名 数学 语文 英语 物理
1 甲   145  100  100  88
2 乙   101  120  80   79
3 丙   78   132  76   60
4 丁   65   110  91   50
```

图 4.54　增加一列物理成绩

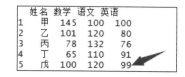

```
  姓名 数学 语文 英语
1 甲   145  100  100
2 乙   101  120  80
3 丙   78   132  76
4 丁   65   110  91
5 戊   100  120  99
```

图 4.55　在成绩表中增加一行数据

图 4.52　获取数据框中指定行列的数据

```
  姓名 数学 语文 英语
1 甲   145  100  100
2 乙   101  120  80
3 丙   78   132  76
4 丁   65   110  91
> # 获取第1行第2列的元素
> print(data1[ ,2])
[1] 145
> print(data1[1,"数学"])
[1] 145
> # 获取第1行的所有元素
> print(data1[1,])
  姓名 数学 语文 英语
1 甲   145  100  100
> # 提取第2列的所有元素
> print(data1[,2])
[1] 145 101  78  65
> # 获取第2列的所有元素
> print(data1[,2])
[1] 145 101  78  65
> print(data1[,"数学"])
[1] 145 101  78  65
```

2．删除数据

删除数据框中的数据与删除向量元素的方法相同，同样是采用负整数索引的方式将不需要的数据排除在外。

例如，删除第一行"甲"同学的成绩，输出剩余同学的成绩，示例代码如下：

```
df <- df[-1,]
```

例如，删除第二列"数学"，示例代码如下：

```
df <- df[,-2]
```

3．修改数据

修改数据框中的数据与矩阵的修改类似，首先找到索引位置，然后利用赋值语句进行修改。

【例 4.18】修改学生成绩数据（实例位置：资源包\Code\04\18）

（1）修改整行数据。如修改"甲"同学的各科成绩，示例代码如下：

```
df[1,2:4] <- c(120,115,109)
```

如果各科成绩均加 10 分，则可以直接在原有值加 10，示例代码如下：

```
df[1,2:4] <- df[1,2:4]+10
```

（2）修改整列数据。如修改所有同学的"语文"成绩，示例代码如下：

```
df[,"语文"] <- c(115,108,112,118)
```

（3）修改某一数据。如修改"甲"同学的"语文"成绩，示例代码如下：

```
df[1,"语文"] <- 115
```

4．查询数据

查询数据框中数据的方法有很多，下面分别进行介绍。

1）which()函数

which()函数可以查找特定的元素，并返回其在数据中的索引，因此在向量、矩阵、数据框、列表等数据结构中有着重要的作用。

如查询数学成绩大于 100 的数据，示例代码如下：

```
which(df$数学 > 100)
```

运行程序，结果如下：

```
[1] 1 2
```

这个结果返回的是索引位置。要想返回数据框，示例代码如下：

```
df[which(df$数学 > 100),]
```

运行程序，结果如下：

```
  姓名 数学 语文 英语
1   甲  145  100  100
2   乙  101  120   80
```

2）subset()函数

subset()函数用于从某个数据框中筛选符合条件的数据或列。

（1）单条件查询。如查询性别为女的数据，示例代码如下：

```
result<-subset(df,性别=="女")
```

（2）指定显示列。如查询性别为女，仅显示数学一列，示例代码如下：

```
result<-subset(df,性别=="女",select=c(数学))
```

（3）多条件查询。如查询性别为女并且数学成绩大于 120 的数据，示例代码如下：

```
result<-subset(df,性别=="女" & 数学>120,select=c(数学))
```

3）SQL 语句

在 R 语言中，安装第三方 sqldf 包后，还可以使用 SQL 语句实现数据查询。

安装 sqldf 包的方法：在 RStudio 资源管理窗口中选择 Packages，进入 Install Packages 窗口，输入包名 sqldf，单击 Install 按钮，下载并安装 sqldf 包。

【例 4.19】使用 SQL 语句查询学生成绩数据（**实例位置：资源包\Code\04\19**）

下面通过 sqldf 包使用 SQL 语句查询学生成绩数据，运行 RStudio，编写如下代码。

```
1   library(sqldf)                                      # 加载程序包
2   df = data.frame(                                    # 创建数据框
3       姓名 = c("甲","乙","丙","丁"),
4       性别 = c("女","男","女","男"),
5       数学 = c(145,101,78,65),
6       语文 = c(100, 120,132,110),
7       英语 = c(100,80,76,91)
8   )
9   sqldf('select * from df')                           # 查询所有数据
10  sqldf('select * from df where 性别=="女"')          # 查询性别为女的数据
11  sqldf('select * from df where 性别=="女" and 数学>120')  # 查询性别为女并且数学成绩大于 120 的数据
```

运行程序，结果如图 4.56 所示。

```
> # 查询所有数据
> sqldf('select * from df')
  姓名 性别 数学 语文 英语
1   甲   女  145  100  100
2   乙   男  101  120   80
3   丙   女   78  132   76
4   丁   男   65  110   91
> # 查询性别为女的数据
> sqldf('select * from df where 性别=="女"')
  姓名 性别 数学 语文 英语
1   甲   女  145  100  100
2   丙   女   78  132   76
> # 查询性别为女并且数学成绩大于120的数据
> sqldf('select * from df where 性别=="女" and 数学>120')
  姓名 性别 数学 语文 英语
1   甲   女  145  100  100
```

图 4.56　使用 SQL 语句查询学生成绩数据

4.5　因　子

在 R 语言中，因子是处理分类数据的一种数据结构。例如，处理糖尿病患者的类型、性别、学历、职业和省份等。本节将介绍因子的概念及应用,如何创建因子和调整因子水平。

4.5.1 因子的概念及应用

因子用于对数据进行分类,并将其存储为不同级别的数据对象。其命名源于统计学中的名义变量。在统计学中,变量分为区间变量(连续变量)、有序变量和名义变量(分类变量)。

- ☑ 区间变量(连续变量):连续的数值变量,如身高、体重等,可以进行求和、求平均值等运算。
- ☑ 名义变量:没有顺序之分的类别变量,如性别、民族、省份、职业等。
- ☑ 有序变量:有次序逻辑关系的变量。例如,排名,第一第二第三,有先后顺序;高血压分级,0=正常,1=正常高值,2=1 级高血压,3=2 级高血压,4=3 级高血压,有高低顺序;体积,大中小,有大小顺序。

其中,名义变量和有序变量在 R 语言中称为因子(factor),因子表示向量元素的类别,根据数字和字母顺序自动排序,如果是数值型向量,因子会将数据重新编码并存储为水平的序号。因子的取值称为水平(level),水平表示向量中不同值的记录。

在 R 语言中,因子主要应用在以下几个方面:

- ☑ 计算频数。
- ☑ 独立性检验。
- ☑ 相关性检验。
- ☑ 方差分析。
- ☑ 主成分分析。
- ☑ 因子分析。

4.5.2 创建因子

在 R 语言中创建因子主要使用 factor() 和 gl() 函数,下面分别进行介绍。

1. factor() 函数

factor() 函数可以将变量转换为因子,如果进行排序,则需要设置 ordered 参数为 TRUE。

下面创建两种不同类型的因子,示例代码如下:

```
1   data<-c("类别 1","类别 2","类别 3","类别 4","类别 5")
                                        # 创建向量
2   class(data)                         # 查看数据类型
3   f_data<-factor(data)                # 转换成因子
4   class(f_data)
5   print(f_data)
6   x <- c(5,5,6,6,7,7,2,2)             # 创建数值型向量
7   f_x <- factor(x)
8   class(f_x)
```

运行程序,结果如图 4.57 所示。

从运行结果可知:字符型向量和数值型向量都被

```
> # 创建向量
> data<-c("类别1","类别2","类别3","类别4","类别5")
> # 查看数据类型
> class(data)
[1] "character"
> # 转换成因子
> f_data<-factor(data)
> class(f_data)
[1] "factor"
> print(f_data)
[1] 类别1 类别2 类别3 类别4 类别5
Levels: 类别1 类别2 类别3 类别4 类别5
> # 创建数值型向量
> x <- c(5,5,6,6,7,7,2,2)
> f_x <- factor(x)
> class(f_x)
[1] "factor"
> print(f_x)
[1] 5 5 6 6 7 7 2 2
Levels: 2 5 6 7
```

图 4.57 创建因子

转换成因子，并且运行结果中还多了一行如"Levels: 类别 1 类别 2 类别 3 类别 4 类别 5"，这行在因子中叫作因子水平，表示向量中不同值的记录，根据数字和字母顺序自动排序，对于数值型向量会重新编码并存储为水平序号。

2．gl()函数

创建因子还可以使用 gl()函数，该函数用于通过指定其级别的模式来生成因子。语法格式如下：

```
gl(x, k, length, labels, ordered)
```

参数说明如下。

- ☑ x：表示级别数。
- ☑ k：表示重复次数。
- ☑ length：表示结果长度。
- ☑ labels：表示向量标签，可选参数。
- ☑ ordered：表示用于对级别进行排序的布尔值。

例如，创建级别为 2、重复次数为 10 和长度为 20 的因子变量，示例代码如下：

```
gl(2, 10, 20, labels = c("男","女"))
```

运行程序，结果如下：

```
[1] 男 男 男 男 男 男 男 男 男 男 女 女 女 女 女 女 女 女 女 女
Levels: 男 女
```

4.5.3　调整因子水平

从上述举例可以看出，因子水平默认是从小到大排序的。因子水平一般按字母顺序或数字大小排序，或者由 factor()函数中的 levels 参数指定排序顺序。在实际数据分析过程中，有时需要重新排列因子水平并进行差异化分析。

重新调整因子水平主要使用 relevel()函数。如在员工满意度调查中调整满意度顺序,示例代码如下：

```
1    # 创建数据
2    mydata <- rep(c("不满意","满意","不太满意","基本满意","很满意"),c(20,62,12,34,19))
3    print(mydata)
4    f_mydata <-factor(mydata)                              # 转换为因子
5    print(f_mydata)
6    f_mydata <- unique(relevel(f_mydata,ref='不满意'))      # 重新调整因子水平
7    print(f_mydata)
```

✦ 代码解析

第 6 行代码：unique()函数用于去重。

运行程序，结果如图 4.58 所示。

```
[1] 不满意    满意    不太满意 基本满意 很满意
Levels: 不满意 不太满意 很满意 基本满意 满意
```

图 4.58　调整因子水平

4.6　列　表

列表是 R 语言数据结构中最复杂的一种。一般来说，列表是一些对象（或成分）的有序集合。列

表允许整合若干（可能无关的）对象到单个对象名下。例如，某个列表中可能包含若干向量、矩阵或数据框，甚至是包含其他列表的组合。

列表具有以下特点。

- ☑ 列表可以包含多个不同数据元素的数据对象。
- ☑ 可以包含向量、矩阵、数据框，甚至是列表。
- ☑ 列表的各个元素被称为列表项，列表项的数据类型可以不同，长度也可以不同。

4.6.1 创建列表

在 R 语言中创建列表主要使用 list()函数，语法格式如下：

```
list(object1, object2, ...)
```

【例 4.20】创建简单列表（**实例位置：资源包\Code\04\20**）

下面使用 list()函数创建一个简单的列表。运行 RStudio，编写如下代码。

```
1   id <- 100
2   name <- "甲"
3   math <- c(120,110,89)
4   mylist <- list(id,name,math)
5   print(mylist)
```

⬇ 代码解析

第 4 行代码：mylist 列表由 3 个成分组成。第一个是 id，数值型；第二个是 name，字符型；第三个是 math，数值型向量。

运行程序，结果如图 4.59 所示。

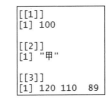

```
[[1]]
[1] 100

[[2]]
[1] "甲"

[[3]]
[1] 120 110  89
```

图 4.59　创建简单列表

4.6.2 列表的索引

使用列表索引可以对列表中的元素进行访问、编辑或删除。访问列表元素需要使用双重方括号"[[]]"来指明成分或使用成分的名称及位置进行访问。

【例 4.21】列表的索引（**实例位置：资源包\Code\04\21**）

通过列表的索引访问列表中的元素。运行 RStudio，编写如下代码。

```
1    # 创建列表
2    mylist <- list(name=c("甲","乙","丙","丁"),
3                   languages=c(135,109,87,110),
4                   math=c(120,110,89,99),
5                   english=c(99,120,140,101))
6    print(mylist)
7    print(mylist[1])              # 访问列表中的第 1 个成分
8    print(mylist[[3]])            # 访问列表中的第 3 个成分
9    print(mylist[1:2])            # 访问列表中的第 1 个到第 2 个成分
10   print(mylist[-1])             # 排除第 1 个成分
11   print(mylist[c(1,3)])         # 访问第 1 个和第 3 个成分
12   print(mylist$name)           # 访问成分名称为 name 的元素值
13   print(mylist[["name"]])
14   print(mylist["name"])         # 访问成分名称为 name 的成分
```

```
15    print(mylist[[1]][2])         # 访问第 1 个成分中的第 2 个元素值
16    print(mylist[["name"]][2])
```

运行程序，结果如图 4.60 所示。

```
> # 访问列表中的第1个成分
> print(mylist[1])
$name
[1] "甲" "乙" "丙" "丁"

> # 访问列表中的第3个成分
> print(mylist[[3]])
[1] 120 110  89  99
> # 访问列表中的第1个到第2个成分
> print(mylist[1:2])
$name
[1] "甲" "乙" "丙" "丁"

$languages
[1] 135 109  87 110

> # 排除第1个成分
> print(mylist[-1])
$languages
[1] 135 109  87 110

$math
[1] 120 110  89  99

$english
[1]  99 120 140 101

> # 访问第1个和第3个成分
> print(mylist[c(1,3)])
$name
[1] "甲" "乙" "丙" "丁"

$math
[1] 120 110  89  99

> # 访问成分名称为name的元素值
> print(mylist$name)
[1] "甲" "乙" "丙" "丁"
> print(mylist[["name"]])
[1] "甲" "乙" "丙" "丁"
> # 访问成分名称为name的成分
> print(mylist["name"])
$name
[1] "甲" "乙" "丙" "丁"

> # 访问第1个成分中的第2个元素值
> print(mylist[[1]][2])
[1] "乙"
> print(mylist[["name"]][2])
[1] "乙"
```

图 4.60　列表的索引

4.7　要点回顾

在 R 语言的数据结构中，向量是建立其他数据结构的基础，因此必须掌握；数据框是处理和分析数据过程中应用最为广泛的数据结构；因子主要应用于分类变量；列表则是 R 语言的数据结构中最复杂的一种，它包含向量、矩阵、数组和数据框，也可以包含另外一个列表。

第 5 章

流程控制语句

做任何事情都要遵循一定的原则。例如，到图书馆借书就必须要有借书证，且借书证不能过期，这两个条件缺一不可。程序设计也是如此，需要利用流程控制实现与用户的交流，并根据用户的需求决定程序"做什么"以及"怎么做"。

流程控制对于任何一门编程语言来说都是至关重要的，它提供了控制程序如何执行的方法。如果没有流程控制语句，整个程序将按照线性顺序执行，而不能根据用户的需求决定程序执行的顺序。本章将对 R 语言中的流程控制语句进行详细讲解。

本章知识架构及重难点如下。

5.1 程序结构

计算机在解决某个具体问题时有 3 种执行顺序，分别是顺序执行所有语句、选择执行部分语句和循环执行部分语句。这 3 种顺序对应着程序设计中的 3 种基本结构——顺序结构、选择结构和循环结构。

之前章节中的示例代码基本采用的是顺序结构。例如，定义一个字符型变量，然后输出该变量，示例代码如下：

```
a <- "命运给予我们的不是失望之酒，而是机会之杯。"
print(a)
```

下面是选择结构和循环结构的应用场景。

看过《射雕英雄传》的人可能会记得，黄蓉与瑛姑见面时曾出过这样一道数学题：今有物不知其数，三三数之剩二，五五数之剩三，七七数之剩二，问几何？

解答这道题有以下两个要素。

☑ 需要满足的条件：一个数，除以三余二，除以五余三，除以七剩二。这就涉及条件判断，需要通过选择语句实现。

☑ 依次尝试符合条件的数。这需要循环执行代码，需要通过循环语句实现。

5.2 选 择 语 句

在生活中，我们总是要做出许多选择，程序也是一样。下面给出几个常见的例子。

如果购买成功，则用户余额减少，用户积分增多。

如果输入的用户名和密码正确，则提示登录成功，进入网站；否则，提示登录失败。

如果用户使用微信登录，则使用微信扫一扫；如果使用 QQ 登录，则输入 QQ 号和密码；如果使用微博登录，则输入微博账号和密码；如果使用手机号登录，则输入手机号和密码。

以上例子中的判断就是程序中的选择语句，也称为条件语句，即按照条件选择执行不同的代码片段。在 R 语言中选择语句主要有 5 种形式，分别为 if 语句、if…else 语句、if…elseif…else 语句、多分支 swich 语句和向量化的 ifelse 语句，下面将分别对它们进行详细讲解。

5.2.1 if 语句

在 R 语言中，最简单的选择语句是使用 if 保留字组成的选择语句，语法格式如下：

```
if(表达式)
{
    语句块
}
```

其中，括号中的表达式可以是一个单纯的布尔值或变量，也可以是比较表达式或逻辑表达式（如 a > b and a != c），如果表达式的值为真（TRUE），则执行语句块；如果表达式的值为假（FALSE），则跳过语句块继续执行后面的语句。if 语句相当于汉语里的"如果……就……"，其流程图如图 5.1 所示。

下面解决黄蓉题目中的第一个要素：判断一个数，除以三余二，除以五余三，除以七剩二。

【例 5.1】判断输入的是不是黄蓉所说的数（实例位置：资源包\Code\05\01）

使用 if 语句判断用户输入的数字是不是黄蓉所说的"除以三余二，除以五余三，除以七剩二"的数。运行 RStudio，编写如下代码。

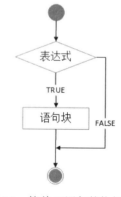

图 5.1 简单 if 语句的执行流程

```
1    # 为 number 赋值
2    number <- 23
3    # 判断是否符合条件
4    if (number%%3 ==2 && number%%5==3 && number%%7==2)
5        print(paste(number,"符合条件：三三数之剩二，五五数之剩三，七七数之剩二"))
```

⬆ 代码解析

第 4 行代码：%%符号返回除法的余数。

第 5 行代码：paste()函数用于连接字符串。

运行程序，当为 number 赋值 23 时，结果如图 5.2 所示；当 number 的值是不符合条件的数字时，什么也不输出。

> [1] "23 符合条件：三三数之剩二，五五数之剩三，七七数之剩二"

图 5.2　输入的是符合条件的数

下面介绍 if 语句使用的注意事项。

（1）如果只有一条语句，则可以省略花括号"{}"。

（2）如果只有一条语句，且语句较短，语句块可以直接写在表达式的右侧，示例代码如下：

```
if (a > b) max = a
```

但是，为了程序代码的可读性，建议不要这么做。

（3）如果语句块中包含多条语句，需要使用花括号"{}"，示例代码如下：

```
1    if (a > b)
2    {
3        max = a
4        print(max)
5        print(a)
6        print(b)
7    }
```

5.2.2　if…else 语句

如果遇到只能二选一的条件，如某大学生需在两个专业之间做出选择（见图 5.3），则可以使用 if…else 语句，语法格式如下：

```
if (表达式){
    语句块 1
} else {
    语句块 2
}
```

其中，表达式可以是一个单纯的布尔值或变量，也可以是比较表达式或逻辑表达式。如果 if 后的条件满足，则执行 if 后的语句块 1，否则执行 else 后的语句块 2。

if…else 语句相当于汉语里的"如果……否则……"，其流程图如图 5.4 所示。

图 5.3　选择专业

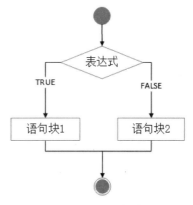

图 5.4　if…else 语句流程图

下面改进例 5.1，实现"如果输入的数不符合条件，则给出提示"的功能。

【例 5.2】判断输入的是不是黄蓉所说的数（改进版）（**实例位置：资源包\Code\05\02**）

使用 if…else 语句判断用户输入的数字是不是黄蓉所说的"除以三余二，除以五余三，除以七剩二"的数，并给予相应的提示。运行 RStudio，编写如下代码。

```
1    number <- 17                                              # 为 number 赋值
2    if (number%%3 ==2 && number%%5==3 && number%%7==2){        # 判断是否符合条件
3        print(paste(number,"符合条件"))
4    } else {                                                   # 不符合条件
5        print(paste(number,"不符合条件"))
6    }
```

运行程序，number 赋值为 17，执行 else 之后的语句，即"17 不符合条件"。

注意

else 语句不能单独成行，其前边必须有内容。如果没有内容，那么也需要有一个花括号，否则将提示错误。else 单独成行时，需要将 if…else 语句整体放在一个花括号里，示例代码如下：

```
1    {
2    if (number%%3 ==2 && number%%5==3 && number%%7==2)
3        print(paste(number,"符合条件"))
4    else
5        print(paste(number,"不符合条件"))
6    }
```

5.2.3　if…else if…else 语句

在日常购物时，通常有多种付款方式可供选择——现金、微信、支付宝、银行卡等，如图 5.5 所示。这 4 种付款方式，用户可以随机选择一种。

在程序开发中，如果遇到多选一的情况，则可以使用 if…else if…else 语句。该语句是一个多分支选择语句，通常表示"如果满足某种条件，则进行某种处理；否则，如果满足另一种条件，则执行另一种处理……"。if…else if…else 语句的语法格式如下：

图 5.5　购物时的付款方式

```
if (表达式 1)
    语句块 1
else if (表达式 2)
    语句块 2
else if (表达式 3)
    语句块 3
...
else
    语句块 n
```

在使用 if…else if…else 语句时，表达式可以是一个单纯的布尔值或变量，也可以是比较表达式或逻辑表达式，如果表达式为真，则执行语句；如果表达式为假，则跳过该语句，进行下一个 else if 判断。只有在所有表达式都为假的情况下，才会执行 else 中的语句。if…else if…else 语句的流程如图 5.6 所示。

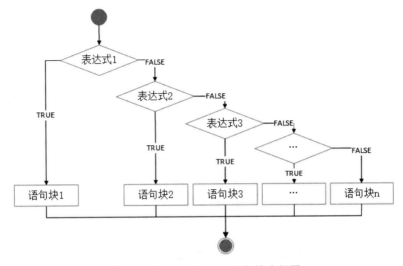

图 5.6　if…else if…else 语句的流程图

【例 5.3】根据分数给出不同提示（**实例位置：资源包\Code\05\03**）

下面根据学生的分数将成绩划分为"优""良""及格""不及格"4 个不同等级。运行 RStudio，编写如下代码。

```
1   myval <- 74
2   {
3       if(myval >=0 && myval < 60)
4           print("不及格")
5       else if(myval < 70)
6           print("及格")
7       else if(myval < 90)
8           print("良好")
9       else if(myval <= 100)
10          print("优秀")
11      else
12          print("成绩无效")
13  }
```

运行程序，myval 赋值为 54，结果为"不及格"；myval 赋值为 88，结果为"良好"；myval 赋值为 95，结果为"优秀"；myval 赋值为 120，结果为"成绩无效"。

5.2.4　多分支 swich 语句

当选择情况较多时，使用 if 语句很麻烦，而且不直观。对此 R 语言提供了 swich 语句，使用该语句可以方便、直观地处理多分支的控制结构，语法格式如下：

```
switch(表达式, case1, case2, case3…)
```

表达式的计算结果为整数，其值在 1～length（case 语句数量）时，swich 语句返回相应位置的值。如果表达式的值超出范围，则没有返回值。

swich 语句的流程如图 5.7 所示。

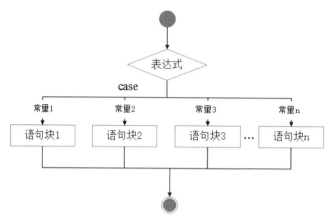

图 5.7　swich 语句的流程图

【例 5.4】根据给定的数字判断是星期几（**实例位置：资源包\Code\05\04**）

通过给定的数字判断是星期几，运行 RStudio，编写如下代码。

```
1   myval <- switch(
2       7,
3       "星期一",
4       "星期二",
5       "星期三",
6       "星期四",
7       "星期五",
8       "星期六",
9       "星期日"
10  )
11  print(myval)
```

运行程序，myval 赋值为 7 时，结果为"星期日"；myval 赋值为 2 时，结果为"星期二"；myval 赋值为 88 时，结果为 NULL。

5.2.5　向量化的 ifelse 语句

除了 if、if...else 语句，R 语言还提供了一个向量化的 ifelse 语句。该语句能够根据用户指定的条件进行各种操作，在数据处理中非常有用。

ifelse 语句主要用于判断某个变量是否满足某种条件，如果满足，则执行某个操作；如果不满足，则执行另外一个操作。例如，x 大于 0 返回 1，小于 0 返回 0，示例代码如下：

```
1   x <- c(3,-1,2,-9)
2   y <- ifelse(x>0, 1, 0)
3   print(y)
```

运行程序，结果如下：

```
1 0 1 0
```

例如，在数据处理过程中，将性别中的"女"转换为 0，"男"转换为 1，示例代码如下：

```
1   性别  <- c("男","女","女","女","男","男")
2   myval <- ifelse(性别  == "女",0,1)
3   print(myval)
```

运行程序，结果如下：

```
1 0 0 0 1 1
```

5.3　循　环　语　句

在日常生活中很多问题都无法一次性解决，需要循环往复地重复多次才能完成。例如，盖楼需要一层层地盖，每层的建筑方式是类似的；公交车、地铁等交通工具必须每天往返于始发站和终点站之间。类似这样反复做同一件事的情况称为循环。

在 R 语言中，循环语句有 4 种类型，下面分别进行介绍。

5.3.1　repeat 语句

repeat 循环就是重复地、一次又一次地执行相同的任务，直到满足停止条件。这就好比我们绕着操场跑圈，一圈又一圈，直到第 5 圈停止。

在 R 语言中，repeat 语句的语法格式如下：

```
repeat {
    循环体
    if(条件表达式) {
        break
    }
}
```

repeat 循环语句的执行流程如图 5.8 所示。

【例 5.5】 操场跑圈计数（**实例位置：资源包\Code\05\05**）

下面使用 repeat 循环记录操场跑圈，直到第 5 圈停止，运行 RStudio，编写如下代码。

```
1    n <- 1                    # 初始值为 1
2    repeat {
3        print(paste("第",n,"圈"))
4        n <- n+1             # 计数
5        if(n > 5) {          # 判断是否符合条件
6            break            # 跳出循环
7        }
8    }
```

运行程序，结果如图 5.9 所示。

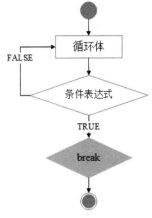

图 5.8　repeat 循环语句流程图

图 5.9　操场跑圈计数

5.3.2　while 语句

在 while 循环中，只要满足条件就会一遍又一遍地执行相同的代码；直到不满足条件时，退出循环。语法格式如下：

```
while (条件表达式) {
    循环体
}
```

while 循环语句的执行流程如图 5.10 所示。

【例 5.6】 while 循环记录操场跑圈（**实例位置：资源包\Code\05\06**）

下面使用 while 循环记录操场跑圈，直到第 5 圈停止，运行 RStudio，编写如下代码。

```
1    # 初始值为 1
2    n <- 1
3    while (n <6 ){
4        print(paste("第",n,"圈"))
5        # 计数
6        n <- n+1
7    }
```

运行程序，结果如图 5.11 所示。

5.3.3 for 语句

for 循环是一个计次循环，一般应用在循环次数已知的情况下。通常适用于枚举或遍历序列，以及迭代对象中元素的情况。语法格式如下：

```
for (迭代变量 in 向量表达式){
    循环体
}
```

在 R 语言中，for 循环语句特别灵活。其中，迭代变量用于保存读取的值；向量表达式通常是一个序列，可以是整数或输入的数字、字符向量、逻辑向量、列表或表达式。

for 循环语句的执行流程如图 5.12 所示。

【例 5.7】 输出 1～12 月份（**实例位置：资源包\Code\05\07**）

下面使用 for 循环语句输出 1～12 月份，运行 RStudio，编写如下代码。

```
1    a <- c(1:12)
2    for ( i in a ) {
3        print(paste(i,"月"))
4    }
```

运行程序，结果如图 5.13 所示。

【例 5.8】 求 1～100 所有数的和（**实例位置：资源包\Code\05\08**）

下面使用 for 循环计算 1～100 所有数的和，运行 RStudio，编写如下代码。

```
1    myval <- 0              # 初始值为 0
2    for(i in 1:100){        # 求 1~100 所有数的和
3        myval = myval + i
4    }
5    print(myval)
```

运行程序，结果为 5050。

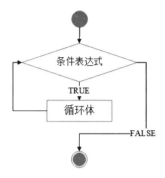

图 5.10　while 循环语句流程图

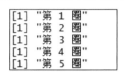

```
[1] "第 1 圈"
[1] "第 2 圈"
[1] "第 3 圈"
[1] "第 4 圈"
[1] "第 5 圈"
```

图 5.11　while 循环记录操场跑圈

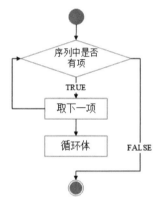

图 5.12　for 循环语句流程图

```
[1] "1 月"
[1] "2 月"
[1] "3 月"
[1] "4 月"
[1] "5 月"
[1] "6 月"
[1] "7 月"
[1] "8 月"
[1] "9 月"
[1] "10 月"
[1] "11 月"
[1] "12 月"
```

图 5.13　输出 1～12 月份

5.3.4 replication()函数

replicate()函数可以重复指定次数执行表达式。语法格式如下:

```
replicate(n, expr)
```

参数说明如下。

- ☑ n:重复执行次数。
- ☑ expr:待执行的表达式。

【例 5.9】重复一个值多次（实例位置:资源包\Code\05\09）

在实际数据分析中,replicate()函数应用十分广泛。下面使用 replicate()函数将 1 重复 10 次,运行 RStudio,编写如下代码。

```
replicate(n=10, 1)
```

运行程序,结果如图 5.14 所示。

【例 5.10】使用 replicate()函数生成数据（实例位置:资源包\Code\05\10）

下面借助 replicate()函数重复生成 5 次样本数据,每个样本数据包括 10 个平均值为 5,标准差为 3 的符合正太分布的数据。运行 RStudio,编写如下代码。

```
1    # 生成10个平均值为5，标准差为3的符合正态分布的数据
2    # 重复5次
3    data <- replicate(n=5, rnorm(10, mean=5, sd=3))
4    # 显示数据
5    data
```

⬇ 代码解析

第 3 行代码:rnorm()函数用于生成服从正态分布的随机数。默认生成平均数为 0,标准差为 1 的随机数。

运行程序,结果如图 5.15 所示。

```
            [,1]      [,2]      [,3]      [,4]         [,5]
 [1,]   3.138900  3.092791  3.482128  5.1804813  -0.743078277
 [2,]   5.126348  3.615066  9.029116  3.2333165   8.529749936
 [3,]   2.267235  9.296847  4.356262  6.5944886   0.005082691
 [4,]   5.474086  3.047911  4.461330  0.4448178   3.609408796
 [5,]   3.036246  4.377858  4.699428  5.9196736   1.652239685
 [6,]  10.301862  3.821576  7.137999  0.3906505   2.747542996
 [7,]   7.150122  4.040021  4.779307  4.0970716  11.261499637
 [8,]   7.730523  4.162660  4.887007  3.4151603   5.052186859
 [9,]   6.152556  6.482565  2.955019  3.0437157   1.141098409
[10,]  10.046528  4.468009  4.027189  4.8293097   0.078183397
```

```
[1] 1 1 1 1 1 1 1 1 1 1
```

图 5.14 1 重复 10 次　　　　　图 5.15 使用 replicate()函数生成数据

5.4 跳 转 语 句

5.4.1 next 语句

当程序需要跳过当前循环迭代,而不终止循环时,使用 next 语句。R 语言中的 next 语句类似于 C

语言中的 continue 语句。

例如，例 5.7 中如果输出 1～12 月份时需要跳过 6 月，示例代码如下：

```
1   a <- c(1:12)
2   for ( i in a) {
3       if (i == 6){
4           next
5       }
6       print(paste(i,"月"))
7   }
```

```
[1] "1 月"
[1] "2 月"
[1] "3 月"
[1] "4 月"
[1] "5 月"
[1] "7 月"
[1] "8 月"
[1] "9 月"
[1] "10 月"
[1] "11 月"
[1] "12 月"
```

运行程序，结果如图 5.16 所示。

图 5.16　输出 1～12 月份时跳过 6 月

5.4.2　break 语句

在 R 语言中，break 语句有两种用法，下面分别进行介绍。

1. 在循环中应用 break 语句

break 语句可以终止当前循环，包括 repeat、while 和 for 在内的所有控制语句。以沿操场跑步为例，原计划跑 5 圈，可是在跑到第 2 圈的时候遇到了心仪的女同学，于是果断停下来终止跑步，这相当于使用了 break 语句提前终止循环，示例代码如下：

```
1   # 初始值为 1
2   n <- 1
3   while (n <6 ){
4       print(paste("第",n,"圈"))
5       # 计数
6       n <- n+1
7       if (n == 2){
8           break
9       }
10  }
```

break 语句的语法比较简单，只需要在相应的 repeat、while 或 for 语句中加入即可。

例如，例 5.5 中，在 repeat 语句中应用了 break 语句。

2. 在 switch 语句中应用 break 语句

可以将 break 语句放在 switch 语句最后终止情况（case）。

5.5　要 点 回 顾

在数据分析过程中，使用最多的是 if 语句和 for 语句，熟练掌握这两种流程控制语句，在实际应用中可以解决很多问题。例如，通过 if 语句筛选符合条件的数据，通过 for 循环查找替换数据中不规范的数据。另外，向量化的 ifelse 语句在数据处理中应用非常广泛，应重点掌握。

第 6 章

日期和时间序列

在数据分析过程中，经常会遇到包含日期和时间的数据，如淘宝店铺每月销售额、股票每秒每分每时的价格、网页每个时间节点的点击量，以及短视频什么时间观看的人数多等。这类数据大多数为时间序列数据。那么，在分析这类数据前往往需要对日期和时间进行处理，如进行日期和时间格式的转换，提取日期和时间中的年、月、日、时、分钟和秒，按时间统计，更改时间周期等。

本章知识架构及重难点如下。

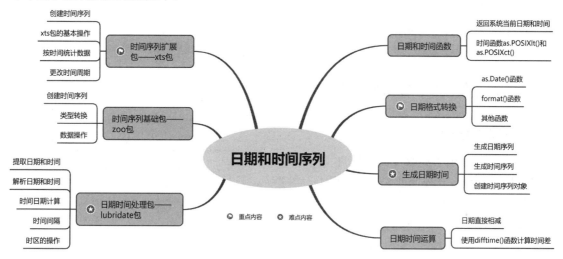

6.1 日期和时间函数

R 语言提供了一些处理日期和时间的函数，下面分别进行介绍。

6.1.1 返回系统当前日期和时间

1. Sys.Date()函数

Sys.Date()函数用于返回系统当前的日期。例如：

```
Sys.Date()
```

运行程序，结果为：

```
[1] "2023-03-16"
```

表示计算机系统当前的日期为 2023-03-16。

2．Sys.time()函数

Sys.time()函数用于返回系统当前的日期和时间。例如：

```
Sys.time()
```

运行程序，结果为：

```
[1] "2023-03-16 10:15:51 CST"
```

表示计算机系统当前的日期和时间为 2023-03-16 10:15:51，CST 是中国时区的简写。

3．date()函数

date()函数可返回字符串类型的系统当前日期和时间。例如：

```
date()
```

运行程序，结果为：

```
[1] "Thu Mar 16 10:20:17 2023"
```

6.1.2　时间函数 as.POSIXlt()和 as.POSIXct()

1．as.POSIXlt()函数

as.POSIXlt()函数用于提取日期和时间，将其分割为年、月、日、小时、分钟、秒。具体使用中，需要结合 unclass()函数，示例代码如下：

```
unclass(as.POSIXlt('2023-9-18 18:38:58'))
```

运行程序，结果如图 6.1 所示。从运行结果可知：as.POSIXlt()函数和 unclass()函数相结合能够返回秒、分钟、小时、日、该年已过月数、已过年（从 1900 年算起）、星期几、该天对应该年的第几天、是否为休息日以及时区等。

2．as.POSIXct()函数

as.POSIXct()函数可从 1970 年 1 月 1 日 8 点算起，返回以秒为单位的数值。如果是负数，则是之前的日期时间；如果是正数，则是之后的日期时间。例如：

```
unclass(as.POSIXct('2023-9-18 18:38:58'))
```

运行程序，结果如下：

```
[1] 1695033538
```

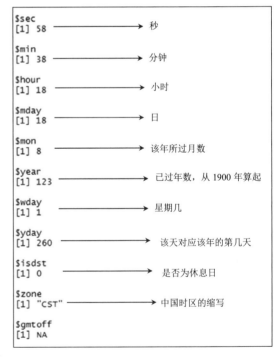

图 6.1　as.POSIXlt()函数示例

表示 2023-9-18 18:38:58 距离 1970-1-1 为 1695033538 秒。

6.2　日期格式转换

6.2.1　as.Date()函数

在 R 语言中，as.Date()函数可将字符串日期、数字日期转换为日期格式，默认格式为"年-月-日"。语法格式如下：

```
as.Date(x, format, origin)
```

参数说明如下。

☑　x：字符串变量。

☑　format：字符串的格式，如"%m/%d/%y"。常用的日期格式如表 6.1 所示。

表 6.1　常用的日期格式

格　　式	说　　明	举　　例	格　　式	说　　明	举　　例
%Y	年，四位数字表示	2023	%a	星期名称的简写	周四
%y	年后两位数字表示	23	%A	星期名称的全称	星期四
%C	年前两位数字表示	20	%H	小时，24 小时制	15
%c	完整的时间	周四 3 月 16 日 15:18:23 2023	%I	小时，12 小时制	03
%m	月，数字形式	03	%j	一年中的第几天	075
%B	月，英文月全称	三月	%S	秒	23
%b	月，英文月缩写	3 月	%M	分钟	18
%d	月中的天数	16			

☑　origin：起始日期。在 R 语言中起始日期是 1970-01-01，在 Excel 中起始日期是 1900-01-01，转换成数字，两者相差 25568。在读取 Excel 文件时，涉及数字日期转换成日期时，需要注意这个问题。

下面通过具体示例介绍 as.Date()函数的用法，示例代码如下：

```
1    mydate <- c("2023-9-18")
2    result <- as.Date(mydate,format = '%Y-%m-%d')
3    print(result)
```

运行程序，结果如下：

```
[1] "2023-09-18"
```

注意

在使用 as.Date()函数时，需要注意 format 参数的字符串格式要与原日期一致，例如原日期年为 4 位，那么 format 参数的字符串格式中的年也应该是 4 位，用%Y 表示，而不是%y，否则出现 NA 错误。

另外，当字符串日期包含英文月份时（如 14-Feb-22），应首先将区域设置改为英文，主要使用 Sys.getlocale()函数和 Sys.setlocale()函数，然后再使用 as.Date()函数进行转换。否则，将出现 NA 错误。

【例 6.1】转换英文字符串日期为日期格式（实例位置：资源包\Code\06\01）

在数据处理过程中，经常会遇到包含英文的字符串日期，转换这种日期为日期格式时，如果当前系统区域设置不是英文，那么应首先进行区域设置，然后再进行转换。运行 RStudio，编写如下代码。

```
1    lct <- Sys.getlocale("LC_TIME")                              # 获取系统区域
2    print(lct)
3    mydate <- c("1jan2023", "2jan2023", "31mar2023", "30jul2023")
4    Sys.setlocale("LC_TIME", "C")                                 # 将区域设置改为英文
5    as.Date(mydate, "%d%b%Y")                                     # 将字符串日期转换为日期格式
6    Sys.setlocale("LC_TIME", lct)                                 # 恢复区域设置
```

运行程序，结果如图 6.2 所示。

```
> # 获取系统区域
> lct <- Sys.getlocale("LC_TIME")
> print(lct)
[1] "Chinese_China.936"
> mydate <- c("1jan2023", "2jan2023", "31mar2023", "30jul2023")
> # 将区域设置改为英文
> Sys.setlocale("LC_TIME", "C")
[1] "C"
> # 将字符串日期转换为日期格式
> as.Date(mydate, "%d%b%Y")
[1] "2023-01-01" "2023-01-02" "2023-03-31" "2023-07-30"
> # 恢复区域设置
> Sys.setlocale("LC_TIME", lct)
[1] "Chinese_China.936"
```

图 6.2　转换英文字符串日期为日期格式

注意

日期转换完成后一定要恢复区域设置，否则可能影响其他程序。

通过 R 语言读取 Excel 文件时，有时日期出现异常变成一串数字，此时可以使用 as.Date()函数解决这个问题。

【例 6.2】将数字日期转换为日期格式（实例位置：资源包\Code\06\02）

创建一组数字日期，使用 as.Date()函数转换为日期格式，运行 RStudio，编写如下代码。

```
1    mydate <- c(27546,34830,32805,29509,36407,35153)            # 创建数字日期
2    as.Date(mydate,origin='1900-1-1')-ddays(2)                   # 转换为日期格式
```

运行程序，结果如下：

```
[1] "1975-06-01" "1995-05-11" "1989-10-24" "1980-10-15" "1999-09-04" "1996-03-29"
```

　　代码解析

第 2 行代码：ddays(2)表示创建 2 天的对象。ddays(x)是快速创建持续时间的对象，以便进行日期时间操作。相关对象包括 dyears(x)、dweeks(x)、ddays(x)、dhours(x)、dminutes(x)和 dseconds(x)，其中 x 表示长度。例如，创建表示 2 小时的对象为 dhours(2)，表示 1 年的对象为 dyears(x)。

as.Date()函数还有另外一种用法，即指定起始日期，输入延后天数，以得出对应日期。例如：

```
as.Date(31,origin ='2023-01-01')
```

运行程序，结果为：

```
[1] "2023-02-01"
```

6.2.2　format()函数

转换日期格式还可以使用格式化函数 format()，该函数在其他编程语言中也经常用到。使用 format() 函数可以将日期时间格式转换成指定的日期时间格式。

【例 6.3】格式化当前系统日期（实例位置：资源包\Code\06\03）

下面使用 format()函数转换当前系统日期，运行 RStudio，编写如下代码。

```
1    format(Sys.Date(), "%Y")            # 四位数字的年份
2    format(Sys.Date(), "%y")            # 两位数字的年份
3    format(Sys.Date(), "%y/%m/%d")      # 年月日
4    format(Sys.Date(),"%B-%d-%Y")       # 月日年
5    format(Sys.Date(), "%a")            # 星期几名称的简写
6    format(Sys.Date(), "%A")            # 星期几名称的全称
7    format(Sys.Date(), "%a %b %d")      # 星期月份日
8    format(Sys.Date(), "%b")            # 月份
9    format(Sys.time(),"%M-%S")          # 分钟秒
```

运行程序，结果如图 6.3 所示。

```
> format(Sys.Date(), "%Y")  # 四位数字的年份
[1] "2023"
> format(Sys.Date(), "%y")  # 两位数字的年份
[1] "23"
> format(Sys.Date(), "%y/%m/%d")  # 年月日
[1] "23/03/16"
> format(Sys.Date(),"%B-%d-%Y") # 月日年
[1] "三月-16-2023"
> format(Sys.Date(), "%a")  # 星期几名称的简写
[1] "周四"
> format(Sys.Date(), "%A")  # 星期几名称的全称
[1] "星期四"
> format(Sys.Date(), "%a %b %d") # 星期月份日
[1] "周四 3月 16日"
> format(Sys.Date(), "%b")  # 月份
[1] "3月"
> format(Sys.time(),"%M-%S") # 分钟秒
[1] "27-09"
```

图 6.3　format()函数示例

6.2.3　其他函数

使用 quarters()、months()和 weekdays()函数可以将日期格式化为季度、月份和星期。

例如，格式化系统当前日期，代码如下：

```
1    quarters(Sys.Date())        # 季度
2    months(Sys.Date())          # 月份
3    weekdays(Sys.Date())        # 星期
```

运行程序，结果如图 6.4 所示。

```
> # 季度
> quarters(Sys.Date())
[1] "Q1"
> # 月份
> months(Sys.Date())
[1] "三月"
> # 星期
> weekdays(Sys.Date())
[1] "星期四"
```

图 6.4　将日期格式化为季度、月份和星期

6.3　生成日期时间

在数据分析过程中，有时候需要创建一些日期时间段，如从 1～15 号的时间段。R 语言中提供了一些生成日期时间段的函数，能够快速创建日期时间，下面就来学习一下。

6.3.1　生成日期序列

在 R 语言中，生成日期序列可以使用 seq()函数，也可以使用 seq.Date()函数，下面分别进行介绍。

1. seq()函数

seq()函数是一个非常强大的函数，主要用于创建序列，且可以指定序列的开始值、结束值和步长，可以创建一系列数字、字符串，也可以创建日期时间序列。

例如，创建从 2023 年 1 月 1 日—2023 年 3 月 31 日的日期序列，示例代码如下：

```
seq(as.Date("2023-01-01"),as.Date("2023-03-31"),by="day")
```

运行程序，结果如图 6.5 所示。

```
 [1] "2023-01-01" "2023-01-02" "2023-01-03" "2023-01-04" "2023-01-05"
 [6] "2023-01-06" "2023-01-07" "2023-01-08" "2023-01-09" "2023-01-10"
[11] "2023-01-11" "2023-01-12" "2023-01-13" "2023-01-14" "2023-01-15"
[16] "2023-01-16" "2023-01-17" "2023-01-18" "2023-01-19" "2023-01-20"
[21] "2023-01-21" "2023-01-22" "2023-01-23" "2023-01-24" "2023-01-25"
[26] "2023-01-26" "2023-01-27" "2023-01-28" "2023-01-29" "2023-01-30"
[31] "2023-01-31" "2023-02-01" "2023-02-02" "2023-02-03" "2023-02-04"
[36] "2023-02-05" "2023-02-06" "2023-02-07" "2023-02-08" "2023-02-09"
[41] "2023-02-10" "2023-02-11" "2023-02-12" "2023-02-13" "2023-02-14"
[46] "2023-02-15" "2023-02-16" "2023-02-17" "2023-02-18" "2023-02-19"
[51] "2023-02-20" "2023-02-21" "2023-02-22" "2023-02-23" "2023-02-24"
[56] "2023-02-25" "2023-02-26" "2023-02-27" "2023-02-28" "2023-03-01"
[61] "2023-03-02" "2023-03-03" "2023-03-04" "2023-03-05" "2023-03-06"
[66] "2023-03-07" "2023-03-08" "2023-03-09" "2023-03-10" "2023-03-11"
[71] "2023-03-12" "2023-03-13" "2023-03-14" "2023-03-15" "2023-03-16"
[76] "2023-03-17" "2023-03-18" "2023-03-19" "2023-03-20" "2023-03-21"
[81] "2023-03-22" "2023-03-23" "2023-03-24" "2023-03-25" "2023-03-26"
[86] "2023-03-27" "2023-03-28" "2023-03-29" "2023-03-30" "2023-03-31"
```

图 6.5　seq()函数生成日期序列

在上述代码中，by 参数值可以是 day、week、month、quarter 和 year，表示日、星期、月、季度和年。

2. seq.Date()函数

seq.Date()函数用于生成日期序列，下面看一个例子。

【例 6.4】生成指定的日期序列（实例位置：资源包\Code\06\04）

使用 seq.Date()函数生成以日、月、季度为间隔的日期序列。运行 RStudio，编写如下代码。

```
1  # 以日为间隔
2  seq.Date(from = as.Date("2023/01/01",format = "%Y/%m/%d"), by = "day", length.out = 181)
3  # 以月为间隔
4  seq.Date(from = as.Date("2023/01/01",format = "%Y/%m/%d"), by = "month", length.out = 6)
5  # 以季度为间隔
6  seq.Date(from = as.Date("2023/01/01",format = "%Y/%m/%d"), by = "quarter", length.out = 3)
```

在上述代码中，by 参数可以是 day、week、month、quarter 和 year。

运行程序，结果如图 6.6 所示。从运行结果可知：以日为间隔，生成的是 181 天的日期序列；以月为间隔，生成的是 6 个月的日期序列；以季度为间隔，生成的是 3 个季度的日期序列。

```
> # 以日为间隔
> seq.Date(from = as.Date("2023/01/01",format = "%Y/%m/%d"), by = "day", length.out = 181)
  [1] "2023-01-01" "2023-01-02" "2023-01-03" "2023-01-04" "2023-01-05" "2023-01-06" "2023-01-07"
  [8] "2023-01-08" "2023-01-09" "2023-01-10" "2023-01-11" "2023-01-12" "2023-01-13" "2023-01-14"
 [15] "2023-01-15" "2023-01-16" "2023-01-17" "2023-01-18" "2023-01-19" "2023-01-20" "2023-01-21"
 [22] "2023-01-22" "2023-01-23" "2023-01-24" "2023-01-25" "2023-01-26" "2023-01-27" "2023-01-28"
 [29] "2023-01-29" "2023-01-30" "2023-01-31" "2023-02-01" "2023-02-02" "2023-02-03" "2023-02-04"
 [36] "2023-02-05" "2023-02-06" "2023-02-07" "2023-02-08" "2023-02-09" "2023-02-10" "2023-02-11"
 [43] "2023-02-12" "2023-02-13" "2023-02-14" "2023-02-15" "2023-02-16" "2023-02-17" "2023-02-18"
 [50] "2023-02-19" "2023-02-20" "2023-02-21" "2023-02-22" "2023-02-23" "2023-02-24" "2023-02-25"
 [57] "2023-02-26" "2023-02-27" "2023-02-28" "2023-03-01" "2023-03-02" "2023-03-03" "2023-03-04"
 [64] "2023-03-05" "2023-03-06" "2023-03-07" "2023-03-08" "2023-03-09" "2023-03-10" "2023-03-11"
 [71] "2023-03-12" "2023-03-13" "2023-03-14" "2023-03-15" "2023-03-16" "2023-03-17" "2023-03-18"
 [78] "2023-03-19" "2023-03-20" "2023-03-21" "2023-03-22" "2023-03-23" "2023-03-24" "2023-03-25"
 [85] "2023-03-26" "2023-03-27" "2023-03-28" "2023-03-29" "2023-03-30" "2023-03-31" "2023-04-01"
 [92] "2023-04-02" "2023-04-03" "2023-04-04" "2023-04-05" "2023-04-06" "2023-04-07" "2023-04-08"
 [99] "2023-04-09" "2023-04-10" "2023-04-11" "2023-04-12" "2023-04-13" "2023-04-14" "2023-04-15"
[106] "2023-04-16" "2023-04-17" "2023-04-18" "2023-04-19" "2023-04-20" "2023-04-21" "2023-04-22"
[113] "2023-04-23" "2023-04-24" "2023-04-25" "2023-04-26" "2023-04-27" "2023-04-28" "2023-04-29"
[120] "2023-04-30" "2023-05-01" "2023-05-02" "2023-05-03" "2023-05-04" "2023-05-05" "2023-05-06"
[127] "2023-05-07" "2023-05-08" "2023-05-09" "2023-05-10" "2023-05-11" "2023-05-12" "2023-05-13"
[134] "2023-05-14" "2023-05-15" "2023-05-16" "2023-05-17" "2023-05-18" "2023-05-19" "2023-05-20"
[141] "2023-05-21" "2023-05-22" "2023-05-23" "2023-05-24" "2023-05-25" "2023-05-26" "2023-05-27"
[148] "2023-05-28" "2023-05-29" "2023-05-30" "2023-05-31" "2023-06-01" "2023-06-02" "2023-06-03"
[155] "2023-06-04" "2023-06-05" "2023-06-06" "2023-06-07" "2023-06-08" "2023-06-09" "2023-06-10"
[162] "2023-06-11" "2023-06-12" "2023-06-13" "2023-06-14" "2023-06-15" "2023-06-16" "2023-06-17"
[169] "2023-06-18" "2023-06-19" "2023-06-20" "2023-06-21" "2023-06-22" "2023-06-23" "2023-06-24"
[176] "2023-06-25" "2023-06-26" "2023-06-27" "2023-06-28" "2023-06-29" "2023-06-30"
> # 以月为间隔
> seq.Date(from = as.Date("2023/01/01",format = "%Y/%m/%d"), by = "month", length.out = 6)
[1] "2023-01-01" "2023-02-01" "2023-03-01" "2023-04-01" "2023-05-01" "2023-06-01"
> # 以季度为间隔
> seq.Date(from = as.Date("2023/01/01",format = "%Y/%m/%d"), by = "quarter", length.out = 3)
[1] "2023-01-01" "2023-04-01" "2023-07-01"
```

图 6.6　生成指定的日期序列

6.3.2　生成时间序列

生成时间序列可以使用 seq.POSIXt() 函数。

【例 6.5】生成指定的时间序列（**实例位置：资源包\Code\06\05**）

使用 seq.POSIXt() 函数生成以小时和分钟为间隔的时间序列。运行 RStudio，编写如下代码。

```
1   # 以小时为间隔
2   seq.POSIXt(from = as.POSIXct("2023-03-18 08:00:00"), to = as.POSIXct("2023-03-19 20:00:00 CST"), by = 'hour')
3   # 以分钟为间隔
4   seq.POSIXt(from = as.POSIXct("2023-03-18 08:00:00"), to = as.POSIXct("2023-03-19 20:00:00 CST"), by = 'min')
```

在上述代码中，by 的参数值可以是 sec、min、hour、day、DSTday、week、month、quarter 和 year。

6.3.3　创建时间序列对象

ts() 函数通过向量或矩阵创建一个一元或多元的时间序列对象，时间序列对象可以理解为是 R 语言中的一种特殊的数据结构，其中包含观测值、开始时间、结束时间以及周期（如月、季度或年）等。对时间序列进行分析、绘图和建模时，都要求为时间序列对象。

ts() 函数是一个非常实用的函数，可以帮助我们快速创建时间序列对象。语法格式如下：

```
ts(data=NA,start=1,end = numeric(0), frequency = 1, deltat = 1, ts.eps = getOption("ts.eps"), class, names)
```

参数说明如下。

- ☑ data：向量或矩阵。
- ☑ start：开始时间。如 start=c(2023,1)表示序列开始时间是 2023 年 1 月，如果是年度数据，那么设置 start=2023 即可。
- ☑ end：结束时间。
- ☑ frequency：单位时间内观测值的频数（频率），默认值为 1 表示年度，值为 4 表示季度，值为 12 表示月度。
- ☑ deltat：两个观测值的时间间隔，默认值为 1。frequency 参数和 deltat 参数只能指定一个参数。
- ☑ ts.eps：序列之间的误差，如果序列之间的频率差异小于 ts.eps，则这些序列的频率相等。
- ☑ class：对象的类型。一元序列的默认值是 ts，多元序列的默认值是 c（"mts" 和 "ts"）。
- ☑ names：一个字符型向量，给出多元序列中每个一元序列的名称，默认值是 data 中每列数据的名称。

如生成月度销量数据，示例代码如下：

```
ts(sample(1:800, 12, replace = FALSE), frequency = 12,start=2023)
```

运行程序，结果如下：

```
    Jan Feb Mar Apr May Jun Jul Aug Sep Oct Nov Dec
2023  66 134 289 484 764 162 104 778 573 557 390 248
```

↭ 代码解析

sample()函数用于随机抽取样本数据，上述代码表示在 1～800 随机抽取不重复的 12 个样本数据。

ts()函数结合矩阵还可以生成多条时间序列数据。例如，生成 12 行 3 列、包含 36 条数据的时间序列数据，示例代码如下：

```
ts(matrix(rnorm(36),12, 3), start = c(2023, 1), frequency = 12,
names = c('店铺 1','店铺 2','店铺 3'))
```

运行程序，结果如图 6.7 所示。

	店铺1	店铺2	店铺3
Jan 2023	-0.72286245	-1.41398103	1.0069530
Feb 2023	0.20628072	0.21820837	-0.4377299
Mar 2023	-0.42501175	-0.32440118	-1.4055443
Apr 2023	-1.17519584	-0.42683206	0.2895783
May 2023	-0.63613275	0.53063450	-0.8576683
Jun 2023	1.69864438	0.05367013	-0.4558488
Jul 2023	1.99886692	-1.56735724	0.5061809
Aug 2023	0.82383814	1.29544043	1.8954349
Sep 2023	0.29817565	1.83856393	1.3188814
Oct 2023	0.90712534	1.45592675	-0.3283097
Nov 2023	-0.75760102	-0.89257399	-1.2796234
Dec 2023	-0.05185121	-1.00347292	2.0550721

图 6.7 ts()函数生成多条时间序列数据

↭ 代码解析

rnorm()函数用于随机生成指定数量的符合正态分布的数据。

6.4 日期时间运算

6.4.1 日期直接相减

日期直接相减得出的一般为天数。需要注意的是相同格式的日期才能相减，并且只能相减不能相加，示例代码如下：

```
as.Date("2023-10-01") - as.Date(Sys.Date())    # 国庆节距离现在的天数
as.Date("2024-01-01") - as.Date(Sys.Date())    # 元旦距离现在的天数
```

运行程序，结果如图 6.8 所示。

```
> # 国庆节距离现在的天数
> as.Date("2023-10-01") - as.Date(Sys.Date())
Time difference of 194 days
> # 元旦距离现在的天数
> as.Date("2024-01-01") - as.Date(Sys.Date())
Time difference of 286 days
```

6.4.2　使用 difftime()函数计算时间差

图 6.8　距离国庆和元旦的天数

difftime()函数的好处是不同格式的日期时间都可以进行运算，并且能够实现计算两个时间间隔的秒、分钟、小时、天、星期，但是不能计算年、月、季度的时间差。语法格式如下：

```
difftime(date1, date2, units)
```

参数说明如下。

☑　date1：表示结束日期。

☑　date2：表示开始日期

☑　units：表示时间间隔的单位，参数值为 auto（默认值为天）、secs（秒）、mins（分钟）、hours（小时）、days（天）和 weeks（星期）。

【例 6.6】使用 difftime()函数计算时间差（**实例位置：资源包\Code\06\06**）

下面使用 difftime()函数计算时间差。运行 RStudio，编写如下代码。

```
1  difftime("2023-5-1", "2023-3-21", units = "days")
                          # 相差天数
2  difftime("2023-5-1", "2023-3-21", units = "weeks")
                          # 相差星期数
3  difftime("2023-5-1", "2023-3-21", units = "hours")
                          # 相差小时数
4  difftime("2023-5-1", "2023-3-21", units = "mins")
                          # 相差分钟数
```

```
> # 相差天数
> difftime("2023-5-1", "2023-3-21", units = "days")
Time difference of 41 days
> # 相差星期数
> difftime("2023-5-1", "2023-3-21", units = "weeks")
Time difference of 5.857143 weeks
> # 相差小时数
> difftime("2023-5-1", "2023-3-21", units = "hours")
Time difference of 984 hours
> # 相差分钟数
> difftime("2023-5-1", "2023-3-21", units = "mins")
Time difference of 59040 mins
```

运行程序，结果如图 6.9 所示。

图 6.9　使用 difftime()函数计算时间差

6.5　日期时间处理包——lubridate 包

lubridate 包主要用于处理包含时间数据的数据集。与 R 语言内置的时间处理函数相比，lubridate 包更加丰富、灵活、快捷。lubridate 包属于第三方包，使用前应先进行安装。

6.5.1　提取日期和时间

lubridate 包提供了 year()、month()、day()、hour()、minute()和 second()等日期和时间函数，可以提取日期时间中的年、月、日、时、分钟和秒等。

例如，导出 2023-10-24 12:30:12 这一具体日期时间中的年、月、日、时、分、秒，以及星期几、一年中的第几天、一年中的第几个星期、所属月份的最大天数等信息，示例代码如下：

```
1  x <- as.POSIXct("2023-10-24 12:30:12")
```

2	year(x)	# 提取年份
3	month(x)	# 提取月份
4	day(x)	# 提取天数
5	hour(x)	# 提取小时
6	minute(x)	# 提取分钟
7	second(x)	# 提取秒
8	wday(x,label = T)	# 星期几
9	yday(x)	# 一年中的第几天
10	week(x)	# 一年中的第几个星期
11	days_in_month(x)	# 所属月份的最大天数

运行程序，结果如图 6.10 所示。

```
> x <- as.POSIXct("2023-10-24 12:30:12")
> year(x)            # 提取年份
[1] 2023
> month(x)           # 提取月份
[1] 10
> day(x)             # 提取天数
[1] 24
> hour(x)            # 提取小时
[1] 12
> minute(x)          # 提取分钟
[1] 30
> second(x)          # 提取秒
[1] 12
> wday(x,label = T)  # 星期几
[1] 周二
Levels: 周日 < 周一 < 周二 < 周三 < 周四 < 周五 < 周六
> yday(x)                # 一年中的第几天
[1] 297
> week(x)                # 一年中的第几个星期
[1] 43
> days_in_month(x)   # 所属月份的最大天数
Oct
 31
```

图 6.10　提取日期时间

6.5.2　解析日期和时间

1．解析日期

lubridate 包提供了一些解析日期的函数，如表 6.2 所示。这些函数可以将类似日期的字符或数字向量解析为日期，并将其转换为 date 或 POSIXct 对象。它们可以识别任意的非数字分隔符（或者无分隔符）的日期，只要格式顺序正确就可以解析正确的日期，即使输入向量包含不同格式的日期。

表 6.2　解析日期的函数

函　　数	用　　途	函　　数	用　　途
ymd()	解析年月日的日期格式	myd()	解析月年日的日期格式
ydm()	解析年日月的日期格式	dmy()	解析日月年的日期格式
mdy()	解析月日年的日期格式	yq()	解析季度格式

语法格式如下：

```
ymd(..., quiet = FALSE, tz = NULL, locale = Sys.getlocale("LC_TIME"), truncated = 0)
```

参数说明如下。

☑　…：类似日期格式的字符或数字向量。
☑　quiet：逻辑值，TRUE 转换后不显示消息。
☑　tz：指定时区，为 NULL（默认值）直接返回 Date 对象。
☑　locale：设置语言环境。
☑　truncated：设置可以被截断格式的数量。

 说明

其他函数语法格式和参数说明与 ymd() 函数一样，只是函数名称不同。

【例 6.7】解析不同格式的日期（实例位置：资源包\Code\06\07）

下面使用 lubridate 包提供的函数将不同格式的类似日期数据解析为日期。运行 RStudio，编写如下代码。

```
1   # 加载程序包
2   library(lubridate)
```

```
3    # 创建向量
4    a <- c(20230101, "2023-10-01", "2023/01/05","202302-10","2023/01-02", "2023 02 14",
5        "2023-2-14","2023-2, 14", "today is 2023 2 14", "202302 ** 14")
6    # 解析日期
7    ymd(a)
8    b <- "2023"
9    ymd(b,truncated = 2)
10   c <- "bccd 04minsoft02abcdef1990hiaa"
11   mdy(c)
12   # 解析季度
13   d <- c("2023/01","202302","2023mrsoft4")
14   yq(d)
```

运行程序，结果如图 6.11 所示。

```
> # 加载程序包
> library(lubridate)
> # 创建向量
> a <- c(20230101, "2023-10-01", "2023/01/05","202302-10","2023/01-
+ 02", "2023 02 14", "2023-2-14","2023-2, 14", "today is 2023 2 14",
+        "202302 ** 14")
> # 解析日期
> ymd(a)
 [1] "2023-01-01" "2023-10-01" "2023-01-05" "2023-02-10" "2023-01-02"
 [6] "2023-02-14" "2023-02-14" "2023-02-14" "2023-02-14" "2023-02-14"
> b <- "2023"
> ymd(b,truncated = 2)
[1] "2023-01-01"
> c <- "bccd 04minsoft02abcdef1990hiaa"
> mdy(c)
[1] "1990-04-02"
> # 解析季度
> d <- c("2023/01","202302","2023mrsoft4")
> yq(d)
[1] "2023-01-01" "2023-04-01" "2023-10-01"
```

图 6.11　解析日期

说明

lubridate 包属于第三方包，使用前应先进行安装。安装方法为：在 RStudio 编辑窗口的资源管理窗口中选择 Packages，进入 Packages 窗口，单击 Install 按钮打开 Install Packages 窗口，输入包名 lubridate，然后单击 Install 按钮，下载并安装 lubridate 包。

2. 解析时间

lubridate 包还提供了解析月、日、年、时、分、秒的函数，并且自动分配世界标准时间 UTC 时区给解析后的时间，函数如表 6.3 所示。

表 6.3　解析时间的函数

函　　数	用　　途	函　　数	用　　途
ymd_hms()	解析年月日时分秒的时间格式	mdy_h()	解析月日年时的时间格式
ymd_hm()	解析年月日时分的时间格式	ydm_hms()	解析年日月时分秒的时间格式
ymd_h()	解析年月日时的时间格式	ydm_hm()	解析年日月时分的时间格式
dmy_hms()	解析日月年时分秒的时间格式	ydm_h()	解析年日月时的时间格式
dmy_hm()	解析日月年时分的时间格式	ms()	解析分秒
dmy_h()	解析日月年时的时间格式	hm()	解析时分
mdy_hms()	解析月日年时分秒的时间格式	hms()	解析时分秒
mdy_hm()	解析月日年时分的时间格式		

【例 6.8】解析不同格式的时间（**实例位置：资源包\Code\06\08**）

下面使用 lubridate 包提供的用于解析时间的函数对各种时间格式进行解析。运行 RStudio，编写如下代码。

```
1   # 加载程序包
2   library(lubridate)
3   ymd_hms("2023-2-14 12:12:12",tz = "GMT")
4   ymd_hm("2023-2-14 12:12")
5   ydm_hms("2023/14/2 12:12:12")
6   ymd_h("2023-2-14 12")
7   hm("2:14")
```

运行程序，结果如图 6.12 所示。

```
> # 加载程序包
> library(lubridate)
> ymd_hms("2023-2-14 12:12:12",tz = "GMT")
[1] "2023-02-14 12:12:12 GMT"
> ymd_hm("2023-2-14 12:12")
[1] "2023-02-14 12:12:00 UTC"
> ydm_hms("2023/14/2 12:12:12")
[1] "2023-02-14 12:12:12 UTC"
> ymd_h("2023-2-14 12")
[1] "2023-02-14 12:00:00 UTC"
> hm("2:14")
[1] "2H 14M 0S"
```

图 6.12 解析不同格式的时间

6.5.3 时间日期计算

lubridate 包支持日期加、减、除和舍入计算，下面分别进行介绍。

1. 日期加减

lubridate 包不支持日期和日期直接加减，但允许日期加减某个天、星期、月或年，从而得出一个新的日期，示例代码如下：

```
1   Sys.Date()+days(1)
2   Sys.Date()+weeks(0:3)
3   Sys.Date()+weeks(0:6)
```

上述相加的是天和星期。对于月和年来说，由于各月的天数、不同年份的天数不一致，如 1 月为 31 天，闰年的 2 月为 29，导致天数直接加减时，新的日期可能不存在，因此出现 NA 值。

示例代码如下：

```
1   d1 <-ymd("2023-01-31")
2   d2 <-ymd("2020-02-29")
3   d1+months(0:10)
4   d1-months(0:10)
5   d2+years(0:10)
```

解决方法是加上：%m+%或%m-%，示例代码如下：

```
1   d1 %m+% months(0:10)
2   d1 %m-% months(0:10)
3   d2 %m+% years(0:10)
```

2. 舍入计算

在 R 语言中，日期也可以进行舍入计算。lubridate 包的 round_date()、ceiling_date()和 floor_date() 函数可进行四舍五入取整、向上取整和向下取整，示例代码如下：

```
1   x <- as.POSIXct("2023-10-24 12:30:12")
2   # 四舍五入取整
3   round_date(x,unit = "year")
4   round_date(x,unit = "month")
5   round_date(x,unit = "hour")
```

```
6    # 向上取整
7    round_date(x,unit = "year")
8    ceiling_date(x,unit = "month")
9    ceiling_date(x,unit = "hour")
10   # 向下取整
11   floor_date(x,unit = "year")
12   floor_date(x,unit = "month")
13   floor_date(x,unit = "hour")
```

运行程序，结果如图 6.13 所示。

```
> x <- as.POSIXct("2023-10-24 12:30:12")
> # 四舍五入取整
> round_date(x,unit = "year")
[1] "2024-01-01 CST"
> round_date(x,unit = "month")
[1] "2023-11-01 CST"
> round_date(x,unit = "hour")
[1] "2023-10-24 13:00:00 CST"
> # 向上取整
> round_date(x,unit = "year")
[1] "2024-01-01 CST"
> ceiling_date(x,unit = "month")
[1] "2023-11-01 CST"
> ceiling_date(x,unit = "hour")
[1] "2023-10-24 13:00:00 CST"
> # 向下取整
> floor_date(x,unit = "year")
[1] "2023-01-01 CST"
> floor_date(x,unit = "month")
[1] "2023-10-01 CST"
> floor_date(x,unit = "hour")
[1] "2023-10-24 12:00:00 CST"
```

图 6.13　日期取整

6.5.4　时间间隔

lubridate 包提供计算时间间隔的方法是：首先使用 interval()函数创建时间间隔对象，然后使用 time_length()函数计算时间间隔，默认以"秒"为单位，也可以自行设置间隔单位。

【例 6.9】高考倒计时（实例位置：资源包\Code\06\09）

下面使用 interval()函数和 time_length()函数计算当前系统时间距离 2024 年高考时间的间隔。运行 RStudio，编写如下代码。

```
1    date_start <- ymd_hms(Sys.time())              # 获取系统时间
2    date_end <- ymd_hms("2024-06-07 09:00:00")     # 2024 年高考时间
3    mydate = interval(date_start,date_end)         # 创建时间间隔对象
4    # 计算时间间隔
5    time_length(mydate)                            # 以秒为单位
6    time_length(mydate,'day')                      # 以天为单位
```

运行程序，结果如图 6.14 所示。

从运行结果可知：距离 2024 年高考还有 37890080 秒，438.5426 天。

创建时间间隔对象后，使用 int_shift()函数可将其往后推迟一段时间。int_shift()函数用于平移一个时间区间。如往后推迟 7 天，示例代码如下：

```
int_shift(mydate,by=duration(day =7 ))
```

int_shift()函数返回的也是一个时间间隔对象。

```
> # 获取系统时间
> date_start <- ymd_hms(Sys.time())
> # 2024年高考时间
> date_end <- ymd_hms("2024-06-07 09:00:00")
> # 创建时间间隔对象
> mydate = interval(date_start,date_end)
> # 计算时间间隔
> time_length(mydate)              # 以秒为单位
[1] 37890080
> time_length(mydate,'day')        # 以天为单位
[1] 438.5426
```

图 6.14　高考倒计时

6.5.5　时区的操作

经过前面的学习，读者可能会发现日期时间数据后通常有一串英文字符，如 CST、GMT、UTC 等。其中，CST 是操作系统提供的时区，不同国家对应不同的时区，在中国则代表中国标准时间（北京时间；GMT 是格林尼治标准时间；UTC 是全球通用标准时间，也是默认时区。常见的时区有：

☑　Asia/Shanghai。

☑　Asia/Singapore。

- ☑ Asia/Kuala_Lumpur。
- ☑ America/New_York。
- ☑ America/Chicago。
- ☑ America/Los_Angeles。
- ☑ Europe/London。
- ☑ Europe/Berlin。
- ☑ Pacific/Honolulu。
- ☑ Pacific/Auckland。

lubridate 包还提供了如下处理时区的函数。

- ☑ tz()函数：提取时区数据，如 tz(Sys.Date())表示获取系统日期时区。
- ☑ with_tz()函数：将时区数据转换为另一个时区的同一时间。
- ☑ force_tz()函数：将时区数据强制转换为另一个时区。

【例 6.10】更改时区（实例位置：资源包\Code\06\10）

创建一个北京时间，然后分别使用 with_tz()函数和 force_tz()函数将其转换成欧洲-伦敦时区。运行 RStudio，编写如下代码：

```
1   library(lubridate)
2   # 创建一个北京时间
3   olddate <- ymd_hms('2023-09-28 10:00:00',tz = "Asia/Shanghai")
4   print(olddate)
5   # 转换成欧洲-伦敦时区
6   newdate <- with_tz(olddate,'Europe/London')
7   print(newdate)
8   newdate <- force_tz(olddate,'Europe/London')
9   print(newdate)
```

运行程序，结果如图 6.15 所示。

```
> library(lubridate)
> # 创建一个北京时间
> olddate <- ymd_hms('2023-09-28 10:00:00',tz = "Asia/Shanghai")
> print(olddate)
[1] "2023-09-28 10:00:00 CST"
> # 转换成欧洲-伦敦时区
> newdate <- with_tz(olddate,'Europe/London')
> print(newdate)
[1] "2023-09-28 03:00:00 BST"
> newdate <- force_tz(olddate,'Europe/London')
> print(newdate)
[1] "2023-09-28 10:00:00 BST"
```

图 6.15　更改时区

6.6　时间序列基础包——zoo 包

zoo 包是 R 语言中处理时间序列数据的基础包，也是进行股票数据分析的基础。在 zoo 包中包含了一些处理时间序列数据的函数，下面进行详细介绍。

6.6.1　创建时间序列

1．zoo()函数

zoo()函数用于创建以时间或数字为索引的时间序列数据。语法格式如下：

```
zoo(x = NULL,order.by=index(x),frequency=NULL)
```

参数说明如下。

- ☑　x：数据，可以是向量、矩阵和因子。
- ☑　order.by：索引，唯一字段，用于排序。
- ☑　frequency：每个时间单元显示的数量。

【例6.11】创建以日期为索引的时间序列数据（**实例位置：资源包\Code\06\11**）

下面以星期为单位、以日期为索引创建时间序列数据。运行 RStudio，编写如下代码。

```
1   # 使用 seq()函数生成以星期为单位的时间序列
2   myDate <- seq(as.Date("2023-03-05"),as.Date("2023-03-29"),by="week")
3   myDate
4   # 使用 zoo()函数创建时间序列数据
5   x <- zoo(rnorm(4),myDate)
6   x
```

运行程序，结果如下：

```
1   2023-03-05 2023-03-12 2023-03-19 2023-03-26
2   -0.6273821   1.8413920 -1.2394619 -0.5780346
```

⬇　代码解析

第 2 行代码：创建从 2023-03-05 开始至 2023-03-29 结束，以星期为单位的日期序列。

第 5 行代码：rnorm()函数用于随机生成服从标准正态分布的数。

【例6.12】创建以数字为索引的时间序列数据（**实例位置：资源包\Code\06\12**）

下面生成一个 4 行 5 列、包含 20 个元素的矩阵，数字 0～3 为索引。运行 RStudio，编写如下代码。

```
x <- zoo(matrix(1:20, 4, 5),0:3)
print(x)
```

运行程序，结果如下：

```
0 1 5  9 13 17
1 2 6 10 14 18
2 3 7 11 15 19
3 4 8 12 16 20
```

2．zooreg()函数

zooreg()函数用于创建规则的时间序列数据，它继承了 zoo()函数，不同之处在于 zooreg()函数要求数据是连续的。语法格式如下：

```
zooreg(data, start = 1, end = numeric(), frequency = 1,deltat = 1, ts.eps = getOption("ts.eps"), order.by = NULL)
```

参数说明如下。

☑ data：数据，可以是向量、矩阵和因子。

☑ start：时间，开始时间。

☑ end：时间，结束时间。

☑ frequency：每个时间单元显示的数量。

☑ deltat：连续观测的采样周期的几分之一，不能与 frequency 参数同时出现。如取每月的数据为 1/12。

☑ ts.eps：时间序列间隔，当数据时间间隔小于 ts.eps 时，使用 ts.eps 作为时间间隔，默认值为 1e-05（科学记数法，即 1×10^{-5}，也就是 0.00001）。

☑ order.by：索引，唯一字段，用于排序。

【例 6.13】使用 zooreg()函数创建时间序列数据（**实例位置：资源包\Code\06\13**）

下面使用 zooreg()函数创建数据为 1～8、周期为 4、开始时间为 2023 年的时间序列数据。运行 RStudio，编写如下代码。

```
zooreg(1:8,frequency = 4,start = 2023)
```

运行程序，结果如下：

```
2023 Q1 2023 Q2 2023 Q3 2023 Q4 2024 Q1 2024 Q2 2024 Q3 2024 Q4
      1       2       3       4       5       6       7       8
```

6.6.2　类型转换

zoo()函数创建的时间序列数据返回的是一种特殊的数据类型（即 zoo 类型）。例如：

```
1    data <- c(1,3,8,4,9,6)                                          # 创建向量
2    myDate <- seq(as.Date("2023-03-05"),as.Date("2023-03-10"),by="day")  # 创建日期序列
3    x1 = zoo(data,myDate)                                           # 创建日期序列数据
```

下面使用 class()函数查看 x1 的数据类型：

```
class(x1)
```

运行程序，结果为：[1] "zoo"，即 zoo 类型。

zoo 数据类型虽然比较特殊，但却可以与其他数据类型相互转换。转换函数如下。

☑ as.zoo()函数：将一个对象转换为 zoo 类型。

☑ plot.zoo()函数：为 plot()函数提供 zoo 类型的接口。

☑ xyplot.zoo()函数：为 lattice 包的 xyplot()函数提供 zoo 类型的接口。

☑ ggplot2.zoo()函数：为 ggplot2 包提供 zoo 类型的接口。

下面介绍如何将其他类型转换为 zoo 类型，将 zoo 类型转换为其他类型。

（1）将其他类型转换为 zoo 类型。如将一个向量转换为 zoo 类型，示例代码如下：

```
1    data <- c(1,3,8,4,9,6)     # 创建向量
2    as.zoo(data)               # 转换为 zoo 类型
```

运行程序，结果如下：

```
1 2 3 4 5 6
1 3 8 4 9 6
```

将一个 ts 类型转换为 zoo 类型，代码如下：

```
1  x <- as.zoo(ts(rnorm(4), start = 2023, freq = 4))
2  print(x)
```

运行程序，结果如下：

```
   2023 Q1     2023 Q2     2023 Q3     2023 Q4
1.8413920 -1.2394619 -0.5780346 -0.6085507
```

（2）将 zoo 类型转换为其他类型。示例代码如下：

```
1  as.matrix(x)          # 转换为矩阵
2  as.vector(x)          # 转换为数字向量
3  as.data.frame(x)      # 转换为数据框
4  as.list(x)            # 转换为列表
```

运行程序，结果如图 6.16 所示。

```
> # 转换为矩阵
> as.matrix(x)
                x
2023 Q1 1.2682383
2023 Q2 0.1711808
2023 Q3 0.1373192
2023 Q4 1.3646981
> # 转换为数字向量
> as.vector(x)
[1] 1.2682383 0.1711808 0.1373192 1.3646981
> # 转换为数据框
> as.data.frame(x)
                x
2023 Q1 1.2682383
2023 Q2 0.1711808
2023 Q3 0.1373192
2023 Q4 1.3646981
> # 转换为列表
> as.list(x)
[[1]]
   2023 Q1     2023 Q2     2023 Q3     2023 Q4
1.2682383 0.1711808 0.1373192 1.3646981
```

图 6.16　zoo 类型转换为其他类型

6.6.3　数据操作

zoo 对象的时间序列数据还可以通过一些函数进行查看、编辑、合并、数据滚动处理等操作。

- ☑　coredata()函数：查看或编辑 zoo 对象的数据部分。
- ☑　index()函数：查看或编辑 zoo 对象的索引部分。
- ☑　window()函数：按时间过滤数据。
- ☑　merge()函数：合并多个 zoo 对象。
- ☑　aggregate()函数：统计计算 zoo 对象数据。
- ☑　rollapply()函数：对 zoo 对象数据进行滚动处理。
- ☑　rollmean()函数：对 zoo 对象数据进行滚动计算均值。

1．查看修改数据

下面使用 zoo 包的 coredata()函数查看数据并进行修改，示例代码如下：

```
1  library(zoo)
2  data <- c(1,3,8,4,9,6)                                      # 创建向量
3  myDate <- seq(as.Date("2023-03-05"),as.Date("2023-03-10"),by="day")   # 创建日期序列
4  x1 = zoo(data,myDate)                                       # 创建日期序列数据
5  print(x1)
6  coredata(x1)                                                # 查看数据
7  coredata(x1) <- c(10,23,58,44,90,60)                        # 修改数据
8  print(x1)
```

运行程序，结果如图 6.17 所示。

```
> # 查看数据
> coredata(x1)
[1] 1 3 8 4 9 6
> # 修改数据
> coredata(x1) <- c(10,23,58,44,90,60)
> print(x1)
2023-03-05 2023-03-06 2023-03-07 2023-03-08 2023-03-09 2023-03-10
        10         23         58         44         90         60
```

图 6.17　查看修改数据

2．查看修改索引

下面使用 zoo 包的 index()函数查看索引并进行修改，主要代码如下：

```
1    index(x1)                                                          # 查看索引
2    index(x1) <- seq(as.Date("2023-03-08"),as.Date("2023-03-13"),by="day")    # 修改索引
```

3．按时间过滤数据

下面使用 zoo 包的 window()函数查找 2023-03-06～2023-03-08 的数据，主要代码如下：

```
window(x1,start = as.Date("2023-03-06"),end = as.Date("2023-03-08"))
```

4．合并数据

merge()函数用于合并 zoo 类型的数据，语法格式如下：

```
merge(...,all=TRUE,fill=NA,suffixes=NULL,check.names=FALSE,retclass=c("zoo","list","data.frame"),drop = TRUE, sep = ".")
```

主要参数说明如下。
- ☑   …：两个或多个 zoo 对象。
- ☑   all：逻辑向量，长度与要合并的 zoo 对象相同。
- ☑   fill：填充 NA 值。
- ☑   suffixes：与 zoo 对象数量相同长度的字符向量，指定合并后的列名。

【例 6.14】zoo 类型数据合并（实例位置：资源包\Code\06\14）

下面使用 merge()函数对两组时间序列数据进行合并。运行 RStudio，编写如下代码。

```
1    library(zoo)
2    # 创建向量
3    data1 <- c(1,3,8,4,9,6)
4    data2 <- c(10,30,80,40,90,60)
5    # 创建日期序列
6    myDate1 <- seq(as.Date("2023-03-05"),as.Date("2023-03-10"),by="day")
7    myDate2 <- seq(as.Date("2023-03-12"),as.Date("2023-03-17"),by="day")
8    # 创建日期序列数据
9    x1 = zoo(data1,myDate1)
10   print(x1)
11   x2 = zoo(data2,myDate2)
12   print(x2)
13   # 数据合并
14   merge(x1,x2,all = T)
15   merge(x1,x2,all = T,suffixes = c("产品 1","产品 2"))
```

运行程序，结果如图 6.18 所示。

5．数据统计计算

aggregate()函数可以对 zoo 类型数据进行统计计算，如求和（sum）、求均值（mean）、求最大值（max）和最小值（min）等。

【例 6.15】按指定日期统计 zoo 类型数据（实例位置：资源包\Code\06\15）

下面使用 aggregate()函数统计以 2023 年 6 月 17 日和 2023 年 6 月 18 日为分割的数据，对数据进行求和、求平均值。运行 RStudio，编写如下代码。

```
1    library(zoo)                                                        # 加载程序包
```

```
2    # 创建日期序列
3    mydate1 <- as.Date(c("2023-06-17","2023-06-17","2023-06-17","2023-06-17","2023-06-17","2023-06-18"))
4    mydate2 <- as.Date(c("2023-06-13","2023-06-14","2023-06-15","2023-06-16","2023-06-17","2023-06-18"))
5    data <- c(234,67,88,998,121,345)                              # 创建向量
6    x <- zoo(data,mydate2)                                         # 创建日期序列数据
7    # 计算日期序列数据 x,以 mydate2 为日期分割,进行求和、求均值
8    aggregate(x,mydate1,sum)
9    aggregate(x,mydate1,mean)
```

运行程序,结果如图 6.19 所示。

```
> # 数据合并
> merge(x1,x2,all = T)
           x1 x2
2023-03-05  1 NA
2023-03-06  3 NA
2023-03-07  8 NA
2023-03-08  4 NA
2023-03-09  9 NA
2023-03-10  6 NA
2023-03-12 NA 10
2023-03-13 NA 30
2023-03-14 NA 80
2023-03-15 NA 40
2023-03-16 NA 90
2023-03-17 NA 60
> merge(x1,x2,all = T,suffixes = c("产品1","产品2"))
           产品1 产品2
2023-03-05    1    NA
2023-03-06    3    NA
2023-03-07    8    NA
2023-03-08    4    NA
2023-03-09    9    NA
2023-03-10    6    NA
2023-03-12   NA    10
2023-03-13   NA    30
2023-03-14   NA    80
2023-03-15   NA    40
2023-03-16   NA    90
2023-03-17   NA    60
```

图 6.18　数据合并

```
> aggregate(x,mydate1,sum)
2023-06-17 2023-06-18
      1508        345
> aggregate(x,mydate1,mean)
2023-06-17 2023-06-18
     301.6      345.0
```

图 6.19　按指定日期统计 zoo 对象数据

6. 数据滚动处理

zoo 包的 rollapply() 函数可实现对 zoo 类型数据的滚动处理。

【例 6.16】使用 rollapply() 函数计算 5 天的均值（实例位置：资源包\Code\06\16）

创建一组淘宝每日销量数据,使用 rollapply() 函数计算 2023-02-01～2023-02-15 中每 5 天的均值。

运行 RStudio,编写如下代码。

```
1    library(zoo)                                                  # 加载程序包
2    mydate <- seq(as.Date("2023-02-01"),as.Date("2023-02-15"),by="day")   # 创建日期序列
3    data <- c(3,6,7,4,2,1,3,8,9,10,12,15,13,22,14)               # 创建向量
4    x <- zoo(data,mydate)                                         # 创建日期序列数据
5    rollapply(x,5,mean)                                           # 计算每 5 天的均值
```

运行程序,结果如图 6.20 所示。

```
2023-02-03 2023-02-04 2023-02-05 2023-02-06 2023-02-07 2023-02-08 2023-02-09 2023-02-10 2023-02-11 2023-02-12
       4.4        4.0        3.4        3.6        4.6        6.2        8.4       10.8       11.8       14.4
2023-02-13
      15.2
```

图 6.20　使用 rollapply() 函数计算 5 天的均值

6.7 时间序列扩展包——xts 包

在 R 语言中，xts 包是对时间序列包 zoo 的一种扩展。xts 类型继承了 zoo 类型，丰富了时间序列数据处理的函数。

6.7.1 创建时间序列

xts 包是第三方包，使用时应进行安装。通过 xts 包的 xts()函数可以创建时间序列数据，返回 xts 和 zoo 类型。语法格式如下：

```
xts (x= , order.by= , … )
```

参数说明如下。

☑ x：数据，必须是一个向量或者矩阵。

☑ order.by：索引，是一个与 x 行数相同的升序排列的时间对象。

【例 6.17】使用 xts()函数创建时间序列数据（**实例位置：资源包\Code\06\17**）

下面使用 xts()函数创建时间序列数据，示例代码如下：

```
1    library(xts)                                              # 加载程序包
2    dates <- seq(as.Date("2023-06-18"),length = 7,by = "days")   # 创建时间序列
3    data <- rnorm(7)                                         # 创建数据
4    x <- xts(x = data,order.by = dates)                      # 创建时间序列数据
5    print(x)
```

运行程序，结果如图 6.21 所示。从运行结果得知：xts()
函数创建的时间序列数据基本由两部分组成，即索引部分和数
据部分。索引部分为时间类型向量，数据部分是向量。另外，
还有一部分是属性，包括时区、索引时间类型的格式等。

🔻 代码解析

第 2 行代码：创建从 2023-06-18 开始，以天为单位，步
长为 7（也就是 7 个，包括本身）的日期序列。

第 3 行代码：随机生成 7 个服从标准正态分布的数。

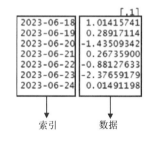

图 6.21　使用 xts()函数创建时间序列数据

6.7.2 xts 包的基本操作

1. 获取数据和索引

xts 包的 coredata()函数用于获取 xts 对象的数据部分，index()函数用于获取 xts 对象的索引部分。
例如，获取例 6.14 的数据和索引，示例代码如下：

```
1    coredata(x)
2    index(x)
```

运行程序，结果如图 6.22 所示。

```
> coredata(x)
          [,1]
[1,]  3.4705518
[2,] -0.7030608
[3,]  0.4185979
[4,] -0.4314057
[5,] -0.6273821
[6,]  1.8413920
[7,] -1.2394619
> index(x)
[1] "2023-06-18" "2023-06-19" "2023-06-20" "2023-06-21" "2023-06-22"
[6] "2023-06-23" "2023-06-24"
```

图 6.22　获取数据和索引

2．索引的属性

索引的属性包括索引的类别、时区和时间格式等。tclass()函数用于查看索引的类别，示例代码如下：

```
tclass(x)
```

tzone()函数可以查看和设置索引的时区，示例代码如下：

```
tzone(x)                          # 获取时区
tzone(x) <- "Asia/Shanghai"       # 设置时区
```

tformat()函数用于查看和设置索引的时间格式，示例代码如下：

```
tformat(x)                        # 获取时间格式
tformat(x) <- "%Y-%m-%d-%H:%M:%S" # 设置时间格式
```

3．转换为 xts 对象

要使用 xts 包提供的函数实现日期时间的相关操作，数据类型应为 xts 类型，可以使用 class()函数进行查看。如果数据类型不是 xts 类型，则应先使用 as.xts()函数将其转换为 xts 类型。

xts 包的 as.xts()函数可将任意类型的数据（如 ts 类型、zoo 类型、矩阵、数组等）强制转换为 xts 类型数据，而且不会丢失原始数据的属性。

【例 6.18】将 ts 类型转换为 xts 类型（实例位置：资源包\Code\06\18）

下面通过 R 语言自带的时间序列数据集 presidents 介绍 as.xts()函数的用法。运行 RStudio，编写如下代码。

```
1  library(datasets)                        # 加载程序包
2  data(presidents)                         # 导入 presidents 数据集
3  class(presidents)                        # 查看数据类型
4  presidents_xts <- as.xts(presidents)     # 转换为 xts 类型
5  class(presidents_xts)                    # 查看数据类型
```

运行程序，结果如图 6.23 所示。

4．时间计算

xts 包提供了一些时间计算函数，可以计算给定时间序列数据（如 xts 对象）中指定时间段的数量，如开始时间、结束时间、总天数、总周数和总月数等。

☑　start()：计算开始时间。

☑　end()：计算结束时间。

☑ ndays()：求总天数。

☑ nweeks()：求总周数。

☑ nmonths()：求总月数。

☑ nyears()：求总年数。

【例6.19】计算时间序列数据中时间段的数量（**实例位置：资源包\Code\06\19**）

下面使用 xts 包自带的股票数据练习 start()、end()、ndays()等函数的用法。运行 RStudio，编写如下代码。

```
1    # 加载程序包
2    library(datasets)
3    library(xts)
4    data(sample_matrix)              # 导入 sample_matrix 数据集
5    sample_xts <- as.xts(sample_matrix)   # 转换为 xts 类型
6    start(sample_xts)                # 开始时间
7    end(sample_xts)                  # 结束时间
8    ndays(sample_xts)                # 总天数
9    nmonths(sample_xts)              # 总月数
```

运行程序，结果如图6.24所示。

```
> # 加载程序包
> library(datasets)
> # 导入presidents数据集
> data(presidents)
> # 查看数据类型
> class(presidents)
[1] "ts"
> # 转换为xts类型
> presidents_xts <- as.xts(presidents)
> # 查看数据类型
> class(presidents_xts)
[1] "xts" "zoo"
```

```
> start(sample_xts)
[1] "2007-01-02 +08"
> end(sample_xts)
[1] "2007-06-30 +08"
> ndays(sample_xts)
[1] 180
> nmonths(sample_xts)
[1] 6
```

图6.23　将 ts 类型转换为 xts 类型　　　　图6.24　计算时间序列数据中时间段的数量

6.7.3　按时间统计数据

xts 包还提供了如下按时间统计数据的函数。

☑ apply.daily(x,FUN,…)：按天统计数据。

☑ apply.weekly(x,FUN, …)：按周统计数据。

☑ apply.monthly(x,FUN, …)：按月统计数据。

☑ apply.quarterly(x,FUN, …)：按季度统计数据。

☑ apply.yearly(x,FUN, …)：按年统计数据。

参数说明如下。

☑ x：xts 类型数据。

☑ FUN：统计计算函数，如 sum、mean、max 等。

☑ …：FUN 参数的附加信息。

例如，按月求和 apply.monthly(x,sum)，按星期计算平均值 apply.weekly(x,mean)，按季度统计标准差 apply.quarterly(x,sd)，下面通过具体的实例进行介绍。

【例 6.20】按星期统计股票平均价格（实例位置：资源包\Code\06\20）

使用 xts 包自带的股票数据集，实现按星期统计股票的开盘价、最高价、最低价和收盘价的平均值。运行 RStudio，编写如下代码。

```
1    library(xts)                              # 加载程序包
2    data(sample_matrix)                       # 自带的数据集
3    head(sample_matrix)                       # 查看 sample_matrix 数据集前 6 条数据
4    class(sample_matrix)                      # 查看数据集类型
5    sample_xts <- as.xts(sample_matrix)       # 转换为 xts 类型
6    class(sample_xts)                         # 查看数据集类型
7    apply.weekly(sample_xts,mean)             # 按星期统计股票平均价格
```

运行程序，结果如图 6.25 所示。

```
              open      High       Low     Close
2007-01-08  50.21096  50.27109  50.10555  50.19192
2007-01-15  50.20139  50.35916  50.14784  50.27336
2007-01-22  50.44732  50.55528  50.31774  50.40107
2007-01-29  50.05702  50.13030  49.96866  50.07504
2007-02-05  50.28181  50.41690  50.22217  50.37982
2007-02-12  50.69801  50.82414  50.62509  50.73846
2007-02-19  51.07169  51.15337  50.98006  51.06979
2007-02-26  50.86951  50.94176  50.76188  50.81962
2007-03-05  50.60769  50.65408  50.45909  50.52595
2007-03-12  49.96092  50.01804  49.82909  49.88836
2007-03-19  49.50909  49.63018  49.37987  49.50789
2007-03-26  49.07196  49.09639  48.89039  48.92987
2007-04-02  48.67521  48.83045  48.65114  48.76974
2007-04-09  49.35378  49.45050  49.28844  49.40114
2007-04-16  49.71402  49.80639  49.66968  49.75475
2007-04-23  50.02735  50.12059  49.90758  50.02704
2007-04-30  49.61303  49.66880  49.45461  49.52564
2007-05-07  49.41735  49.52030  49.28146  49.36513
2007-05-14  48.43827  48.47799  48.19225  48.22945
2007-05-21  47.70786  47.84756  47.62526  47.74632
2007-05-28  47.95483  48.04825  47.85771  47.92104
2007-06-04  47.69252  47.77198  47.58893  47.67122
2007-06-11  47.44228  47.53390  47.29224  47.39245
2007-06-18  47.35262  47.45951  47.29735  47.36940
2007-06-25  47.44626  47.54746  47.35719  47.45692
2007-06-30  47.61065  47.75087  47.58151  47.65657
```

图 6.25　按星期统计股票平均价格

6.7.4　更改时间周期

xts 包还包含了许多可以更改时间周期的函数。例如，将 5 分钟股票交易数据转换为日交易数据，将按天的销售数据转换为按周的销售数据等。

☑　to.minutes(x,k,name,...)：以分钟为周期。

☑　to.minutes3(x,name,...)：以 3 分钟为周期。

☑　to.minutes5(x,name,...)：以 5 分钟为周期。

☑　to.minutes10(x,name,...)：以 10 分钟为周期。

☑　to.minutes15(x,name,...)：以 15 分钟为周期。

☑　to.minutes30(x,name,...)：以 30 分钟为周期。

☑　to.hourly(x,name,...)：以小时为周期。

☑　to.daily(x,drop.time=TRUE,name,...)：以天为周期。

☑　to.weekly(x,drop.time=TRUE,name,...)：以星期为周期。

☑ to.monthly(x,indexAt='yearmon',drop.time=TRUE,name,...): 以月为周期。

☑ to.quarterly(x,indexAt='yearqtr',drop.time=TRUE,name,...): 以季度为周期。

☑ to.yearly(x,drop.time=TRUE,name,...): 以年为周期。

☑ to.period(x,period = 'months', k = 1,indexAt, name=NULL, OHLC = TRUE, …): 以指定的时间为周期。

参数说明如下。

☑ x: 单变量或 OHLC 类型的时间序列数据。

☑ period: 要转换的周期。

☑ indexAt: 将最终索引转换为新的类或日期。

☑ drop.time: 删除 POSIX 日期戳的时间组件。

☑ k: 要聚合的子周期数（仅针对分钟和秒）。

☑ name: 重新命名列名。

☑ OHLC: 是否返回 OHLC 对象，目前只支持 OHLC=TRUE，即返回 OHLC 对象。

☑ …: 附加参数。

【例 6.21】将每天股票价格转换为以月为周期（**实例位置: 资源包\Code\06\21**）

使用 xts 包自带的股票数据集，将以天为周期的股票的开盘价、最高价、最低价和收盘价转换为以月为周期的开盘价、最高价、最低价和收盘价。运行 RStudio，编写如下代码。

```
1    library(xts)                            # 加载程序包
2    data(sample_matrix)                     # 自带的数据集
3    head(sample_matrix)                     # 查看 sample_matrix 数据集前 6 条数据
4    sample_xts <- as.xts(sample_matrix)     # 转换为 xts 类型
5    to.monthly(sample_xts)                  # 转换为以月为周期
```

运行程序，结果如图 6.26 所示。

	sample_xts.Open	sample_xts.High	sample_xts.Low	sample_xts.Close
1月 2007	50.03978	50.77336	49.76308	50.22578
2月 2007	50.22448	51.32342	50.19101	50.77091
3月 2007	50.81620	50.81620	48.23648	48.97490
4月 2007	48.94407	50.33781	48.80962	49.33974
5月 2007	49.34572	49.69097	47.51796	47.73780
6月 2007	47.74432	47.94127	47.09144	47.76719

图 6.26 将每天股票价格转换为以月为周期

6.8 要点回顾

在实际编程过程中，日期格式转换应用比较广泛，因此要熟练掌握日期处理函数 as.Date() 和 format()。在时间序列分析中经常需要使用 ts() 函数转换时间序列，因此这也是必须要掌握的内容。关于日期时间处理的包也有必要进行学习，这样在实际应用中才能够做到游刃有余。

第 2 篇

核心技术

本篇按照数据分析的基本流程，详细介绍了使用 R 语言进行数据分析所必需的知识。通过本篇学习，读者可掌握获取数据→数据处理与清洗→数据计算与分组统计→数据可视化→基本统计分析的核心技术。

核心技术

- **获取数据**
  学习如何通过R语言获取数据，包括手工输入数据、从文本文件、CSV文件、Excel文件、SPSS文件、SAS文件、Stata文件和数据库中获取数据

- **数据处理与清洗**
  学会查看数据概况、数据清洗、字符串处理、数据合并与拆分，以及数据转换与重塑的操作

- **数据计算与分组统计**
  学习常用数据计算函数，包括求和、求均值、求中位数、求方差、求标准差等函数，以及数据分组统计和透视表相关知识

- **基本绘图**
  学习R语言基本绘图知识，掌握图表的常用设置、基础图表的绘制、统计分布图和多子图的绘制

- **ggplot2高级绘图**
  学习高级绘图工具ggplot2，能够绘制多种图表

- **lattice高级绘图**
  学习高级绘图工具lattice，能够绘制各种图表

- **基本统计分析**
  掌握描述性统计分析、概率与数据分布、列联表和频数表、独立性检验、相关性分析和t检验等统计分析方法

第 7 章

获取数据

数据的来源方式有很多。例如，通过前面学习的向量、数据框等构造数据，手工输入数据，从外部文件中获取数据等。R 语言不仅为用户提供了手工输入数据的编辑器，还提供了许多读取文件的函数，可帮助用户快速获取分析数据。

本章知识架构及重难点如下。

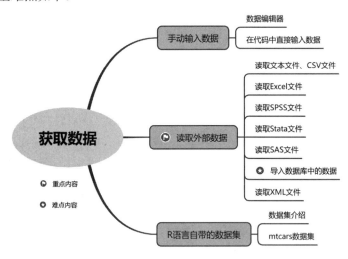

7.1 手动输入数据

7.1.1 数据编辑器

当无法从其他渠道获取数据集时需要手动输入数据，即通过键盘输入数据，这是获取数据集最简单的方法。

R 语言提供了内置的数据编辑器，通过 edit()函数可调用该编辑器，手动输入数据。

【例 7.1】通过数据编辑器创建学生成绩表（实例位置：资源包\Code\07\01）

（1）运行 RStudio，使用 data.frame()函数创建一个名为 df 的数据框，包括 4 个变量，即"姓名"（字符型）、"语文"（数值型）、"数学"（数值型）和"英语"（数值型），示例代码如下：

```
1    df <- data.frame(姓名=character(0),
2                 语文=numeric(0),
3                 数学=numeric(0),
4                 英语=numeric(0))
```

说明

上述代码中类似于"姓名=character(0)""语文=numeric(0)"的赋值语句，是指创建一个指定的数据类型但是不包含数据的变量。

（2）使用 edit()函数调用数据编辑器，示例代码如下：

```
df <- edit(df)
```

（3）手动输入数据。运行程序将自动打开数据编辑器，此时就可以手动输入数据了，如图 7.1 所示。

上述表格可通过拖曳的方式调整大小，行数和列数将随表格的大小自动增加或减少。如果想修改变量名（即列名），则可通过鼠标单击变量名（如 var5），打开"变量编辑器"窗口，在"变量名"文本框中输入新的变量名，然后选择适合的数据类型，如图 7.2 所示。

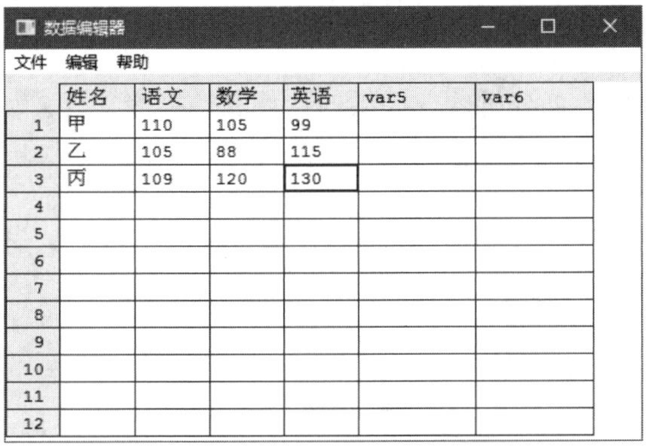

图 7.1　数据编辑器

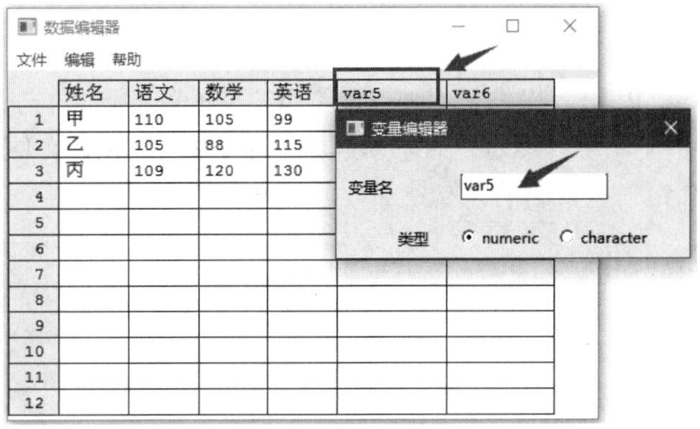

图 7.2　变量编辑器

注意

数据编辑器中输入的数据需要返给对象本身（即数据框 df），然后对数据框 df 进行后续处理。如果不赋值给某个目标或不保存，关闭程序后所有数据都将丢失。使用下面的代码可将其保存为文本文件，方便再次使用。aa.txt 将保存在工程所在的目录下。

```
write.table(df,"aa.txt")
```

综上所述，数据编辑器虽然操作方便，但缺点是数据保存不方便，因此只适合较小的数据集作为日常练习使用。

7.1.2　在代码中直接输入数据

用户也可以在代码中直接输入数据，这些数据将以字符串形式赋给某个变量，然后通过 read.table() 函数返回数据框。

【例 7.2】使用 read.table()函数创建学生成绩表（**实例位置：资源包\Code\07\02**）

下面在代码中直接输入学生成绩表数据，然后使用 read.table()函数创建数据框，示例代码如下：

```
1   data <- "
2       姓名 语文 数学 英语
3       甲    110  105  99
4       乙    105  88   115
5       丙    109  120  130
6   "
7   df <- read.table(header = TRUE,text=data)
8   print(df)
```

	姓名	语文	数学	英语
1	甲	110	105	99
2	乙	105	88	115
3	丙	109	120	130

运行成绩，结果如图 7.3 所示。

以上介绍的两种方法都适用于创建比较小型的数据集，并作为日常练习使用。

图 7.3　学生成绩表

7.2　读取外部数据

R 语言提供了各种读取类型文件的函数，支持大多数数据分析软件提供的文件和数据库文件，如文本文件、Excel 文件、数据库中的数据、XML 文件、SPSS 文件、SAS 文件等，如图 7.4 所示。本节介绍一些常用的读取外部数据的方法。

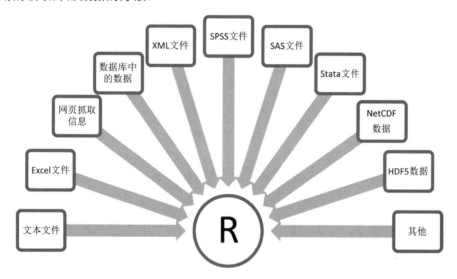

图 7.4　R 语言支持读取的外部文件

7.2.1　读取文本文件、CSV 文件

read.table()函数主要用来读取文本文件或 CSV 文件，返回一个数据框。语法格式如下：

```
read.table(file,header=logical_value,sep="delimiter",row.names="name")
```

参数说明如下。

☑　file：带分隔符的文本文件、CSV 文件，如 datas/1.txt。

☑　header：读取的数据的第一行是否是列名，逻辑值（TRUE 或 FALSE）。

☑ sep：分隔符，默认值为 sep=""，表示分隔符可以是一个或多个空格、制表符、换行符或回车符，也可以是其他符号分隔数据的文件。例如，使用 sep="\t"读取以制表符分隔的文件。

☑ row.names：可选参数，用于指定一个或多个表示行标识符的变量。

【例 7.3】使用 read.table()读取文本文件（**实例位置：资源包\Code\07\03**）

下面使用 read.table()函数读取"1 月.txt"文本文件。运行 RStudio，编写如下代码。

```
1   setwd("D:/R 程序/RProjects/Code")          # 设置工程路径
2   df <- read.table("datas/1 月.txt")          # 读取文本文件
3   head(df)                                     # 输出前 6 条数据
```

运行程序，结果如图 7.5 所示。

```
        买家会员名  买家实际支付金额          收货人姓名    宝贝标题  订单付款时间
mrhy1      41.86               周某某      零基础学Python  2023/5/16        9:41
mrhy2      41.86               杨某某      零基础学Python  2023/5/9        15:31
mrhy3      48.86               刘某某      零基础学Python  2023/5/25       15:21
mrhy4      48.86               张某某      零基础学Python  2023/5/25       15:21
mrhy7     104.72               张某某      C语言精彩编程200例  2023/5/21     1:25
mrhy8      55.86               周某某      C语言精彩编程200例  2023/5/6      2:38
```

图 7.5　读取文本文件

⬥ 代码解析

第 1 行代码：setwd()函数用于更改工程目录，但是它不会自动创建一个不存在的目录。

第 3 行代码：head()函数用于显示前 6 条数据。

⬥ 补充知识——文件路径设置

在文件读取过程中需要指定文件路径，下面就来了解一下 R 语言中的文件路径设置方法。

（1）使用 getwd()函数显示当前工程目录。

```
getwd()
```

（2）使用 setwd()函数更改当前工程目录，该目录为临时的工程目录，关闭 Rstudio 后，工程目录变成原来的工程目录。

```
setwd("D:/R 程序/RProjects/Code")
```

如果文件与工程路径不在同一路径，可以在程序中设置文件的完整路径。示例代码如下：

```
df <- read.table("D:/R 程序/RProjects/Code/datas/1 月.txt")
```

（3）使用 dir.create()函数创建目录。

```
dir.create("E:/R 程序")
```

📢注意

dir.create()不能创建级联目录，也就是一次只能创建一个包含"/"符号的路径。如果需要创建两层目录，则需要使用两次 dir.create()，示例代码如下：

```
1   dir.create("E:/R 程序")
2   dir.create("E:/R 程序/test")
```

【例 7.4】读取 csv 文件（**实例位置：资源包\Code\07\04**）

下面使用 read.table()函数读取"1 月.csv"文件。运行 RStudio，编写如下代码。

```
1    setwd("D:/R 程序/RProjects/Code")                              # 设置工程路径
2    df <- read.table("datas/1 月.csv",sep = ",",header = TRUE)      # 读取文本文件
3    print(head(df))                                                # 输出前 6 行数据
```

⬥ 代码解析

第 3 行代码：head()函数用于显示头部数据，默认显示前 6 行数据。如果需要显示指定行数的数据，则可以指定参数 n=行数，如 head(df,n=15)。还可以显示尾部数据，使用 tail()函数，用法与 head()一样。

与 read.table()类似的函数还有 read.csv()和 read.delim()，只是参数设置了一些默认值，使用起来也比较简单。如 read.csv()函数的默认分隔符是 ","。

7.2.2　读取 Excel 文件

读取 Excel 文件主要使用 openxlsx 包。第一次使用该包时，必须先下载并安装它。运行 RGui，在控制台输入如下代码：

```
install.packages("openxlsx")
```

按 Enter 键，在 CRAN 镜像站点的列表中选择镜像站点，然后单击"确定"按钮，开始安装，安装完成后在程序中就可以使用 openxlsx 包了。

openxlsx 包中的 read.xlsx()函数可以读取 Excel 文件中的工作表，返回一个数据框，语法格式如下：

```
read.xlsx(xlsxFile, sheet, startRow=1,colNames=TRUE,rowNames=FALSE,detectDates=FALSE,
skipEmptyRows = TRUE, skipEmptyCols = TRUE, rows = NULL, cols = NULL, check.names = FALSE,sep.names = ".",
namedRegion = NULL, na.strings = "NA", fillMergedCells = FALSE)
```

主要参数说明如下。

☑ xlsxFile：xlsx 文件、工作簿对象或 xlsx 文件的 URL。

☑ sheet：Excel 工作表（Sheet）的索引或名称。

☑ startRow：默认从第 1 行开始读取数据。即使 startRow 参数值设置为其他数字，也会跳过文件顶部的空行。

☑ colNames/rowNames：逻辑值，值为 TRUE 或 FALSE，是否读取列名或行名。

☑ detecDates：当读取的 Excel 文件中包含日期时，设置参数值为 TRUE，尝试识别日期并执行转换。

☑ skipEmptyRows：逻辑值，如果值为 TRUE，则跳过空行，否则包含数据的第一行之后的空行并返回一行 NAs。

☑ skipEmptyCols：逻辑值，如果值为 TRUE，则跳过空列。

☑ cols/rows：数字向量，指定要读取 Excel 文件中的哪些列/行。如果为 NULL，则读取所有列/行。

☑ fillMergedCells：当读取的 Excel 中存在合并单元格时，可以设置该参数值为 TRUE，将取消合并单元格并用值自动填充其他全部单元格。

【例 7.5】读写 Excel 文件（**实例位置：资源包\Code\07\05**）

下面使用 openxlsx 包读取"1 月.xlsx"文件。运行 RStudio，编写如下代码。

```
1    library(openxlsx)                          # 加载程序包
2    df <- read.xlsx("datas/1 月.xlsx",sheet=1)   # 读取 Excel 文件
3    head(df)                                    # 显示前 6 条数据
```

运行程序，结果如图 7.6 所示。

	买家会员名	买家实际支付金额	收货人姓名	宝贝标题
1	mrhy1	41.86	周某某	零基础学Python
2	mrhy2	41.86	杨某某	零基础学Python
3	mrhy3	48.86	刘某某	零基础学Python
4	mrhy4	48.86	张某某	零基础学Python
5	mrhy5	48.86	赵某某	C#项目开发实战入门
6	mrhy6	48.86	李某某	C#项目开发实战入门

图 7.6 读取 Excel 文件

如仅读取第 2 列和第 4 列，主要代码如下：

```
df2 <- read.xlsx("datas/1 月.xlsx",sheet=1,cols = c(2,4))
```

保存上述结果，写入新的 Excel 文件中，主要代码如下：

```
write.xlsx(df2,"datas/1 月 new.xlsx")
```

注意

openxlsx 包只能读取.xlsx 类型的 Excel 文件。而 RODBC 包可以读取.xls 类型的 Excel 文件，但缺点是只适用于 Windows 32 位操作系统。

【例 7.6】正确读取 Excel 文件中的日期（**实例位置：资源包\Code\07\06**）

当读取的 Excel 文件中包含日期数据时，日期数据可能出现数字或字符串等异常情况。这种情况有几种解决方法，第 1 种方法是设置 read.xlsx()函数的 detecDates 参数值为 TRUE；第 2 种方法是使用日期转换函数 convertToDate()或 convertToDateTime()；第 3 种方法是使用日期函数 as.Date()。运行 RStudio，编写如下代码。

```
1   # 加载程序包
2   library(lubridate)
3   library(openxlsx)
4   # 第 1 种方法
5   df1 <- read.xlsx("datas/mingribooks.xlsx",sheet=1,detectDates = TRUE)
6   head(df1)
7   # 第 2 种方法
8   df2 <- read.xlsx("datas/mingribooks.xlsx",sheet=1)
9   df2$订单付款时间  <- convertToDate(df2$订单付款时间)
10  head(df2)
11  # 第 3 种方法
12  df3 <- read.xlsx("datas/mingribooks.xlsx",sheet=1)
13  df3$订单付款时间  <- as.Date(df3$订单付款时间,origin='1900-1-1')-ddays(2)
14  head(df3)
```

7.2.3 读取 SPSS 文件

SPSS 是一款统计分析软件，读取 SPSS 文件可以使用 foreign 包中的 read.spss()函数，也可以使用 Hmisc 包中的 spss.get()函数。spss.get()是对 read.spss()函数的一个封装，它可以自动设置 read.spss()函数的许多参数，使程序编写更加简单、方便。

R 语言中已经默认安装了 foreign 包，下面安装 Hmisc 包。运行 RGui，输入如下代码：

```
install.packages("Hmisc")
```

按 Enter 键，在 CRAN 镜像站点的列表中选择镜像站点，然后单击"确定"按钮，开始安装。安装完成后，在程序中就可以使用 Hmisc 包了。

下面分别使用 foreign 包的 read.spss()函数和 Hmisc 包中的 spss.get()函数读取 SPSS 文件。

【例 7.7】 使用 read.spss()函数读取 SPSS 文件（**实例位置：资源包\Code\07\07**）

下面使用 read.spss()函数读取"1 月.sav" SPSS 文件，运行 RStudio，编写如下代码。

```
1   library(foreign)                                          # 加载程序包
2   df=read.spss("datas/1 月.sav",use.value.labels = FALSE)   # 读取 SPSS 文件
3   print(df)
```

运行程序，结果如图 7.7 所示。

```
$买家会员名
  [1] "mrhy1 "  "mrhy2 "  "mrhy3 "  "mrhy4 "  "mrhy5 "  "mrhy6 "  "mrhy7 "  "mrhy8 "
  [9] "mrhy9 "  "mrhy10"  "mrhy11"  "mrhy12"  "mrhy13"  "mrhy14"  "mrhy15"  "mrhy16"
 [17] "mrhy17"  "mrhy18"  "mrhy19"  "mrhy20"  "mrhy21"  "mrhy22"  "mrhy23"  "mrhy24"
 [25] "mrhy25"  "mrhy26"  "mrhy27"  "mrhy28"  "mrhy29"  "mrhy30"  "mrhy31"  "mrhy32"
 [33] "mrhy33"  "mrhy34"  "mrhy35"  "mrhy36"  "mrhy37"  "mrhy38"  "mrhy39"  "mrhy40"
 [41] "mrhy41"  "mrhy42"  "mrhy43"  "mrhy44"  "mrhy45"  "mrhy46"  "mrhy47"  "mrhy48"
 [49] "mrhy49"  "mrhy50"

$买家实际支付金额
  [1]   41.86    41.86    48.86    48.86    48.86    48.86   104.72    55.86    79.80
 [10]   29.90    41.86    41.86    41.86    41.86    41.86    41.86    48.86    48.86
 [19]   48.86 1268.00   195.44   195.44    97.72    41.86    41.86    41.86    48.86
 [28]   48.86   34.86    34.86    34.86    90.72    55.86    55.86    55.86    55.86
 [37]   55.86   62.86    62.86    55.86    55.86    55.86    48.86    48.86    48.86
 [46]   48.86   48.86    48.86    48.86    48.86

$收货人姓名
  [1] "周某某    "  "杨某某    "  "刘某某    "  "张某某    "  "赵某某    "  "李某某    "
  [7] "张某某    "  "周某某    "  "李某某    "  "孙某某    "  "曹某某    "  "陈某某    "
 [13] "郑某某    "  "胡某某    "  "孙某某    "  "全某某    "  "郭某某    "  "阿某某    "
```

图 7.7 读取 SPSS 文件 1

➡ 代码解析

第 2 行代码："1 月.sav"表示程序读取 SPSS 文件；"use.value.labels=TRUE"表示将变量导入为 R 语言中水平对应相同的因子；df 的返回值是一个列表；如果要返回数据框，则应设置 to.data.frame 参数值为 TRUE。

【例 7.8】 使用 spss.get()函数读取 SPSS 文件（**实例位置：资源包\Code\07\08**）

下面使用 spss.get()函数读取"1 月.sav" SPSS 文件，运行 RStudio，编写如下代码。

```
1   library(Hmisc)                   # 加载程序包
2   df=spss.get("datas/1 月.sav")    # 读取 SPSS 文件
3   head(df)
```

运行程序，结果如图 7.8 所示。

```
  买家会员名  买家实际支付金额  收货人姓名                          宝贝标题
1   mrhy1          41.86       周某某        零基础学Python
2   mrhy2          41.86       杨某某        零基础学Python
3   mrhy3          48.86       刘某某        零基础学Python
4   mrhy4          48.86       张某某        零基础学Python
5   mrhy5          48.86       赵某某        C#项目开发实战入门
6   mrhy6          48.86       李某某        C#项目开发实战入门
```

图 7.8 读取 SPSS 文件 2

7.2.4 读取 Stata 文件

Stata 是一款统计分析软件，Stata 数据集可以使用 foreign 包中的 read.dta()函数导到 R 语言中。在

R 语言中已经默认安装了 foreign 包。下面通过具体实例进行演示。

【例 7.9】读取 Stata 文件（实例位置：资源包\Code\07\09）

下面使用 read.dta()函数读取"data.dta" Stata 文件，运行 RStudio，编写如下代码。

```
1    library(foreign)                    # 加载程序包
2    df=read.dta("datas/data.dta")       # 读取 Stata 文件
3    print(df)
```

运行程序，结果如图 7.9 所示。

```
  V1  V2   V3   V4
1 甲   89  120  130
2 乙  123   99  145
3 丙  130  120   87
4 丁  102   67  117
```

图 7.9　读取 Stata 文件

🔸 代码解析

第 2 行代码：data.dta 是程序读取的 Stata 文件，df 的返回值是数据框。

7.2.5　读取 SAS 文件

SAS（statistics analysis system，统计分析软件）是由美国北卡罗来纳州立大学 1966 年开发的。R 语言中包含很多可以导入 SAS 数据集的函数，包括 foreign 包中的 read.ssd()函数、Hmisc 包中的 sas.get()函数、sas7bdat 包的 read.sas7bdat()函数和 haven 包的 read_sas()函数。

下面使用 haven 包的 read_sas()函数读取 SAS 文件。首先需要安装 haven 包，运行 RGui，在控制台输入如下代码：

```
install.packages("haven")
```

按 Enter 键，在 CRAN 镜像站点的列表中选择镜像站点，然后单击"确定"按钮，开始安装。安装完成后，在程序中就可以使用 haven 包了。

【例 7.10】读取 SAS 文件（实例位置：资源包\Code\07\10）

下面使用 haven 包的 read_sas()函数读取"iris.sas7bdat" SAS 文件。运行 RStudio，编写如下代码。

```
1    library(haven)                         # 加载程序包
2    df <- read_sas("datas/iris.sas7bdat")  # 读取 SAS 文件
3    head(df)
```

运行程序，结果如图 7.10 所示。

```
# A tibble: 6 x 5
  Sepal_Length Sepal_Width Petal_Length Petal_Width Species
         <dbl>       <dbl>        <dbl>       <dbl> <chr>
1          5.1         3.5          1.4         0.2 setosa
2          4.9         3            1.4         0.2 setosa
3          4.7         3.2          1.3         0.2 setosa
4          4.6         3.1          1.5         0.2 setosa
5          5           3.6          1.4         0.2 setosa
6          5.4         3.9          1.7         0.4 setosa
```

图 7.10　读取 SAS 文件

> **注意**
>
> 如果使用的 SAS 版本较新（SAS 9.1 或更高版本），R 语言可能出现无法读取或程序不能正常运行的情况，原因是 R 语言相关函数对新版本的 SAS 未做更新。要解决这个问题，首先在 SAS 中将 SAS 数据集保存为文本文件或 csv 文件，然后再使用 R 语言读取该文件。

7.2.6　导入数据库中的数据

当所需数据存储在数据库中时，数据分析的首要任务是将数据库中的数据导到 R 语言中。R 语言中提供了多种关系型数据库的接口，包括 Access、SQL Server、MySQL、Oracle、SQLite 等。其中一些可以通过数据库驱动访问，另外一些则可以通过 ODBC 或 JDBC 访问。

R 语言中的 RODBC 包可以通过 ODBC 连接数据库，连接前首先配置 ODBC，下面通过具体的实例进行介绍。

【例 7.11】导入 MySQL 数据库中的数据（**实例位置：资源包\Code\07\11**）

下面配置 ODBC，然后使用 R 语言中的 RODBC 包访问 ODBC，将 MySQL 数据库中的数据导入 R 语言。

1．安装 RODBC 包

运行 RGui，在控制台输入如下代码：

```
install.packages("RODBC")
```

按 Enter 键，在 CRAN 镜像站点的列表中选择镜像站点，然后单击"确定"按钮，开始安装。安装完成后，在程序中就可以使用 RODBC 包了。

2．在 Windows 系统中安装 MySQL 的 ODBC 驱动

通过 MySQL 官网 http://dev.mysql.com/downloads/connector/odbc 下载 MySQL 的 ODBC 驱动，选择适合用户操作系统位数的安装包进行下载，如图 7.11 所示。在注册页面中选择不注册，如图 7.12 所示。ODBC 驱动下载完成后，进行安装。

图 7.11　选择适合计算机操作系统位数的安装包　　　　图 7.12　下载 MySQL 的 ODBC 驱动

3．导入 MySQL 数据库

导入 MySQL 数据库前，应首先确认安装了 MySQL 数据库应用软件，然后按照如下步骤操作。

（1）安装 MySQL 数据库应用软件，设置密码（本项目密码为 root，也可以设置其他密码），该密码一定要记住，连接 MySQL 数据库时会用到，其他设置采用默认设置即可。

（2）创建数据库。运行 MySQL，在系统"开始"菜单中选择 MySQL 8.0 Command Line Client 命令，打开命令行窗口，如图 7.13 所示，首先输入密码（如 root），进入 mysql 命令提示符，如图 7.14 所示，然后使用 CREATE DATABASE 命令创建数据库。如创建数据库 test，命令如下：

```
CREATE DATABASE test;
```

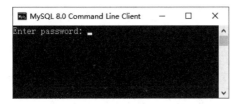

图 7.13　密码窗口

图 7.14　mysql 命令提示符

4．导入 SQL 文件（user.sql）

在 mysql 命令提示符下通过 use 命名进入对应的数据库。如进入数据库 test，命令如下：

```
use test;
```

出现 Database changed 说明已经进入数据库。接下来使用 source 命令指定 SQL 文件，然后导入该文件。如导入 user.sql，命令如下：

```
source D:/user.sql
```

下面预览导入的数据表，使用 SQL 查询语句（Select 语句）查询表中前 5 条数据，命令如下：

```
select * from user limit 5;
```

运行结果如图 7.15 所示。至此，导入 MySQL 数据库的任务就完成了。

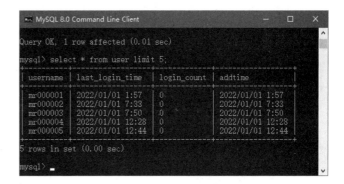

图 7.15　导入成功后的 MySQL 数据

5．配置 ODBC

（1）在 Windows 操作系统中，选择"控制面板"→"管理工具"→"ODBC 数据源（64 位）"，在"用户 DSN"选项卡中单击"添加"按钮，在"创建新数据源"窗口选择 MySQL ODBC 8.0 Unicode Driver，如图 7.16 所示。

（2）单击"完成"按钮，打开 MySQL Connector/ODBC Data Source Configuration 窗口，配置 MySQL 的 ODBC，分别输入数据源名称如 test、输入描述信息 test、输入 TCP/IP Server 为 127.0.0.1（MySQL 数据库的 IP 地址）、输入用户名 root（MySQL 用户名）、密码 root（MySQL 密码）、数据库名称 test，如图 7.17 所示，然后单击 Test 测试按钮，弹出测试成功的消息，说明 ODBC 配置成功了。

图 7.16 "创建新数据源"窗口

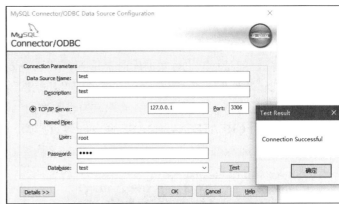
图 7.17 配置 MySQL 的 ODBC

（3）在上述窗口单击 Details 按钮，设置编码类型为 gbk，如图 7.18 所示，否则出现中文乱码。单击 OK 按钮，完成 ODBC 配置工作。

6. 在 R 语言中连接 MySQL 数据库

在 R 语言中连接 MySQL 数据库，运行 RStudio，编写如下代码：

```
1    library(RODBC)                                      # 加载包
2    dbconn <- odbcConnect("test",uid="root",pwd="root") # 连接 MySQL 数据库
3    sqlTables(dbconn)                                   # 显示数据表
4    df <- sqlFetch(dbconn,"user")                       # 显示 user 表中的数据
5    View(df)                                            # View 以表格显示数据
```

运行程序，结果如图 7.19 所示。

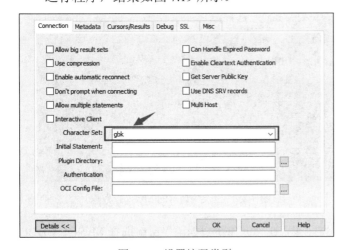

图 7.18 设置编码类型

	username	last_login_time	login_count	addtime
1	mr000001	2022/01/01 1:57	0	2022/01/01 1:57
2	mr000002	2022/01/01 7:33	0	2022/01/01 7:33
3	mr000003	2022/01/01 7:50	0	2022/01/01 7:50
4	mr000004	2022/01/01 12:28	0	2022/01/01 12:28
5	mr000005	2022/01/01 12:44	0	2022/01/01 12:44
6	mr000006	2022/01/01 12:48	0	2022/01/01 12:48
7	mr000007	2022/01/01 13:34	0	2022/01/01 13:34
8	mr000008	2022/01/01 14:59	0	2022/01/01 14:59
9	mr000009	2022/01/01 15:15	0	2022/01/01 15:15
10	mr000010	2022/01/01 15:17	0	2022/01/01 15:17

图 7.19 user 表中的数据

✦ 代码解析

第 5 行代码：View()函数与 edit()函数差不多，edit()函数用于调用数据编辑器，View()函数是以表格方式显示数据。

说明

如果需要导入 SQL Server 数据库，同样需要先配置 ODBC，然后使用 RODBC 连接 SQL Server 数据库，方法相似。

　　　补充知识——RODBC 操作数据库的函数

（1）建立并打开数据库连接，代码如下：

```
cnn <- odbcConnect(dsn, uid="", pwd="")
```

（2）从数据库读取数据表，并返回一个数据框，代码如下：

```
sqlFetch(cnn, sqltable)
```

（3）数据查询，代码如下：

```
sqlQuery(cnn, query)
```

（4）将一个数据框写入或更新到数据库（append=TRUE），代码如下：

```
sqlSave(cnn, mydf, tablename = sqtable, append = FALSE)
```

（5）从数据库中删除一个表，代码如下：

```
sqlDrop(cnn, sqtable)
```

（6）删除表中的内容，代码如下：

```
sqlClear(cnn, sqtable)
```

（7）查看数据库中的表，代码如下：

```
sqlTables(cnn)
```

（8）查看数据库中表的字段（列）信息，代码如下：

```
sqlColumns(cnn, sqtable)
```

（9）关闭连接，代码如下：

```
close(cnn)
```

7.2.7　读取 XML 文件

XML 是一种文件格式，类似于 HTML。但与 HTML 中的标记描述页面的结构不同，XML 中的标记描述了包含在文件中的数据的意义。

在 R 语言中可以使用 XML 包的 xmlParse()函数读取 XML 文件。首先安装 XML 包，在 RGui 控制台中输入如下代码：

```
install.packages("XML")
```

按 Enter 键，在 CRAN 镜像站点列表中选择镜像站点，然后单击"确定"按钮，开始安装。安装完成后，在程序中就可以使用 XML 包了。

如读取 XML 文件，示例代码如下：

```
1    library(XML)
2    # 读取 R 语言自带的示例文件
3    fileName <- system.file("exampleData", "test.xml", package="XML")
4    xmlTreeParse(fileName)
```

7.3 R 语言自带的数据集

R 语言的基础包 datasets 中自带了 9 类数据集，包括向量、因子、矩阵、数组、类矩阵、数据框、类数据框、列表、时间序列，这些数据集是日常练习很好的资源。下面将对这些数据集进行介绍。

7.3.1 数据集介绍

在 R 语言中，通过 data() 函数可以获取全部数据集，一些基本的数据集在 datasets 包中。

如在 RGui 中使用下面代码可查看 datasets 中自带的数据集。

```
data(package='datasets')
```

运行程序，结果如图 7.20 所示。

图 7.20　R 语言自带的数据集

技巧

如果要查看 R 语言中所有包自带的数据集可以使用如下代码。

```
data(package = .packages(all.available = TRUE))
```

下面对一些常用的数据集运行介绍，如表 7.1 所示。

表 7.1 常用的数据集

数 据 集 名 称	数 据 结 构	说 明
euro	向量	欧元汇率，长度为 11
landmasses	向量	48 个陆地的面积
precip	向量	长度为 70 的命名向量
rivers	向量	北美 141 条河流的长度
state.abb	向量	美国 50 个州的字母缩写
state.area	向量	美国 50 个州的面积
state.name	向量	美国 50 个州的全称
state.division	因子	美国 50 个州，州的分类，共 9 个类别
state.region	因子	美国 50 个州的地理分类
euro.cross	矩阵	11 种货币的汇率矩阵
freeny.x	矩阵	每季度影响收入的 4 个因素
state.x77	矩阵	美国 50 个州的 8 个指标
USPersonalExpenditure	矩阵	5 种消费类别 5 年的数据
volcano	矩阵	某火山区的地理信息
WorldPhones	矩阵	8 个区域 7 年的电话总数
Titanic	矩阵	泰坦尼克号成员数据统计
UCBAdmissions	矩阵	伯克利分校 1973 年院系、录取和性别的频数
HairEyeColor	矩阵	592 人头发、眼睛的颜色和性别频数
occupationalStatus	矩阵	英国男性父子职业联系
eurodist	类矩阵	欧洲 12 个城市的距离矩阵
Harman23.cor	类矩阵	305 个女孩 8 个形态指标的相关系数矩阵
Harman74.cor	类矩阵	145 个儿童 24 个心理指标的相关系数矩阵
airquality	数据框	纽约 1973 年 5～9 月每日空气质量
attenu	数据框	各观测站对加利福尼亚 23 次地震的观测数据
attitude	数据框	30 个部门在 7 个方面的调查结果数据，调查结果是同一部门 35 个职员赞成的百分比
cars	数据框	1920 年汽车速度对刹车距离的影响
chickwts	数据框	不同饮食种类对小鸡生长速度的影响
Freeny	数据框	每季度收入和其他因素的记录
iris3	数据框	3 种鸢尾花的形态数据
mtcars	数据框	32 辆汽车在 11 个指标上的数据
quakes	数据框	1000 次地震观测数据（震级>4）
rock	数据框	48 块石头的形态数据
pressure	数据框	温度和气压
swiss	数据框	瑞士生育率和社会经济指标
women	数据框	15 名女生的身高和体重

7.3.2 mtcars 数据集

内置的 mtcars 数据集中包含 32 辆汽车的信息，包括重量、燃油效率（以英里/加仑为单位，1 英里 ≈1.61 千米，1 加仑≈4.55 升）、速度等，具体的字段说明如表 7.2 所示。

表 7.2 mtcars 数据集

字　段	说　明	字　段	说　明
mpg	每加仑油能跑多少英里	qsec	衡量启动加速能力
cyl	气缸的个数	vs	发动机类型
disp	车的排量	am	传动方式，自动变速或手动变速
hp	总功率	gear	前进齿轮数
drat	后轴比	carb	化油器个数
wt	重量		

说明

有关数据集的更多帮助信息可以使用"help(数据集名称)"查看，如 help(mtcars)。

【例 7.12】导入 mtcars 数据集（实例位置：资源包\Code\07\12）

下面使用 data()函数导入 mtcars 数据集，运行 RStudio，编写如下代码。

```
1    library(datasets)          # 加载包
2    data(mtcars)               # 导入 mtcars 数据集
3    head(mtcars)               # 显示前 6 条数据
```

运行程序，结果如图 7.21 所示。

```
                   mpg cyl disp  hp drat    wt  qsec vs am gear carb
Mazda RX4         21.0   6  160 110 3.90 2.620 16.46  0  1    4    4
Mazda RX4 Wag     21.0   6  160 110 3.90 2.875 17.02  0  1    4    4
Datsun 710        22.8   4  108  93 3.85 2.320 18.61  1  1    4    1
Hornet 4 Drive    21.4   6  258 110 3.08 3.215 19.44  1  0    3    1
Hornet Sportabout 18.7   8  360 175 3.15 3.440 17.02  0  0    3    2
Valiant           18.1   6  225 105 2.76 3.460 20.22  1  0    3    1
```

图 7.21 mtcars 数据集

7.4 要点回顾

本章主要介绍手动输入数据、从文本文件、CSV 文件、Excel 文件、SPSS 文件、SAS 文件、Stata 文件和数据库中获取数据等，应重点掌握如何读取文本文件和 Excel 文件。另外，R 语言本身也自带数据集，读者应掌握其使用方法，以便进行日常练习。

第 8 章

数据处理与清洗

数据的质量直接影响数据分析和算法模型的结果。并非所有数据都符合数据分析和数据挖掘的要求，通常还需要对它们进行一些处理和清洗。本章主要介绍最基本的数据处理知识，包括查看数据概况、数据清洗、字符串处理、数据合并与拆分以及数据转换与重塑。

本章知识架构及重难点如下。

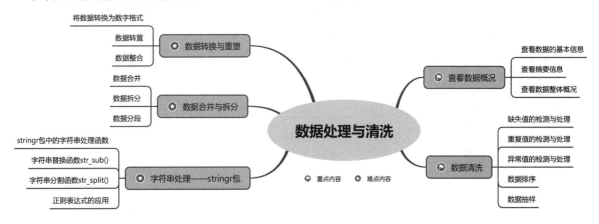

8.1 查看数据概况

对于一个全新的数据集，在不了解数据的情况时，不能贸然行事直接进行数据处理和数据分析。而应该先预览数据，了解数据概况，即数据格式、数据维度、变量名等信息。

使用 R 语言的内置函数可以轻松解决这些问题，下面以汽车数据集 mtcars 为例进行介绍。

8.1.1 查看数据的基本信息

将数据导入 R 语言中，首先需要预览数据，了解数据概况，即数据有多少行、多少列，包括哪些字段、数据集类型等。查看数据基本信息的相关函数如下。

- ☑ class()：查看数据集类型。
- ☑ sapply(数据集, class)：查看数据集中每个变量的数据类型。
- ☑ dim()：查看数据维数，即行数和列数。在返回值中，第一个数字是行数（观测值），第二个数字是列数（变量）。使用 nrow()和 ncol()函数也可以查看数据集的行数和列数。
- ☑ object.size()：查看数据集在内存中的大小。

- ☑ names()：查看数据框中所有字段的名称。
- ☑ colnames()：查看数据集中所有变量的名称。
- ☑ head()：查看前 n 行数据，默认值是 6，如 head(mtcars)。
- ☑ tail()：查看尾部数据，默认值是 6，如 tail(df)。
- ☑ unique()：用于去重，可以查看数据集中某列有哪些值，如 unique(mpg$class)查看 mpg 数据集中 class 列有哪些值。
- ☑ view：在 Rstudio 中可视化表格，如 view(mtcars)。

【例 8.1】查看数据集 mtcars 的基本信息（实例位置：资源包\Code\08\01）

下面查看汽车数据集 mtcars 的行数、列数、数据集类型等基本信息，运行 RStudio，编写如下代码。

```
1  library(datasets)          # 加载包
2  data(mtcars)               # 导入 mtcars 数据集
3  class(mtcars)              # 查看数据集类型
4  sapply(mtcars, class)      # 查看数据集中每个变量的数据类型
5  dim(mtcars)               # 查看数据行数列数
6  object.size(mtcars)       # 查看内存占用情况
7  names(mtcars)             # 查看所有列名
8  head(mtcars)             # 查看前 6 行数据
9  tail(mtcars)             # 查看最后 6 行数据
```

运行程序，结果如图 8.1 所示。

```
> # 查看数据集类型
> class(mtcars)
[1] "data.frame"
> # 查看数据行数列数
> dim(mtcars)
[1] 32 11
> # 查看内存占用情况
> object.size(mtcars)
7208 bytes
> # 查看所有列名
> names(mtcars)
 [1] "mpg"  "cyl"  "disp" "hp"   "drat" "wt"   "qsec" "vs"   "am"   "gear" "carb"
```

图 8.1　查看 mtcats 数据集的基本信息

从运行结果可知：数据集的类型为数据框（data.frame），包含 32 行 11 列，所占内存为 7208bytes，列名分别为 mpg、cyl、disp、hp、drat、wt、qsec、vs、am、gear 和 carb。其前 6 行数据和最后 6 行数据如图 8.2 所示。

```
> # 查看前6行数据
> head(mtcars)
                   mpg cyl disp  hp drat    wt  qsec vs am gear carb
Mazda RX4         21.0   6  160 110 3.90 2.620 16.46  0  1    4    4
Mazda RX4 Wag     21.0   6  160 110 3.90 2.875 17.02  0  1    4    4
Datsun 710        22.8   4  108  93 3.85 2.320 18.61  1  1    4    1
Hornet 4 Drive    21.4   6  258 110 3.08 3.215 19.44  1  0    3    1
Hornet Sportabout 18.7   8  360 175 3.15 3.440 17.02  0  0    3    2
Valiant           18.1   6  225 105 2.76 3.460 20.22  1  0    3    1
> # 查看最后6行数据
> tail(mtcars)
                mpg cyl  disp  hp drat    wt qsec vs am gear carb
Porsche 914-2  26.0   4 120.3  91 4.43 2.140 16.7  0  1    5    2
Lotus Europa   30.4   4  95.1 113 3.77 1.513 16.9  1  1    5    2
Ford Pantera L 15.8   8 351.0 264 4.22 3.170 14.5  0  1    5    4
Ferrari Dino   19.7   6 145.0 175 3.62 2.770 15.5  0  1    5    6
Maserati Bora  15.0   8 301.0 335 3.54 3.570 14.6  0  1    5    8
Volvo 142E     21.4   4 121.0 109 4.11 2.780 18.6  1  1    4    2
```

图 8.2　查看 mtcats 数据集的部分数据

8.1.2　查看摘要信息

预览数据的顶部和底部会看到有部分位置用 NA 表示。NA 表示数据存在缺失值。在 R 语言中，使用 summary()函数可以更好地了解每个变量的分布方式以及缺少的数据集数量等。

【例 8.2】使用 summary()函数查看每列数据（**实例位置：资源包\Code\08\02**）

下面使用 summary()函数查看淘宝电商数据中每列的摘要信息。运行 RStudio，编写如下代码。

```
1    library(openxlsx)                                    # 加载程序包
2    df <- read.xlsx("datas/TB2018.xlsx",sheet=1)        # 读取 Excel 文件
3    head(df)                                             # 输出数据
4    summary(df)
```

运行程序，结果如图 8.3 所示。

```
> summary(df)
   买家会员名        买家实际支付金额      宝贝总数量        宝贝标题               类别
  Length:10       Min.   : 34.86     Min.   :1.000    Length:10          Length:10
  Class :character 1st Qu.: 41.86     1st Qu.:1.000    Class :character   Class :character
  Mode  :character Median : 52.36     Median :1.000    Mode  :character   Mode  :character
                   Mean   : 86.82     Mean   :1.125
                   3rd Qu.: 81.01     3rd Qu.:1.000
                   Max.   :299.00     Max.   :2.000
                                      NA's   :2

   订单付款时间
  Min.   :43120
  1st Qu.:43184
  Median :43186
  Mean   :43228
  3rd Qu.:43258
  Max.   :43383
```

图 8.3　每列数据的摘要信息

从运行结果可知：summary()函数根据不同的数据类型为每个变量提供不同的输出。如"买家实际支付金额"等数值型数据，summary()函数显示最小值、第一个四分位数、中位数、平均值、第三个四分位数和最大值。

8.1.3　查看数据整体概况

前面介绍的函数可以帮助我们更好地了解数据概况。但是，需要使用很多函数，而在 R 语言中 str()函数可以代替上述很多函数，它是查看数据概况的最简单的方法。

【例 8.3】使用 str()函数查看数据整体概况（**实例位置：资源包\Code\08\03**）

下面使用 str()函数查看淘宝电商数据的整体概况，运行 RStudio，编写如下代码。

```
1    library(openxlsx)                                    # 加载程序包
2    df <- read.xlsx("datas/TB2018.xlsx",sheet=1)        # 读取 Excel 文件
3    head(df)                                             # 查看前 6 行数据
4    tail(df)                                             # 查看最后 6 行数据
5    str(df)                                              # 查看数据整体概况
```

运行程序，结果如图 8.4 所示。

从运行结果可知：第一行数据表明 TB2018.xlsx 数据集的数据结构是 data.frame，包含 12 个观测值和 6 个变量。另外，还提供了每个变量的名称、数据类型和数据内容的预览，其中"宝贝总数量"和

"类别"存在缺失值 NA。

```
'data.frame':   12 obs. of  6 variables:
 $ 买家会员名     : chr  "mr001" "mr002" "mr003" "mr004" ...
 $ 买家实际支付金额: num  143.5 78.8 48.9 81.8 299 ...
 $ 宝贝总数量     : num  2 1 1 NA 1 1 1 NA 1 1 ...
 $ 宝贝标题       : chr  "Python黄金组合" "Python编程锦囊" "零基础学C语言" "SQL Server应用与开发范例宝典" ...
 $ 类别           : chr  "图书" NA "图书" "图书" ...
 $ 订单付款时间   : num  43383 43383 43120 43281 43183 ...
```

图 8.4　查看数据整体概况

str()函数的优点在于，它综合了前面所学的多个函数的功能，简单易读，是一个非常实用的函数。它适用于 R 语言中的大多数对象，如数据集、函数等都可以使用 str()函数。

<h1 align="center">8.2　数　据　清　洗 </h1>

8.2.1　缺失值的检测与处理

缺失值指的是由于某种原因导致数据为空。换句话说，缺失值就是空值，它的存在可能造成数据分析过程陷入混乱，从而导致分析结果不准确。在 R 语言中，缺失值一般用 NA 表示。

以下 3 种情况可能造成数据为空。

☑　人为因素导致数据丢失。

☑　在数据采集过程中，如调查问卷，被调查者不愿意分享数据；医疗数据涉及患者隐私，患者不愿意提供。

☑　系统或者设备出现故障。

判断数据是否存在缺失值，可通过以下 3 个函数。

☑　is.na()函数：判断缺失值最基本的函数。返回一个布尔值，TRUE 表示数据不存在缺失，FALSE 表示数据存在缺失。

☑　complete.cases()函数：判断数据集的每一行是否存在缺失值。返回一个布尔值，TRUE 表示数据不存在缺失，FALSE 表示数据存在缺失。

☑　summary()函数：判断数据集中分类变量是否存在缺失值。

【例 8.4】判断数据是否存在缺失值（实例位置：资源包\Code\08\04）

下面使用 is.na()函数查看数据是否存在缺失值。运行 RStudio，编写如下代码。

```
1   library(openxlsx)                               # 加载程序包
2   df <- read.xlsx("datas/TB2018.xlsx",sheet=1)    # 读取 Excel 文件
3   is.na(df)
```

运行程序，结果如图 8.5 所示。从运行结果得知："宝贝总数量"和"类别"存在缺失值。

通过前面的判断得知数据缺失情况，对于缺失值有以下几种处理方法。

（1）删除法，又分为删除观测样本与删除变量。

☑　删除观测样本：通过 na.omit()函数删除所有含有缺失数据的行，以减少样本量来换取信息完整性，适用于缺失值所占比例较小的情况。

☑ 删除变量：通过 data[,-p]函数删除含有缺失数据的列，适用于变量有较大缺失并且不影响数据分析结果的情况。缺点是删除列后，数据结构发生了变化。

（2）替换法，按属性可分为数值型和非数值型。

☑ 如果缺失数据为数值型，可采用均值替换缺失值。

☑ 如果缺失数据为非数值型，可采用中位数或者众数来替换缺失值。

（3）插补法，分为回归插补和多重插补。

☑ 回归插补：利用回归模型将需要插补的变量作为因变量，其他相关变量作为自变量，通过回归函数 lm()预测因变量的值，然后对缺失数据进行补缺。

☑ 多重插补：从一个包含缺失值的数据集中生成一组完整的数据，如此多次，从而产生包含缺失值的随机样本，R 语言中的 mice()函数可以用来进行多重插补。

下面将缺失值删除，主要使用 na.omit()函数，该函数用于删除含有缺失值的行，关键代码如下：

```
na.omit(df)
```

对于缺失数据，如果所占比例高于 30%可以选择放弃这个指标，做删除处理；低于 30%尽量不要删除，而是选择将这部分数据替换，一般以 0、均值、中位数和众数（大多数）替换缺失值。

【例 8.5】以 0 替换缺失值（实例位置：资源包\Code\08\05）

例 8.4 中"宝贝总数量"和"类别"存在缺失值，下面使用 0 替换缺失的"宝贝总数量"。运行 RStudio，编写如下代码。

```
1  library(openxlsx)                                 # 加载程序包
2  df <- read.xlsx("datas/TB2018.xlsx",sheet=1)      # 读取 Excel 文件
3  df1=subset(df,select=c(宝贝总数量"))                # 选择"宝贝总数量"一列
4  df1[is.na(df1)] <- 0                              # 将缺失值替换为 0
5  print(df1)
```

运行程序，结果如图 8.6 所示。

	买家会员名	买家实际支付金额	宝贝总数量	宝贝标题	类别	订单付款时间	
1	FALSE	FALSE	FALSE	FALSE	FALSE	FALSE	FALSE
2	FALSE	FALSE	FALSE	FALSE	TRUE		FALSE
3	FALSE	FALSE	FALSE	FALSE	FALSE		FALSE
4	FALSE	FALSE	TRUE	FALSE	FALSE		FALSE
5	FALSE	FALSE	FALSE	FALSE	TRUE		FALSE
6	FALSE	FALSE	FALSE	FALSE	FALSE		FALSE
7	FALSE	FALSE	FALSE	FALSE	FALSE		FALSE
8	FALSE	FALSE	TRUE	FALSE	FALSE		FALSE
9	FALSE	FALSE	FALSE	FALSE	FALSE		FALSE
10	FALSE	FALSE	FALSE	FALSE	FALSE		FALSE
11	FALSE	FALSE	FALSE	FALSE	FALSE		FALSE
12	FALSE	FALSE	FALSE	FALSE	FALSE	FALSE	FALSE

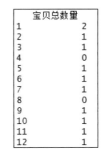

	宝贝总数量
1	2
2	1
3	1
4	0
5	1
6	1
7	1
8	0
9	1
10	1
11	1
12	1

图 8.5　判断数据是否存在缺失值　　　　　　　图 8.6　以 0 替换缺失值

如果数据中包含太多的 NA 值，可以选择删除包含 NA 的行。这里需要使用 na.omit()函数，该函数可从数据框、矩阵或向量中删除所有包含 NA 的行。

【例 8.6】删除所有包含 NA 的行（实例位置：资源包\Code\08\06）

下面使用 na.omit()函数删除包含 NA 的行。运行 RStudio，编写如下代码。

```
1  library(openxlsx)                                 # 加载程序包
2  df <- read.xlsx("datas/TB2018.xlsx",sheet=1)      # 读取 Excel 文件
3  df <- na.omit(df)                                 # 删除包含 NA 的行
4  df
```

运行程序，结果如图 8.7 所示。

	买家会员名	买家实际支付金额	宝贝总数量		宝贝标题	类别	订单付款时间
1	mr001	143.50	2		Python黄金组合	图书	43382.95
3	mr003	48.86	1		零基础学C语言	图书	43119.54
6	mr006	41.86	1		零基础学Python	图书	43183.81
7	mr007	55.86	1		C语言精彩编程200例	图书	43184.46
9	mr009	41.86	1	Java项目开发实战入门		图书	43186.31
10	mr010	34.86	1		SQL即查即用	图书	43187.76
11	mr011	299.00	1		VC编程词典个人版	编程词典	43187.76
12	mr012	299.00	1		VB编程词典个人版	编程词典	43187.76

图 8.7 删除所有包含 NA 的行

8.2.2 重复值的检测与处理

处理数据时，经常发现数据中存在重复数据。在 R 语言中，查找数据中是否包含重复值使用 duplicated()函数。例如：

```
1    df <- data.frame(id=c("a","a","a","b","c","d"),value=c(20,33,20,24,15,2))
2    duplicated(df)
```

运行程序，结果如下：

```
FALSE FALSE   TRUE FALSE FALSE FALSE
```

数据包含重复值返回 TRUE，不包含重复值返回 FALSE。需要注意的是：只有数据的所有行或列相同，duplicated()函数才认为是重复的数据。

找到重复值后，还需要对其进行处理，方法有以下两种。

（1）通过逻辑运算符号"!"去除重复值。例如：

```
df[!duplicated(df),]
```

（2）通过 unique()函数去除重复值。例如：

```
unique(df)
```

【例 8.7】处理学生数学成绩中的重复数据（**实例位置：资源包\Code\08\07**）

下面查找学生数学成绩数据中的重复数据并进行删除处理。运行 RStudio，编写如下代码。

```
1    # 创建学生成绩数据
2    df <- data.frame("姓名"=c("甲","乙","丙","丙","丁","戊"),"数学成绩"=c(120,133,90,90,85,102))
3    df
4    duplicated(df)                     # 查看重复值
```

运行程序，结果如图 8.8 所示。从运行结果可知：第 4 行数据重复。

接下来使用逻辑运算符号"!"去除重复值，关键代码如下：

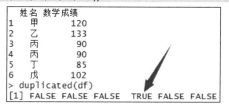

图 8.8 查看重复值

```
1    df[!duplicated(df),]              # 去除重复值
2    df
```

运行程序，结果如图 8.9 所示。从运行结果可知：第 4 行数据被去除了。

	姓名	数学成绩
1	甲	120
2	乙	133
3	丙	90
5	丁	85
6	戊	102

图 8.9 去除重复值

【例 8.8】根据条件判断和去除重复数据（实例位置：资源包\Code\08\08）

duplicated()、unique()函数可去除所有数据相同的重复值。但在实际工作中，有些数据允许存在重复值，如姓名，此时去掉重复值就需要根据给定条件，如限定学生编号重复的才允许被去除。

将数据转换为 data.table 格式，然后使用 duplicated()函数中的 by 参数指定条件。运行 RStudio，编写如下代码。

```
1    library(data.table)              # 加载程序包
2    # 创建学生成绩数据
3    df <- data.frame("考籍号"=c("100501","100502","100501","100503","100504","100505"),
4                     "姓名"=c("甲","乙","丙","丙","丁","戊"),
5                     "数学成绩"=c(120,133,90,90,85,102))
6    df
7    setDT(df)                        # 将数据转为 data.table 格式
8    duplicated(df,by="考籍号")        # 通过"考籍号"判断是否存在重复数据
9    df
```

运行程序，结果如图 8.10 所示。从运行结果可知：第 3 行数据重复。

下面使用 unique()函数去除"考籍号"重复的数据，主要代码如下：

```
unique(df,by="考籍号")
```

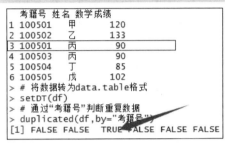

图 8.10　根据条件判断重复数据

8.2.3　异常值的检测与处理

在数据分析中，异常值指的是超出或低于正常范围的值，如年龄大于 200、身高大于 3 米、宝贝总数量为负数等。

这些异常数据该如何检测发现呢？主要有以下几种方法。

☑　根据给定的数据范围进行判断，不在范围内的数据视为异常值。

☑　根据均方差进行判断。在统计学中，如果一个数据分布近似正态分布（分布曲线呈钟型，两头低，中间高，左右对称），则约 68%的数据值处于均值的 1 个标准差范围内，95%的数据处于均值的 2 个标准差范围内，99.7%的数据处于均值的 3 个标准差范围内。

☑　根据箱形图进行判断。箱形图是显示一组数据分散情况的统计图，它可将数据通过四分位数的形式进行图形化描述。箱形图的上限和下限是数据分布的边界，任何高于上限或低于下限的数据都可以认为是异常值，如图 8.11 所示。

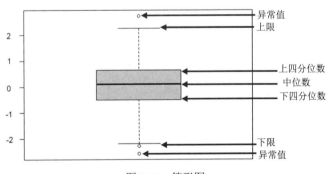

图 8.11　箱形图

说明

有关箱形图的介绍以及如何通过箱形图识别异常值参见第 10 章。

了解了异常值的检测，接下来介绍如何处理异常值，主要包括以下几种处理方式。

（1）最常用的方式是删除。

（2）将异常值当缺失值处理，以某个值填充。

（3）将异常值当特殊情况进行分析，研究异常值出现的原因。

（4）不处理。

8.2.4　数据排序

在进行数据分析时，经常要对数据进行排序。在 R 语言中，数据排序有两种方法，一种方法是使用 sort()函数，另一种方法是使用 doBy 包的 order()函数，下面分别进行介绍。

1．使用 sort()函数实现数据排序

在 R 语言中，sort()函数用于对向量进行升序或降序排序，还可以对缺失值进行排序处理。

【例 8.9】使用 sort()函数对向量进行排序（实例位置：资源包\Code\08\09）

下面使用 sort()函数对 rivers 数据集中的北美 141 条河流的长度进行升序和降序排序。运行 RStudio，编写如下代码。

```
1  library(datasets)          # 加载包
2  data(rivers)               # 导入 rivers 数据集
3  sort(rivers)               # 升序排序
4  sort(rivers,decreasing = T) # 降序排序
```

运行程序，结果如图 8.12 所示。

【例 8.10】使用 sort()函数对缺失值进行排序（实例位置：资源包\Code\08\10）

sort()函数还可以对包含缺失值的数据进行排序。在默认情况下，sort()函数不排序缺失值。使用 na.last 参数可对缺失值进行排序。运行 RStudio，编写如下代码。

```
> # 升序排序
> sort(rivers)
  [1]  135  202  210  210  215  217  230  230  233  237
 [11]  246  250  250  250  255  259  260  260  265  268
 [21]  270  276  280  280  280  281  286  290  291  300
 [31]  300  300  301  306  310  310  314  315  320  325
 [41]  327  329  330  332  336  338  340  350  350  350
 [51]  350  352  360  360  360  360  375  377  380  380
 [61]  383  390  390  392  407  410  411  420  420  424
 [71]  425  430  431  435  444  445  450  460  460  465
 [81]  470  490  500  500  505  524  525  525  529  538
 [91]  540  545  560  570  600  600  600  605  610  618
[101]  620  625  630  652  671  680  696  710  720  720
[111]  730  735  735  760  780  800  840  850  870  890
[121]  900  900  906  981 1000 1038 1054 1100 1171 1205
[131] 1243 1270 1306 1450 1459 1770 1885 2315 2348 2533
[141] 3710
> # 降序排序
> sort(rivers,decreasing = T)
  [1] 3710 2533 2348 2315 1885 1770 1459 1450 1306 1270
 [11] 1243 1205 1171 1100 1054 1038 1000  981  906  900
 [21]  900  890  870  850  840  800  780  760  735  735
 [31]  730  720  720  710  696  680  671  652  630  625
 [41]  620  618  610  605  600  600  600  570  560  545
 [51]  540  538  529  525  525  524  505  500  500  490
 [61]  470  465  460  460  450  445  444  431  430  425
 [71]  425  424  420  420  411  410  407  392  390  390
 [81]  383  380  380  377  375  360  360  360  360  352
 [91]  350  350  350  350  340  338  336  332  330  329
[101]  327  325  320  315  314  310  310  306  301  300
[111]  300  300  291  290  286  281  280  280  280  276
[121]  270  268  265  260  260  259  255  250  250  250
[131]  246  237  233  230  230  217  215  210  210  202
[141]  135
```

图 8.12　使用 sort()函数对向量排序

```
1  df <- c(120,133,NA,90,90,85,102) # 创建数据
2  sort(df,na.last = T)             # 缺失值排在最后
3  sort(df,na.last = F)             # 缺失值排在最前
```

运行程序，结果如图 8.13 所示。

2．使用 order()函数实现数据排序

doBy 包中的 order()函数用于对向量和数据框进行升序或降序排序，可以对一列数据排序，也可以对多列数据排序。

```
> # 缺失值排在最后
> sort(df,na.last = T)
[1]  85  90  90 102 120 133   NA
> # 缺失值排在最前
> sort(df,na.last = F)
[1]  NA  85  90  90 102 120 133
```

图 8.13　使用 sort()函数对缺失值进行排序

【例 8.11】按"销量"降序排序（**实例位置：资源包\Code\08\11**）

下面使用 order()函数对数据框进行排序，首先读取 Excel 文件，然后按"销量"降序排序。运行 RStudio，编写如下代码。

```
1    library(openxlsx)                                  # 加载包
2    df <- read.xlsx("datas/mrbook.xlsx",sheet=1)      # 读取 Excel 文件
3    View(df[order(-df[,"销量"]),])                     # 按"销量"降序排序
```

◆ 代码解析

第 3 行代码：View()函数用于以表格形式显示数据，-df[,"销量"]中的符号"-"表示降序，[,"销量"]表示所有行，"销量"列。

运行程序，排序后的结果如图 8.14 所示。

序号	书号	图书名称	定价	销量	类别	大类
2	B02	Android项目开发实战入门	59.8	2355	Android	程序设计
1	B01	Android精彩编程200例	89.8	1300	Android	程序设计
10	B19	零基础学C语言	69.8	888	C语言C++	程序设计
15	B15	零基础学Python	79.8	888	Python	程序设计
14	B21	零基础学Java	69.8	663	Java	程序设计
9	B08	C语言项目开发实战入门	59.8	625	C语言C++	程序设计
16	B26	Python从入门到项目实践	99.8	559	Python	程序设计
5	B05	C#项目开发实战入门	69.8	541	C#	程序设计
20	B20	零基础学HTML5+CSS3	79.8	456	HTML5+CSS3	网页
26	B13	PHP项目开发实战入门	69.8	354	PHP	网站
11	B25	零基础学C++	79.8	333	C语言C++	程序设计
21	B22	零基础学Javascript	79.8	322	Javascript	网页
17	B27	Python项目开发案例集锦	128.0	281	Python	程序设计
8	B07	C语言精彩编程200例	79.8	271	C语言C++	程序设计
27	B24	零基础学PHP	79.8	248	PHP	网站
12	B10	Java精彩编程200例	79.8	241	Java	程序设计
18	B23	零基础学Oracle	79.8	148	Oracle	数据库
24	B09	JavaWeb项目开发实战入门	69.8	129	JavaWeb	网站
4	B04	C#精彩编程200例	89.8	120	C#	程序设计
6	B18	零基础学C#	79.8	120	C#	程序设计
7	B06	C++项目开发实战入门	69.8	120	C语言C++	程序设计
13	B11	Java项目开发实战入门	59.8	120	Java	程序设计
19	B14	SQL即查即用	49.8	120	SQL	数据库
22	B03	ASP.NET项目开发实战入门	79.8	120	ASP.NET	网站
23	B17	零基础学ASP.NET	79.8	120	ASP.NET	网站
25	B12	JSP项目开发实战入门	69.8	120	JSP	网站
3	B16	零基础学Android	89.8	110	Android	程序设计

图 8.14　按"销量"降序排序

【例 8.12】按照"图书名称"和"销量"排序（**实例位置：资源包\Code\08\12**）

按照"图书名称"和"销量"排序，首先按"图书名称"升序排序，然后再按"销量"降序排序。运行 RStudio，编写如下代码。

```
1    library(openxlsx)                                    # 加载包
2    df <- read.xlsx("datas/mrbook.xlsx",sheet=1)         # 读取 Excel 文件
3    View(df[order(df[,"图书名称"],-df[,"销量"]),])         # 按图书名称升序排序，按销量降序排序
```

运行程序，排序后的结果如图 8.15 所示。

	序号	书号	图书名称 ❶	定价	销量 ❷	类别	大类
1	B01	9787569204537	Android精彩编程200例	89.8	1300	Android	程序设计
2	B02	9787567787421	Android项目开发实战入门	59.8	2355	Android	程序设计
22	B03	9787567799424	ASP.NET项目开发实战入门	69.8	120	ASP.NET	网站
4	B04	9787569210453	C#精彩编程200例	89.8	120	C#	程序设计
5	B05	9787567790988	C#项目开发实战入门	69.8	541	C#	程序设计
7	B06	9787567787445	C++项目开发实战入门	69.8	120	C语言C++	程序设计
8	B07	9787569208696	C语言精彩编程200例	79.8	271	C语言C++	程序设计
9	B08	9787567787414	C语言项目开发实战入门	59.8	625	C语言C++	程序设计
24	B09	9787567787438	JavaWeb项目开发实战入门	69.8	129	JavaWeb	网站
12	B10	9787569206081	Java精彩编程200例	79.8	241	Java	程序设计
13	B11	9787567787407	Java项目开发实战入门	59.8	120	Java	程序设计
25	B12	9787567790315	JSP项目开发实战入门	69.8	120	JSP	网站
26	B13	9787567790971	PHP项目开发实战入门	69.8	354	PHP	网站
16	B26	9787569226607	Python从入门到项目实践	99.8	559	Python	程序设计
17	B27	9787569244403	Python项目开发案例集锦	128.0	281	Python	程序设计
19	B14	9787569221237	SQL即查即用	49.8	120	SQL	数据库
3	B16	9787569208542	零基础学Android	89.8	110	Android	程序设计
23	B17	9787569221220	零基础学ASP.NET	79.8	120	ASP.NET	网站
6	B18	9787569210477	零基础学C#	79.8	120	C#	程序设计
11	B25	9787569226614	零基础学C++	79.8	333	C语言C++	程序设计
10	B19	9787569208535	零基础学C语言	69.8	888	C语言C++	程序设计
20	B20	9787569212709	零基础学HTML5+CSS3	79.8	456	HTML5+CSS3	网页
14	B21	9787569205688	零基础学Java	69.8	663	Java	程序设计
21	B22	9787569210460	零基础学Javascript	79.8	322	Javascript	网页
18	B23	9787569212693	零基础学Oracle	79.8	148	Oracle	数据库
27	B24	9787569208689	零基础学PHP	79.8	248	PHP	网站
15	B15	9787569222258	零基础学Python	79.8	888	Python	程序设计

图 8.15　按照"图书名称"和"销量"排序

8.2.5　数据抽样

数据抽样是从全部数据中选择部分数据进行分析，在 R 语言中，dplyr 包中的 sample()函数可以实现对数据框随机抽样，该函数只作用于数据框或 dplyr 包自带的 tbl 等格式的数据。sample_n()函数为按行随机抽样、sample_frac()函数为按比例抽样，语法格式如下：

```
sample_n(tbl, size, replace = FALSE, weight = NULL, .env = NULL, ...)
sample_frac(tbl, size = 1, replace = FALSE, weight = NULL, .env = NULL, ...)
```

参数 tb1 为数据框，size 为要选择的行，weight 用于设置抽样的权重，replace 为是否替换。

【例 8.13】随机抽取样本数据（实例位置：资源包\Code\08\13）

下面以 mtcars 数据集为例，随机抽取样本数据。运行 RStudio，编写如下代码。

```
1    library(dplyr)            # 加载程序包
2    data(mtcars)              # 导入数据集
3    # 随机抽样
4    sample_n(mtcars,5,replace=TRUE)
5    sample_n(mtcars,5,weight=mpg/mean(mpg))
6    sample_frac(mtcars,0.1)
7    sample_frac(mtcars,0.1,weight=1/mpg)
```

运行程序，结果如图 8.16 所示。

```
> sample_n(mtcars,5,replace=TRUE)
                  mpg cyl disp  hp drat   wt  qsec vs am gear carb
Fiat X1-9        27.3   4   79  66 4.08 1.935 18.90  1  1    4    1
Chrysler Imperial 14.7 8  440 230 3.23 5.345 17.42  0  0    3    4
Volvo 142E       21.4   4  121 109 4.11 2.780 18.60  1  1    4    2
Pontiac Firebird 19.2   8  400 175 3.08 3.845 17.05  0  0    3    2
Valiant          18.1   6  225 105 2.76 3.460 20.22  1  0    3    1
> sample_n(mtcars,5,weight=mpg/mean(mpg))
                  mpg cyl  disp  hp drat   wt  qsec vs am gear carb
Porsche 914-2    26.0   4 120.3  91 4.43 2.140 16.70  0  1    5    2
Ford Pantera L   15.8   8 351.0 264 4.22 3.170 14.50  0  1    5    4
Mazda RX4 Wag    21.0   6 160.0 110 3.90 2.875 17.02  0  1    4    4
Valiant          18.1   6 225.0 105 2.76 3.460 20.22  1  0    3    1
Dodge Challenger 15.5   8 318.0 150 2.76 3.520 16.87  0  0    3    2
> sample_frac(mtcars,0.1)
              mpg cyl disp  hp drat   wt  qsec vs am gear carb
Mazda RX4    21.0   6  160 110 3.90 2.620 16.46  0  1    4    4
Mazda RX4 Wag 21.0  6  160 110 3.90 2.875 17.02  0  1    4    4
Valiant      18.1   6  225 105 2.76 3.460 20.22  1  0    3    1
> sample_frac(mtcars,0.1,weight=1/mpg)
                   mpg cyl disp  hp drat   wt  qsec vs am gear carb
Pontiac Firebird  19.2   8  400 175 3.08 3.845 17.05  0  0    3    2
Maserati Bora     15.0   8  301 335 3.54 3.570 14.60  0  1    5    8
Cadillac Fleetwood 10.4  8  472 205 2.93 5.250 17.98  0  0    3    4
```

图 8.16　随机抽样

8.3　字符串处理——stringr 包

字符串处理也是数据清洗的一部分，尤其通过"爬虫"采集的数据往往存在很多问题。例如，数据格式不正确、存在特殊字符等。R 语言第三包 stringr 提供了 30 多个函数，方便用户对字符串进行处理。

8.3.1　stringr 包中的字符串处理函数

R 语言基础包中包含了一些字符串处理函数。stringr 包处理字符串的功能更全面、强大，处理字符串时建议使用 stringr 包。

下面用一张思维导图汇总 stringr 包的字符串处理函数，如图 8.17 所示。

stringr 包的函数均以 str_开头命名，后面的单词说明了函数的用途，非常容易理解。

说明

stringr 包属于第三方 R 语言包，使用时应首先进行安装，安装方法如下：

```
install.packages("stringr")
```

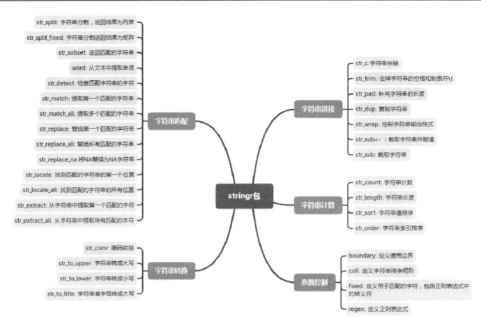

图 8.17　stringr 包的字符串处理函数

8.3.2　字符串替换函数 str_sub()

在数据清洗过程中，字符串替换是常用的操作。例如，当价格中带有人民币符号"¥""元""万"时，常需要使用字符串替换函数 str_sub() 将其去掉。

【例 8.14】使用 str_sub() 函数去掉数据中指定的字符（**实例位置：资源包\Code\08\14**）

对爬取的二手房价信息进行清理，使用 str_sub() 函数去掉房价信息中的单位"万"和"平米"。运行 RStudio，编写如下代码。

```
1   # 加载程序包
2   library(stringr)
3   library(openxlsx)
4   df <- read.xlsx("datas/house.xlsx")        # 读取 Excel 文件
5   View(head(df))                             # 以表格方式显示前 6 条数据
6   # 去除单位
7   df$总价=str_sub(df$总价,1,str_length(df$总价)-1)
8   df$建筑面积=str_sub(df$建筑面积,1,str_length(df$建筑面积)-2)
9   View(head(df))                             # 以表格形式显示前 6 条数据
```

运行程序，结果如图 8.18（原始数据）和图 8.19（清洗后的数据）所示。

	小区名字	总价	户型	建筑面积	单价	朝向	楼层	装修	区域
1	中天北湾新城	89万	2室2厅1卫	89平米	10000元/平米	南北	低层	毛坯	高新
4	中环12区	51.5万	2室1厅1卫	57平米	9035元/平米	南北	高层	精装修	南关
3	嘉柏湾	32万	1室1厅1卫	43.3平米	7390元/平米	南	高层	精装修	经开
6	金色橄榄城	118万	3室1厅1卫	200平米	5900元/平米	南北	高层	简装修	二道
5	昊源高格蓝湾	210万	3室2厅2卫	160.8平米	13060元/平米	南北	高层	精装修	二道
2	桦林苑	99.8万	3室2厅1卫	143平米	6979元/平米	南北	中层	毛坯	净月

图 8.18　原始数据

	小区名字	总价	户型	建筑面积	单价	朝向	楼层	装修	区域
1	中天北湾新城	89	2室2厅1卫	89	10000元/平米	南北	低层	毛坯	高新
2	桦林苑	99.8	3室2厅1卫	143	6979元/平米	南北	中层	毛坯	净月
3	嘉柏湾	32	1室1厅1卫	43.3	7390元/平米	南	高层	精装修	经开
4	中环12区	51.5	2室1厅1卫	57	9035元/平米	南北	高层	精装修	南关
5	昊源高格蓝湾	210	3室2厅2卫	160.8	13060元/平米	南北	高层	精装修	二道
6	金色橄榄城	118	3室1厅1卫	200	5900元/平米	南北	高层	简装修	二道

图 8.19　清洗后的数据

8.3.3　字符串分割函数 str_split()

前面介绍的数据拆分实际上是将数据按行进行拆分，类似于数据分组。对于数据框中的一列字符串又该如何分割呢？例如，规格中的长、宽、高，地址中的省、市、区等。

在 R 语言中，基础字符串处理函数 strsplit()用于拆分字符串，其返回结果为列表。在实际数据处理工作中，该结果意义不大，返回数据框反而更符合需求。这就需要使用 stringr 包中的 str_split()函数。

【例 8.15】使用 str_split()函数分割地址（**实例位置：资源包\Code\08\15**）

下面使用 str_split()函数将收货地址切分为省、市、区和地址。运行 RStudio，编写如下代码。

```
1    library("stringr")                    # 加载程序包
2    df <- read.xlsx("datas/books.xlsx")   # 读取 Excel 文件
3    # 将收货地址数据拆分为省、市、区和地址
4    s <- as.data.frame(str_split(df$收货地址, " ",n=4,simplify = TRUE))
5    df['省']=s[1]
6    df['市']=s[2]
7    df['区']=s[3]
8    df['地址']=s[4]
9    View(df)                              # 以表格形式显示数据
```

运行程序，结果如图 8.20 所示。

	订单付款时间	收货地址		省	市	区	地址
	43101.39	重庆 重庆市 南岸区		重庆	重庆市	南岸区	
	43101.42	江苏省 苏州市 吴江区 吴江经济技术开发区亨通路		江苏省	苏州市	吴江区	吴江经济技术开发区亨通路
	43101.42	江苏省 苏州市 园区 苏州市工业园区唯亭镇阳澄湖大道维纳阳光花园		江苏省	苏州市	园区	苏州市工业园区唯亭镇阳澄湖大道维纳阳光花园
技 Java编程词典个人版	43101.43	重庆 重庆市 南岸区 长生桥镇茶园新区长电路11112号		重庆	重庆市	南岸区	长生桥镇茶园新区长电路11112号
	43101.67	安徽省 滁州市 明光市 三界镇中心街10001号		安徽省	滁州市	明光市	三界镇中心街10001号
	43101.76	山东省 潍坊市 寿光市 圣城街道潍坊科技学院		山东省	潍坊市	寿光市	圣城街道潍坊科技学院
	43101.95	吉林省 长春市 二道区 东盛街道彩虹风景		吉林省	长春市	二道区	东盛街道彩虹风景
	43102.46	福建省 厦门市 湖里区 江头街道厦门市湖里区祥店福满园小区		福建省	厦门市	湖里区	江头街道厦门市湖里区祥店福满园小区

图 8.20　使用 str_split()函数拆分"收货地址"

　　代码解析

第 4 行代码：as.data.frame()函数用于将矩阵数据转换为数据框，str_split()函数用于拆分数据框，其中 n=4 表示 4 列，simplify 参数表示是否数组化。

8.3.4 正则表达式的应用

正则表达式是根据字符串总结的具有一定规律的简洁表达一组字符串的表达式。正则表达式通常是从无序的字符串中发现规律性，从而方便对字符串进行查找、替换等操作。

正则表达式常用于文本挖掘、字符型数据处理等，应用如下。

☑ 查找替换文本指定的特征词、敏感词。

☑ 从文本中提取有价值的信息。

☑ 修改文本。

正则表达式只能匹配自身的普通字符（如英文字母、数字、标点等）和被转义了的特殊字符（称为"元字符"）。在正则表达式中一些常用的元字符如表 8.1 所示。

表 8.1 常用元字符

符　号	说　　明	符　号	说　　明
.	匹配除换行符 "/n" 以外的任意字符	{ }	字符或表达式的重复次数
\\	转义字符，匹配元字符时	{n}	重复 n 次
|	表示或者，即|前后的表达式任选一个	{n,}	重复 n 次或多次
^	匹配字符串的开始	{n,m}	重复 n 次到 m 次
$	匹配字符串的结束	*	重复 0 次或多次
()	提取匹配的字符串，即将括号内看成一个整体，即指定子表达式	+	重复 1 次或多次
[]	可匹配方括号内任意一个字符	?	重复 0 次或 1 次

还有一些特殊字符和反义字符如表 8.2 所示。

表 8.2 特殊字符与反义字符

符　　号	说　　明
\\d 与 \\D	匹配 1 位数字字符，如[0-9]，匹配非数字字符
\\s 与 \\S	匹配空白符，匹配非空白符
\\S+	匹配不包含空白符的字符串
\\w 与 \\W	匹配字母、数字、下画线或汉字，匹配非\w字符
\\b 与 \\B	匹配单词开始或结束的位置，匹配非\b的位置
\\h 与 \\H	匹配水平间隔，匹配非水平间隔
\\v 与 \\V	匹配垂直间隔，匹配非垂直间隔
[^…]	匹配除了…的任意字符
[a-zA-Z0-9]	匹配字母和数字
[\u4e00-\u9fa5]	匹配汉字
[^aeiou]	匹配除了 aeiou 的任意字符，即匹配辅音字母

在 stringr 包中大部分函数支持正则表达式的应用，如表 8.3 所示。

表 8.3　stringr 包支持正则表达式的函数

函　　数	说　　明	函　　数	说　　明
str_extract()	提取首个匹配模式的字符，匹配返回该字符，不匹配返回缺失值	str_replace_all()	替换所有匹配模式
str_extract_all()	提取所有匹配模式的字符	str_split()	按照模式分割字符串
str_locate()	返回首个匹配模式的字符的位置	str_split_fixed()	按照模式将字符串分割成指定个数
str_locate_all()	返回所有匹配模式的字符的位置	str_detect()	检测字符是否存在某些指定模式
str_replace()	替换首个匹配模式	str_count()	返回指定模式出现的次数

【例 8.16】查找物流单号中的数字（实例位置：资源包\Code\08\16）

在销售订单的物流单号中包含有字母、符号和数字，下面使用正则表达式查找数字单号。运行RStudio，编写如下代码。

```
1  library(stringr)                          # 加载程序包
2  # 创建字符串向量
3  x = c("No:1307653963","No:1307653706","No:1307653942","No:1307653882",
4      "No:1307653769","No:1307653794","No:1293793193","No:1307653918")
5  str_view(x,"\\d+")                         # 使用正则表达式中的\\d 提取数字
```

运行程序，结果如图 8.21 所示。

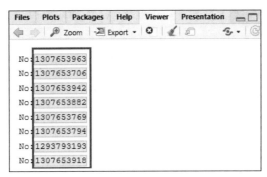

图 8.21　查找物流单号中的数字

⬇ 代码解析

第 5 行代码：str_view()函数用于以 HTML 形式给出匹配字符串。其中，\\d 表示匹配一位数字，+表示前面数字重复 1 次或多次。

【例 8.17】使用 stringr 包提取指定的字符串（实例位置：资源包\Code\08\17）

在 stringr 包的 str_extract()函数和 str_extract_all()函数中，应用正则表达式提取指定的字符串。运行 RStudio，编写如下代码。

```
1  s <- "yqlf@sohu.com、98582@qq.com、7651156、5445067@qq.com、625336@163.com"
2  library(stringr)
3  str_extract(s, ".com")                     # 提取.com 特征字符
4  unlist(str_extract_all(s, ".com"))         # 提取包含.com 特征的全部字符串
5  str_extract(s, "^y")                       # 提取以 y 开始的字符串
6  unlist(str_extract_all(s, "m$"))           # 提取以 m 结尾的字符
7  unlist(str_extract_all(s, "qq.|163."))     # 提取包含 qq.或者 163.特征的字符串
8  str_extract(s, "76...56")                  # 使用点符号实现模糊匹配
9  # 中括号内表示可选字符串
```

```
10    str_extract(s, "7651[123]56")
11    str_extract(s, "7651[0-9]56")
```

运行程序，结果如图 8.22 所示。

```
> s <- "yqlf@sohu.com、98582@qq.com、7651156、5445067@qq.com、625336@163.com"
> library(stringr)
> # 提取.com特征字符
> str_extract(s, ".com")
[1] ".com"
> # 提取包含.com特征的全部字符串
> unlist(str_extract_all(s, ".com"))
[1] ".com" ".com" ".com"
> # 提取以y开始的字符串
> str_extract(s, "^y")
[1] "y"
> # 提取以m结尾的字符
> unlist(str_extract_all(s, "m$"))
[1] "m"
> # 提取包含qq.或者163.特征的字符串
> unlist(str_extract_all(s, "qq.|163."))
[1] "qq." "qq." "163."
> # 使用点符号实现模糊匹配
> str_extract(s, "76...56")
[1] "7651156"
> # 中括号内表示可选字符串
> str_extract(s, "7651[123]56")
[1] "7651156"
> str_extract(s, "7651[0-9]56")
[1] "7651156"
```

图 8.22 使用 stringr 包提取指定的字符串

8.4 数据合并与拆分

8.4.1 数据合并

1. 数据框合并

在数据处理中，有时需要对多个数据框进行合并。数据框合并包括横向合并和纵向合并，下面分别进行介绍。

1）数据框横向合并

数据框横向合并，即两个数据框的变量不同。数据框横向合并主要使用 merge()函数。

【例 8.18】合并学生成绩表（**实例位置：资源包\Code\08\18**）

假设一个数据框中包含学生的"语文""数学""英语"成绩，而另一个数据框中包含学生的"体育"成绩，现在将它们合并，示意图如图 8.23 所示。

编号	语文	数学	英语
mr001	110	105	99
mr002	105	88	115
mr003	109	120	130

编号	体育
mr001	34.5
mr002	39.7
mr003	38

→

编号	语文	数学	英语	体育
mr001	110	105	99	34.5
mr002	105	88	115	39.7
mr003	109	120	130	38

图 8.23 数据框横向合并效果对比示意图

运行 RStudio，编写如下代码。

```
1   # 创建学生成绩数据
2   df1 <- data.frame("编号"=c('mr001','mr002','mr003'),
3                     "语文"=c(110,105,109),
4                     "数学"=c(105,88,120),
5                     "英语"=c(99,115,130))
6   df2 <- data.frame("编号"=c('mr001','mr002','mr003'),
7                     "体育"=c(34.5,39.7,38))
8   # 根据编号合并数据框
9   df_merge<-merge(df1,df2,by="编号",all=T)
10  df_merge
```

代码解析

第 9 行代码：当两个数据框的“编号”不完全一致时，可以通过参数 all 设置为全部保留，或仅保留某个数据框的编号。

☑ 两个数据框的“编号”都保留：all=T。

☑ 保留 df1 的编号：all.x=T。

☑ 保留 df2 的编号：all.y=T。

运行程序，结果如图 8.24 所示。

2）数据框纵向合并

数据框纵向合并，即两个数据框变量名称一致。数据框合并后列数不变，行数增加。数据框纵向合并主要使用 rbind()函数。

【例 8.19】纵向合并学生成绩表（**实例位置：资源包\Code\08\19**）

假设一个数据框中包含学生的“语文”“数学”“英语”成绩，另一个数据框中也包含学生的“语文”“数学”“英语”成绩，现在将它们合并，示意图如图 8.25 所示。

```
    编号 语文 数学 英语 体育
1 mr001  110  105   99 34.5
2 mr002  105   88  115 39.7
3 mr003  109  120  130 38.0
```

图 8.24　横向合并学生成绩表

编号	语文	数学	英语
mr001	110	105	99
mr002	105	88	115
mr003	109	120	130

编号	语文	数学	英语
mr004	110	105	99
mr005	105	88	115
mr006	109	120	130
mr007	134	119	107
mr008	78	66	56

→

编号	语文	数学	英语
mr001	110	105	99
mr002	105	88	115
mr003	109	120	130
mr004	110	105	99
mr005	105	88	115
mr006	109	120	130
mr007	134	119	107
mr008	78	66	56

图 8.25　数据框纵向合并效果对比示意图

运行 RStudio，编写如下代码。

```
# 创建学生成绩数据
df1 <- data.frame("编号"=c('mr001','mr002','mr003'),
                  "语文"=c(110,105,109),
                  "数学"=c(105,88,120),
                  "英语"=c(99,115,130))
df2 <- data.frame("编号"=c('mr004','mr005','mr006','mr007','mr008'),
                  "语文"=c(110,105,109,134,78),
                  "数学"=c(105,88,120,119,66),
                  "英语"=c(99,115,130,107,56))
```

```
10    # 合并数据集
11    df_merge<-rbind(df1,df2)
12    df_merge
```

	编号	语文	数学	英语
1	mr001	110	105	99
2	mr002	105	88	115
3	mr003	109	120	130
4	mr004	110	105	99
5	mr005	105	88	115
6	mr006	109	120	130
7	mr007	134	119	107
8	mr008	78	66	56

运行程序，结果如图 8.26 所示。

图 8.26　纵向合并学生成绩表

2．使用 dplyr 包的函数合并数据框

dplyr 包是一个经常用于数据清洗的 R 语言包，主要包括数据筛选、数据选择、数据排列和数据合并等。它是第三方包，第一次使用该包必须先下载并安装。运行 RGui，在控制台输入如下代码：

```
install.packages("dplyr")
```

按 Enter 键，在 CRAN 镜像站点的列表中选择镜像站点，然后单击"确定"按钮，开始安装。安装完成后，在程序中可以使用 dplyr 包。

dplyr 包提供以下 4 种数据集合并的函数。

☑　left_join()：左合并，使用左数据集的键作为连接键合并两个数据集，缺失数据以 NA 填充。left_join()函数是最常用的数据集合并函数。

☑　right_join()：右合并，使用右数据集的键作为连接键合并两个数据集，缺失数据以 NA 填充。

☑　inner_join()：内部合并，使用来自两个数据集的键的交集。

☑　full_join()：全部合并，保留所有数据，缺失数据以 NA 填充。

以上 4 种合并效果示意图如图 8.27 所示。

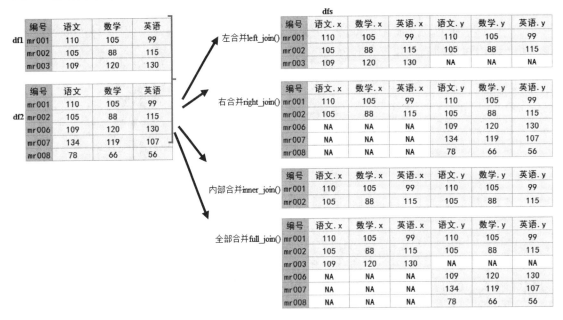

图 8.27　4 种合并方式示意图

【例 8.20】使用不同方式合并学生成绩表（实例位置：资源包\Code\08\20）

下面使用 dplyr 包提供的 left_join()、right_join()、inner_join()和 full_join()函数合并学生成绩表。运行 RStudio，编写如下代码。

```
1    library(dplyr)
2    # 创建学生成绩数据
3    df1 <- data.frame("编号"=c('mr001','mr002','mr003'),
4                      "语文"=c(110,105,109),
5                      "数学"=c(105,88,120),
6                      "英语"=c(99,115,130))
7    df2 <- data.frame("编号"=c('mr001','mr002','mr006','mr007','mr008'),
8                      "语文"=c(110,105,109,134,78),
9                      "数学"=c(105,88,120,119,66),
10                     "英语"=c(99,115,130,107,56))
11   dfs<-left_join(df1,df2,by="编号")        # 左合并
12   dfs
13   dfs<-right_join(df1,df2,by="编号")       # 右合并
14   dfs
15   dfs<-inner_join(df1,df2,by="编号")       # 内部合并
16   dfs
17   dfs<-full_join(df1,df2,by="编号")        # 全部合并，保留所有数据
18   dfs
```

运行程序，结果如图 8.28 所示。

8.4.2　数据拆分

在 R 语言中，数据拆分主要使用 split() 和 subset() 函数。split() 函数用于根据给定的条件拆分数据，类似于分组；subset() 函数返回符合条件的数据。

1. split() 函数

split() 函数用于将向量或数据框按照因子或者列表进行分组，返回分组后的列表。语法格式如下：

```
split(x, f, drop = FALSE)
```

主要参数说明如下。

☑ x：表示数据向量或数据框。

☑ f：表示拆分（分组）数据的因子。

【例 8.21】按"类别"拆分销售数据（实例位置：资源包\Code\08\21）

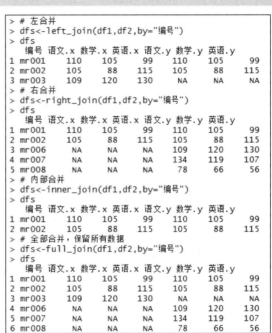

图 8.28　使用不同方式合并学生成绩表

在数据分析过程中，数据多种多样，如性别包含男女，类别包含图书、编程词典等。下面使用 split() 函数将销售数据按"类别"进行拆分。运行 RStudio，编写如下代码。

```
1    library(openxlsx)                    # 加载程序包
2    df <- read.xlsx("datas/TB2018.xlsx")  # 读取 Excel 文件
3    split(df,df$类别)                     # 按类别拆分数据
```

运行程序，结果如图 8.29 所示。

从运行结果可知：数据按"类别"拆分为两组，分别为"编程词典"和"图书"。

2. subset() 函数

subset() 函数返回符合条件的数据。如将销售数据中"类别"为"图书"的数据拆分出来。

	买家会员名 买家实际支付金额 宝贝总数量		宝贝标题 类别 订单付款时间
	$编程词典		
	买家会员名 买家实际支付金额 宝贝总数量		宝贝标题 类别 订单付款时间
11	mr011 299	1	VC编程词典个人版 编程词典 43187.76
12	mr012 299	1	VB编程词典个人版 编程词典 43187.76
	$图书		
	买家会员名 买家实际支付金额 宝贝总数量		宝贝标题 类别 订单付款时间
1	mr001 143.50	2	Python黄金组合 图书 43382.95
3	mr003 48.86	1	零基础学C语言 图书 43119.54
4	mr004 81.75	NA	SQL Server应用与开发范例宝典 图书 43281.49
6	mr006 41.86	1	零基础学Python 图书 43183.81
7	mr007 55.86	1	C语言精彩编程200例 图书 43184.46
8	mr008 41.86	NA	C语言项目开发实战入门 图书 43185.97
9	mr009 41.86	1	Java项目开发实战入门 图书 43186.31
10	mr010 34.86	1	SQL即查即用 图书 43187.76

图 8.29　按"类别"拆分数据

【例 8.22】使用 subset()函数拆分指定"类别"的数据（**实例位置：资源包\Code\08\22**）

下面使用 subset()函数将销售数据中"类别"为"图书"的数据拆分出来。运行 RStudio，编写如下代码。

```
1   library(openxlsx)                          # 加载程序包
2   df <- read.xlsx("datas/TB2018.xlsx")       # 读取 Excel 文件
3   subset(df,类别 == "图书")                   # 拆分类别为"图书"的数据
```

运行程序，结果如图 8.30 所示。

	买家会员名 买家实际支付金额 宝贝总数量		宝贝标题 类别 订单付款时间
1	mr001 143.50	2	Python黄金组合 图书 43382.95
3	mr003 48.86	1	零基础学C语言 图书 43119.54
4	mr004 81.75	NA	SQL Server应用与开发范例宝典 图书 43281.49
6	mr006 41.86	1	零基础学Python 图书 43183.81
7	mr007 55.86	1	C语言精彩编程200例 图书 43184.46
8	mr008 41.86	NA	C语言项目开发实战入门 图书 43185.97
9	mr009 41.86	1	Java项目开发实战入门 图书 43186.31
10	mr010 34.86	1	SQL即查即用 图书 43187.76

图 8.30　拆分"类别"为"图书"的数据

8.4.3　数据分段

在数据分析过程中，连续变量（如成绩、年龄、身高等）经常采用分段的方式进行比较。例如，0～18 岁为未成年人，18～60 岁为青壮年，60 岁以上为老年人等。类似地，可以将学生成绩划分为优、良、中、差等。

在 R 语言中，使用 cut()函数实现数据分段处理。首先将数据按照一定的规则进行分段（也叫分箱），然后为每段打上标签。语法格式如下：

```
cut(x, breaks, labels = NULL,include.lowest = FALSE, right = TRUE, dig.lab = 3,ordered_result = FALSE, ...)
```

主要参数说明如下。

☑　x：数值向量。

☑　breaks：表示分界点。两个或多个唯一分割点的数值向量或单个数字（大于或等于 2），也就是给出参数 x 被分割的间隔数。

☑　labels：数据分割后每一段的类别名称。

☑　include.lowest：逻辑值，表示是否包括最小值或最大值。

☑　right：逻辑值，默认值为 TRUE，表示左开右闭区间；值为 FALSE，表示左闭右开区间，即

数据分割时不包括右边的数据，如[1,2,3,4,5)不包括 5。

【例 8.23】分割成绩数据并标记为"优秀""良好"等（**实例位置：资源包\Code\08\23**）

使用 cut()函数分割学生的数学成绩，并标记为"优秀""良好""中等""一般""及格"和"不及格"。其中，0～60 分（不包括 60 分）为不及格，60～70 分为及格，70～90 分为一般，90～100 分为中等，100～110 分为良好，110 分以上为优秀。运行 RStudio，编写如下代码。

```
1   # 创建数值向量
2   math <- c(56,66,89,101,78,99,120,108,119,130,114)
3   # 分割数据并标记
4   bj <- cut(math,breaks=c(-Inf, 60, 70, 90, 100,110,Inf),
5       labels = c("不及格","及格","一般","中等","良好","优秀"), right=FALSE)
```

运行程序，结果如图 8.31 所示。

```
[1] 不及格 及格   一般   良好   一般   中等   优秀   良好   优秀   优秀
[11] 优秀
Levels: 不及格 及格 一般 中等 良好 优秀
```

图 8.31　标记结果

8.5　数据转换与重塑

8.5.1　将数据转换为数字格式

在数据处理过程中，有时需要将非数字数据转换为数字格式。在 R 语言中，data.matrix()函数可将数据框中的所有值转换为数字格式，然后返回矩阵，因子和有序因子由其内部代码代替。

【例 8.24】将数据框中的数据转换为数字矩阵（**实例位置：资源包\Code\08\24**）

下面使用 data.matrix()函数将数据框中的所有数据转换为数字矩阵。运行 RStudio，编写如下代码。

```
1   # 创建向量
2   name <- c("甲","乙","丙","丁","戊","己","庚","辛","壬","癸")
3   sex<-c("女","女","男","男","女","男","女","男","女","男")
4   height<-c(172,176,180,185,168,189,174,188,169,190)
5   size <- c("S","M","XXXL","XXL","L","XL","M","M","XL","XL")
6   df <- data.frame(name,height,sex,size)          # 创建数据框
7   # 数字化
8   data.matrix(df[1:2])
9   data.matrix(df)
```

运行程序，原始数据和转换结果如图 8.32～图 8.34 所示。

	name	height	sex	size
1	甲	172	女	S
2	乙	176	女	M
3	丙	180	男	XXXL
4	丁	185	男	XXL
5	戊	168	女	L
6	己	189	男	XL
7	庚	174	女	M
8	辛	188	男	M
9	壬	169	女	XL
10	癸	190	男	XL

图 8.32　原始数据

	height	sex	size
[1,]	172	2	3
[2,]	176	2	2
[3,]	180	1	6
[4,]	185	1	5
[5,]	168	2	1
[6,]	189	1	4
[7,]	174	2	2
[8,]	188	1	2
[9,]	169	2	4
[10,]	190	1	4

图 8.33　将第 2～4 列数字化

	name	height	sex	size
[1,]	6	172	2	3
[2,]	10	176	2	2
[3,]	1	180	1	6
[4,]	2	185	1	5
[5,]	8	168	2	1
[6,]	5	189	1	4
[7,]	3	174	2	2
[8,]	9	188	1	2
[9,]	7	169	2	4
[10,]	4	190	1	4

图 8.34　将全部数据数字化

8.5.2　数据转置

数据转置就是指将行数据变成列数据，列数据变为行数据。在 R 语言中，t()函数用于对矩阵或数据框进行行列转置。如转换客户的销售数据，转置前后的对比效果如图 8.35 所示。

客户	销售额
A	100
B	200
C	300
D	400
E	500

A	B	C	D	E
100	200	300	400	500

图 8.35　数据转置

【例 8.25】mtcars 数据集的行列转置（**实例位置：资源包\Code\08\25**）

下面使用 R 语言自带的数据集 mtcars 实现行列转置。首先抽取部分数据，然后使用 t()函数实现行列转置，运行 RStudio，编写如下代码。

```
1  mydata <- mtcars[1:5,1:3]        # 抽取数据
2  mydata
3  t(mydata)                        # 行列转置
```

运行程序，结果如图 8.36 和图 8.37 所示。

```
                   mpg cyl disp
Mazda RX4          21.0   6  160
Mazda RX4 Wag      21.0   6  160
Datsun 710         22.8   4  108
Hornet 4 Drive     21.4   6  258
Hornet Sportabout  18.7   8  360
```

图 8.36　转置前

```
      Mazda RX4 Mazda RX4 Wag Datsun 710 Hornet 4 Drive Hornet Sportabout
mpg          21            21       22.8           21.4              18.7
cyl           6             6        4.0            6.0               8.0
disp        160           160      108.0          258.0             360.0
```

图 8.37　转置后

8.5.3　数据整合

在数据处理过程中有时需要将短数据整合成长数据，将列数据整合（合并）为行数据。如整合客户销售数据，对比效果如图 8.38 所示。

A	B	C	D	E
100	200	300	400	500

客户	销售额
A	100
B	200
C	300
D	400
E	500

图 8.38　数据整合

在 R 语言中，reshape2 包中的 melt()函数可以解决上述问题。reshape2 包在数据重塑和数据整合方面非常强大和灵活。

【例 8.26】将各平台列数据整合为行数据（**实例位置：资源包\Code\08\26**）

某电商销售数据包括 2016—2022 年各个平台（如京东、天猫和自营）的销售额，使用 melt()函数将不同平台的销售数据整合在一起。运行 RStudio，编写如下代码。

```
1   # 加载程序包
2   library(reshape2)
3   library(openxlsx)
4   df <- read.xlsx("datas/books1.xlsx",sheet=2)              # 读取 Excel 文件
5   df <- df[,3:6]                                            # 抽取 3~6 列数据
6   df                                                        # 查看数据
7   df1 <- melt(df,id="年份",variable.name="平台",value.name = "销售额")  # 数据整合
8   df1
```

运行程序，结果如图 8.39 和图 8.40 所示。

年份	京东	天猫	自营
1 2016	16800	32550	80695
2 2017	89044	187800	28834
3 2018	156010	234708	94382
4 2019	157856	290017	57215
5 2020	558909	321400	104202
6 2021	1298890	432578	154088
7 2022	1525004	584500	179271

图 8.39　整合前

	年份	平台	销售额
1	2016	京东	16800
2	2017	京东	89044
3	2018	京东	156010
4	2019	京东	157856
5	2020	京东	558909
6	2021	京东	1298890
7	2022	京东	1525004
8	2016	天猫	32550
9	2017	天猫	187800
10	2018	天猫	234708
11	2019	天猫	290017
12	2020	天猫	321400
13	2021	天猫	432578
14	2022	天猫	584500
15	2016	自营	80695
16	2017	自营	28834
17	2018	自营	94382
18	2019	自营	57215
19	2020	自营	104202
20	2021	自营	154088
21	2022	自营	179271

图 8.40　整合后

8.6　要 点 回 顾

本章介绍的是进行数据分析前期必备的知识，应重点掌握查看数据的几种方法，这样才能够透彻地了解数据。之后根据数据情况进行数据清洗工作，其中字符串处理工作是比较烦琐的。通过"爬虫"采集的数据往往存在很多问题，熟练掌握 stringr 包极大地提高了字符串处理的效率。另外，数据合并与拆分、数据转换与重置也是必学的知识，它是高级绘图的基础。

第 9 章

数据计算与分组统计

在数据分析过程中少不了数据计算和数据分组统计。本章主要介绍数据求和、求均值、求中位数、求众数、求方差、求标准差以及如何通过分组函数对数据进行分组统计，还有数据透视表的应用。

本章知识架构及重难点如下。

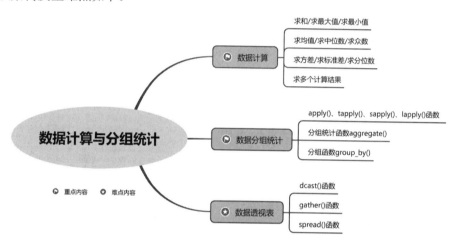

9.1 数 据 计 算

R 语言提供了大量的数据计算函数，可以实现求和、求均值、求最大值、求最小值、求中位数、求众数、求方差、求标准差等，从而使得数据统计变得简单、高效。

9.1.1 求和

在 R 语言中，对数据求和的方法有很多，包括直接相加，使用 sum()函数求和、求记录数，使用 rowSums()函数对行数据求和，使用 colSums()函数对列数据求和等，下面分别进行介绍。

1. 直接相加

在 R 语言中，可以通过直接相加的方法求和。如 1+2=3。

【例 9.1】计算语文、数学和英语三科的总成绩（**实例位置：资源包\Code\09\01**）

创建一组数据包括语文、数学和英语三科的成绩，如图 9.1 所示，

	语文	数学	英语
1	110	105	99
2	105	88	115
3	109	120	130

图 9.1 数据框

通过直接相加的方法计算三科总成绩。运行 RStudio，编写如下代码。

```
1    # 创建数据框
2    df <- data.frame(
3        数学 = c(105,88,120),
4        语文 = c(110,105,109),
5        英语 = c(99,115,130))
6    df$总成绩 <- df$数学+df$语文+df$英语
7    df
```

运行程序，结果如图 9.2 所示。

2. sum()函数

在 R 语言中，sum()函数用于计算向量数据的加和、数据框数据列的加和，以及列表的加和（数据中包含 NA）。如计算向量数据的加和，代码如下：

```
数学  语文  英语  总成绩
1   105   110    99    314
2    88   105   115    308
3   120   109   130    359
```

图 9.2　计算三科的总成绩

```
1    x <- c(99,100,123)
2    sum(x)
```

【例 9.2】使用 sum()函数对向量数据求和（**实例位置：资源包\Code\09\02**）

下面使用 sum()函数对向量求和，运行 RStudio，编写如下代码。

```
1    x <- c(99,100,123)
2    sum(x)
3    y <- c(1.5,2.3,3.1415)
4    sum(y)
5    z <- c(-109,-80,-56)
6    sum(z)
7    sum(x,y,z)
8    # 指定范围的数值求和
9    sum(1:99)
10   sum(-1:-99)
```

运行程序，结果如图 9.3 所示。

使用 sum()函数可以统计数据框中符合指定条件的数据记录数，下面来看一个实例。

【例 9.3】使用 sum()函数统计数据框的数据（**实例位置：资源包\Code\09\03**）

统计数学成绩大于 90 分、等于 90 分、不等于 90 分的学生人数，数学成绩大于 90 分但小于 130 分的人数，以及数学成绩大于 90 分且语文成绩大于 105 分的人数。运行 RStudio，编写如下代码。

```
1    # 创建数据框
2    df <- data.frame(
3        数学 = c(105,88,120,90,101,134,68,58),
4        语文 = c(110,105,109,120,117,85,134,99),
5        英语 = c(99,115,130,134,120,67,89,55))
6    sum(df$数学>90)                  # 统计数学成绩大于 90 的人数
7    sum(df$数学==90)                 # 统计数学成绩等于 90 的人数
8    sum(df$数学!=90)                 # 统计数学成绩不等于 90 的人数
9    sum(df$数学>90 & df$数学<130)    # 统计数学成绩大于 90 但小于 130 的人数
10   sum(df$数学>90 | df$语文> 105)  # 统计数学成绩大于 90 并且语文成绩大于 105 的人数
```

运行程序，结果如图 9.4 所示。

```
> x <- c(99,100,123)
> sum(x)
[1] 322
> y <- c(1.5,2.3,3.1415)
> sum(y)
[1] 6.9415
> z <- c(-109,-80,-56)
> sum(z)
[1] -245
> sum(x,y,z)
[1] 83.9415
> # 指定范围的数值求和
> sum(1:99)
[1] 4950
> sum(-1:-99)
[1] -4950
```

图 9.3 对向量数据求和

```
> # 统计数学大于90的人数
> sum(df$数学>90)
[1] 4
> # 统计数学等于90的人数
> sum(df$数学==90)
[1] 1
> # 统计数学不等于90的人数
> sum(df$数学!=90)
[1] 7
> # 统计数学大于90小于130的人数
> sum(df$数学>90 & df$数学<130)
[1] 3
> # 统计数学大于90并且语文大于105的人数
> sum(df$数学>90 | df$语文> 105)
[1] 6
```

图 9.4 使用 sum()函数统计 dataframe 的数据

3．行数据求和（rowSum()函数）

使用 rowSum()函数可以对行数据求和。

【例 9.4】使用 rowSum()函数计算应发工资（**实例位置：资源包\Code\09\04**）

计算工资表中各项金额的总计，即应发工资。运行 RStudio，编写如下代码。

```
1   # 创建数据框
2   df <- data.frame(
3       基本工资 = c(1800,900,1200,1900),
4       岗位工资 = c(2000,1250,1550,960),
5       绩效工资 = c(3040,1610,1920,1150),
6       工龄工资 = c(100,30,50,90))
7   df
8   rowSums(df)          # 计算应发工资
```

运行程序，结果如图 9.5 所示。这里数据看上去不是很直观，下面新增一列，作为工资各项的求和结果（即应发工资），添加到 dataframe 数据的最后一列。关键代码如下：

```
df <- cbind(df,rowSums(df))
```

运行程序，结果如图 9.6 所示。

```
   基本工资 岗位工资 绩效工资 工龄工资
1    1800    2000     3040     100
2     900    1250     1610      30
3    1200    1550     1920      50
4    1900     960     1150      90
> rowSums(df)
[1] 6940 3790 4720 4100
```

图 9.5 使用 rowSum()函数计算工资项合计 1

```
   基本工资 岗位工资 绩效工资 工龄工资 rowSums(df)
1    1800    2000     3040     100        6940
2     900    1250     1610      30        3790
3    1200    1550     1920      50        4720
4    1900     960     1150      90        4100
```

图 9.6 使用 rowSum()函数计算应发工资

4．列数据求和（colSum()函数）

对列数据求和可以使用 colSum()函数，下面通过具体的实例进行介绍。

【例 9.5】使用 colSum()函数计算工资各项合计（**实例位置：资源包\Code\09\05**）

计算工资表中各项的合计金额，如基本工资、岗位工资、绩效工资和工龄工资合计。运行 RStudio，编写如下代码。

```
1   # 创建数据框
2   df <- data.frame(
3       基本工资 = c(1800,900,1200,1900),
4       岗位工资 = c(2000,1250,1550,960),
```

```
5        绩效工资 = c(3040,1610,1920,1150),
6        工龄工资 = c(100,30,50,90))
7    colSums(df)
8    df <- rbind(df,colSums(df))        # 将列求和结果添加到最后一行
9    df
```

运行程序，结果如图 9.7 所示。

```
  基本工资 岗位工资 绩效工资 工龄工资
1   1800    2000    3040    100
2    900    1250    1610     30
3   1200    1550    1920     50
4   1900     960    1150     90
5   5800    5760    7720    270
```

图 9.7　使用 colSum() 函数计算工资各项合计

5．行、列数据求和（apply() 函数）

对于行、列数据的计算还可以使用 apply() 函数。

【例 9.6】使用 apply() 函数实现求和计算（**实例位置：资源包\Code\09\06**）

下面使用 apply() 函数对工资数据进行求和计算。运行 RStudio，编写如下代码。

```
1    # 创建数据框
2    df <- data.frame(
3        基本工资 = c(1800,900,1200,1900),
4        岗位工资 = c(2000,1250,1550,960),
5        绩效工资 = c(3040,1610,1920,1150),
6        工龄工资 = c(100,30,50,90))
7    apply(df,1,sum)        # 对行数据求和
8    apply(df,2,sum)        # 对列数据求和
```

运行程序，结果如图 9.8 所示。

```
  基本工资 岗位工资 绩效工资 工龄工资
1   1800    2000    3040    100
2    900    1250    1610     30
3   1200    1550    1920     50
4   1900     960    1150     90
> # 对行数据求和
> apply(df,1,sum)
[1] 6940 3790 4720 4100
> # 对列数据求和
> apply(df,2,sum)
  基本工资 岗位工资 绩效工资 工龄工资
   5800     5760     7720     270
```

图 9.8　使用 apply() 函数实现求和计算

9.1.2　求均值

在 R 语言中可以通过多种方法求均值，例如直接计算求均值，使用 mean()、apply()、rowMeans() 或 colMeans() 函数求均值。在日常开发中可以根据实际需求选择适合的方法，建议对数据框中的数据求均值使用 apply() 函数、rowMeans() 函数或 colMeans() 函数，对向量求均值使用 mean() 函数。下面通过具体的实例进行介绍。

【例 9.7】计算语文、数学和英语各科的平均分（**实例位置：资源包\Code\09\07**）

下面使用不同的方法计算语文、数学和英语各科成绩的平均值。运行 RStudio，编写如下代码。

```
1    # 创建数据框
2    df <- data.frame(
3        数学 = c(105,88,120,90,101,134,68,58),
4        语文 = c(110,105,109,120,117,85,134,99),
5        英语 = c(99,115,130,134,120,67,89,55))
6    df
7    # 数学、语文和英语各科的平均分
8    colMeans(df)
9    apply(df,2,mean)
10   mean(df[,"数学"])        # 数学的平均分
11   df <- rbind(df,colMeans(df))  # 将平均分结果并入最后一行
12   df
```

运行程序，结果如图 9.9 所示。

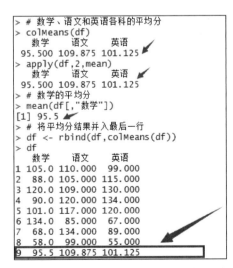

```
> # 数学、语文和英语各科的平均分
> colMeans(df)
    数学      语文      英语
 95.500 109.875 101.125
> apply(df,2,mean)
    数学      语文      英语
 95.500 109.875 101.125
> # 数学的平均分
> mean(df[,"数学"])
[1] 95.5
> # 将平均分结果并入最后一行
> df <- rbind(df,colMeans(df))
> df
    数学      语文      英语
1 105.0 110.000  99.000
2  88.0 105.000 115.000
3 120.0 109.000 130.000
4  90.0 120.000 134.000
5 101.0 117.000 120.000
6 134.0  85.000  67.000
7  68.0 134.000  89.000
8  58.0  99.000  55.000
9  95.5 109.875 101.125
```

图 9.9　计算语文、数学和英语各科的平均分

下面重点介绍 mean()函数。mean()函数用于在 R 语言中计算平均值，语法格式如下：

```
mean(x, trim = 0, na.rm = FALSE, ...)
```

参数说明如下。

- ☑ x：表示向量。
- ☑ trim：用于从排序的向量中去掉两端数据的百分比，即计算结尾均值，取值为 0～0.5。例如，trim=0.1 时，向量的左端和右端各删除一个值。
- ☑ na.rm：逻辑值，表示是否从向量中删除缺失值，默认值为 FALSE，不删除。

【例 9.8】使用 mean()函数计算向量的平均值（实例位置：资源包\Code\09\08）

下面使用 mean()函数计算向量的平均值，要求去掉指定的值和缺失值，然后计算平均值。运行 RStudio，编写如下代码。

```
1   x <- c(122,78,33,67,18,21,154,-99,8,-5)   # 创建向量
2   result <-   mean(x)                        # 计算平均值
3   result
4   result <-   mean(x,trim = 0.2)             # 排序后去掉两端的值，然后计算平均值
5   result
6   y <- c(122,78,33,67,18,21,154,-99,8,-5,NA)
7   result <-   mean(y,na.rm = TRUE)           # 去掉空值后计算平均值
8   result
```

运行程序，结果如图 9.10 所示。

9.1.3　求最大值

在 R 语言中求最大值可以使用 apply()函数，设置 FUN 参数为 max 即可。

【例 9.9】计算语文、数学和英语各科的最高分（实例位置：资源包\Code\09\09）

下面使用 apply()函数计算语文、数学和英语各科成绩的最高分。运行 RStudio，编写如下代码。

```
1   df <- data.frame(              # 创建数据框
2       数学 = c(105,88,120,90,101,134,68,58),
3       语文 = c(110,105,109,120,117,85,134,99),
4       英语 = c(99,115,130,134,120,67,89,55))
5   df
6   apply(df,2,max)               # 数学、语文和英语各科成绩的最高分
7   df <- rbind(df,apply(df,2,max))   # 将最高分结果并入最后一行
8   df
```

运行程序，结果如图 9.11 所示。从运行结果可知：数学最高分为 134 分，语文最高分为 134 分，英语最高分为 134 分。

9.1.4　求最小值

在 R 语言中求最小值可以使用 apply()函数，设置 FUN 参数

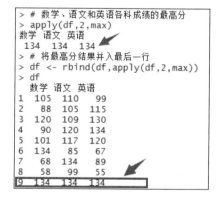

图 9.10　使用 mean()函数计算向量的平均值

图 9.11　计算语文、数学和英语各科的最高分

为 min 即可。

【例 9.10】计算语文、数学和英语各科的最低分（**实例位置：资源包\Code\09\10**）

下面使用 apply()函数计算语文、数学和英语各科成绩的最低分。运行 RStudio，编写如下代码。

```
1    # 创建数据框
2    df <- data.frame(
3        数学 = c(105,88,120,90,101,134,68,58),
4        语文 = c(110,105,109,120,117,85,134,99),
5        英语 = c(99,115,130,134,120,67,89,55))
6    df
7    apply(df,2,min)                      # 数学、语文和英语各科成绩的最低分
8    df <- rbind(df,apply(df,2,min))      # 将最低分结果并入最后一行
9    df
```

运行程序，结果如图 9.12 所示。从运行结果可知：数学最低分 58 分，语文最低分 85 分，英语最低分 55 分。

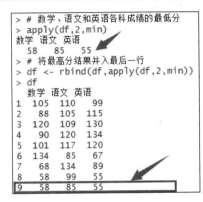

图 9.12　计算语文、数学和英语各科的最低分

9.1.5　求中位数

中位数又称中值，是统计学的专有名词，是指按顺序排列的一组数据中位于中间位置的数，其不受异常值的影响。例如，年龄 23、45、35、25、22、34、28 这 7 个数，中位数就是排序后位于中间的数字，即 28，而年龄 23、45、35、25、22、34、28、27 这 8 个数，中位数则是排序后中间两个数的平均值，即 28.5。

在 R 语言中，使用 median()函数计算中位数，语法格式如下：

```
median(x, na.rm = FALSE, ...)
```

参数说明如下。

☑　x：计算对象，可以是向量、矩阵、数组或数据框。

☑　na.rm：逻辑值，表示是否从计算对象中删除缺失值，默认值为 FALSE，不删除。

【例 9.11】计算数学成绩的中位数（**实例位置：资源包\Code\09\11**）

高三一班有 10 名同学参加数学竞赛，他们的成绩为 134、128、119、139、121、110、109、99、136.5 和 142，使用 median()函数计算中位数。运行 RStudio，编写如下代码。

```
1    x <- c(134,128,119,139,121,110,109,99,136.5,142)
2    median(x)
```

运行程序，结果为：124.5

9.1.6　求众数

顾名思义，众数就是一组数据中出现次数最多的数，代表了数据的一般水平。与平均值和中位数不同，众数可以是数字，也可以是字符串。

在 R 语言中没有专门计算众数的函数，需要结合 table()函数和 which.max()函数找出众数，或者用

户自行编写一个计算众数的函数。

【例 9.12】众数的应用（**实例位置：资源包\Code\09\12**）

下面给出身高数据和性别数据，计算两组数据的众数。运行 RStudio，编写如下代码。

```
1   # 创建向量
2   x <- c(167,160,159,165,160,165,160,175,162,169,165)
3   y <- c("女","男","女","女","男","男","女","女")
4   # 计算每个值出现的次数
5   n1 <- table(x)
6   n2 <- table(y)
7   # 找出出现次数最多的值的索引
8   index1 <- which.max(n1)
9   index2 <- which.max(n2)
10  # 输出众数及出现的次数
11  n1[index1]
12  n2[index2]
```

运行程序，结果如下：

```
160 3
女  5
```

从运行结果可知：160 出现的次数最多，共 3 次，160 为众数；"女"出现的次数最多，共 5 次，女为众数。

⬇ 代码解析

第 5～6 行代码：table()函数用于统计各因子水平的出现次数（即频数或频率），也可以对向量统计每个不同元素的出现次数。

第 8～9 行代码：which.max()函数用于返回向量中第一个最大值的索引。

【例 9.13】自定义计算众数的函数（**实例位置：资源包\Code\09\13**）

下面自定义一个计算众数的函数。运行 RStudio，编写如下代码。

```
1   mode <- function(a) {                              # 自定义计算众数的函数 mode()
2       b <- unique(a)
3       b[which.max(tabulate(match(a,b)))]
4   }
5   x <- c(167,160,159,165,160,165,160,175,162,169)    # 创建向量
6   mode(x)                                            # 计算众数
```

运行程序，结果为 160，即 160 出现的次数最多，160 为众数。

⬇ 代码解析

第 2 行代码：unique()函数用于去重。

第 3 行代码：tabulate()函数用于计算向量中整数值的出现次数；match()函数，如 match(a,b)用于将 a 中的元素逐个匹配 b 中的所有元素，如果匹配则返回匹配的元素在 b 向量的位置。

9.1.7　求方差

方差就是各组数据与其平均数的差的平方，一般用于衡量一组数据的离散程度或波动情况。方差越小，数据的波动越小，数据越稳定；反之，方差越大，数据的波动越大，数据越不稳定。

例如，某校两名同学的物理成绩都很优秀，而参加物理竞赛的名额只有一个，选谁去获胜的几率

更大呢？根据历史数据（见图 9.13），很快计算了两名同学的平均成绩，他们实力相当，都是 107.6 分。接下来该如何取舍？这时可以通过计算方差来做决定，看看谁的成绩更稳定。

通过方差对比两名同学物理成绩的波动情况，结果如图 9.14 所示。

	物理1	物理2	物理3	物理4	物理5
小黑	110	113	102	105	108
小白	118	98	119	85	118

图 9.13　物理成绩

	物理1	物理2	物理3	物理4	物理5
小黑	5.76	29.16	31.36	6.76	0.16
小白	108.16	92.16	129.96	510.76	108.16

图 9.14　方差

他们的总体波动情况（即方差和），小黑的数据是 73.2，小白的数据是 949.2，很明显小黑的物理成绩波动较小，发挥更稳定。所以，应该选小黑去参加物理竞赛。

上面的例子体现了方差的作用。大数据时代方差能够解决很多身边的问题使我们做出更合理的决策。

在 R 语言中，通过 var() 函数可以实现方差运算，语法格式如下：

```
var(x, y = NULL, na.rm = FALSE, use)
```

参数说明如下。

☑　x：一个数值型向量、矩阵或数据框。

☑　y：与 x 维度相容的向量、矩阵或数据框，默认值为 NULL。

☑　na.rm：逻辑值，表示是否删除缺失值，默认值为 FALSE，不删除。

☑　use：可选参数，字符型，表示当数据中有缺失值时，计算协方差的方法。参数值为 everything、all.obs、complete.obs、na.or.complete 或 pairwise.complete.obs。

【例 9.14】通过方差判断谁的物理成绩更稳定（实例位置：资源包\Code\09\14）

下面使用 var() 函数计算小黑和小白两名同学的物理成绩方差。运行 RStudio，编写如下代码。

```
1   # 创建数据框
2   df <- data.frame(
3       小黑 = c(110,113,102,105,108),
4       小白 = c(118,98,119,85,118))
5   # 计算方差
6   var(df[,"小黑"])
7   var(df[,"小白"])
```

运行程序，结果如下：

```
小黑 18.3
小白 237.3
```

从运行结果可知：小黑的物理成绩波动较小，发挥更稳定。这里需要注意，上述计算的方差为无偏样本方差，即"方差和/(样本数−1)"。

9.1.8　求标准差

标准差又称均方差，是方差的平方根，同样用来表示数据的离散程度。

在 R 语言中，使用 sd() 函数计算标准差。其语法格式如下：

```
sd(x, na.rm = FALSE)
```

在 sd() 函数中的各参数的含义与 var() 函数对应的参数相同，区别是参数 x 是一个数值型向量。

【**例 9.15**】计算各科成绩的标准差（**实例位置：资源包\Code\09\15**）

下面使用 sd()函数计算标准差，运行 RStudio，编写如下代码。

```
1   # 创建数据框
2   df <- data.frame(
3       数学 = c(105,88,120,90,101,134,68,58),
4       语文 = c(110,105,109,120,117,85,134,99),
5       英语 = c(99,115,130,134,120,67,89,55))
6   # 计算各科成绩的标准差
7   sd(df[,'数学'])
8   sd(df[,'语文'])
9   sd(df[,'英语'])
```

运行程序，结果如图 9.15 所示。从运行结果可知：数学的标准差为 25.21904，语文的标准差为 14.62324，英语的标准差为 29.04891。

```
> sd(df[,'数学'])
[1] 25.21904
> sd(df[,'语文'])
[1] 14.62324
> sd(df[,'英语'])
[1] 29.04891
```

图 9.15　各科成绩的标准差

9.1.9　求分位数

分位数也称分位点，它以概率为依据将数据分割为几个等份。常用的有中位数（即二分位数）、四分位数、百分位数等。分位数是数据分析中常用的一个统计量，经过抽样得到一个样本值。如"这次考试有 10%的同学不及格"就体现了分位数的应用。

在 R 语言中，使用 quantile()函数求分位数。该函数默认返回 5 个数值，即最小值、第一分位数值、第二分位（中位数）、第三分位数值和最大值。

【**例 9.16**】通过分位数确定被淘汰的 25%的学生（**实例位置：资源包\Code\09\16**）

以学生成绩为例，数学成绩分别为 120、89、98、78、65、102、112、56、79、45 的 10 名同学都参加了某学习小组，现需要根据分数淘汰后 25%的学生，该如何处理？

首先使用 quantile()函数计算分位数，其中第二分位就是 25%的分数，然后将学生成绩与该分数进行比较，筛选小于或等于该分数的学生。运行 RStudio，编写如下代码。

```
1   x <- c(120,89,98,78,65,102,112,56,79,45)    # 创建向量
2   y <- quantile(x)                            # 计算向量 x 的分位数
3   print(y)                                    # 输出分位数
4   x[c(x <= y[2])]                             # 输出被淘汰的 25%的分数
```

运行程序，结果如图 9.16 所示。从运行结果可知：被淘汰的学生有 3 名，他们的分数为 65、56 和 45。

```
> # 输出分位数
> print(y)
    0%    25%    50%    75%   100%
 45.00  68.25  84.00 101.00 120.00
> # 输出被淘汰的25%的分数
> x[c(x <= y[2])]
[1] 65 56 45
```

图 9.16　通过分位数确定被淘汰的 25%学生

9.1.10　求多个计算结果

如果想一次性计算最小值、下四分位数、中位数、上四分位数和最大值，可以使用 fivenum()函数。从函数名称可以看出，该函数可一次性返回 5 个计算结果。

例如，计算数学、语文和英语成绩的最小值、下四分位数、中位数、上四分位数和最大值，示例代码如下：

```
1   # 创建数据框
```

```
2    df <- data.frame(
3         数学  = c(105,88,120,90,101,134,68,58),
4         语文  = c(110,105,109,120,117,85,134,99),
5         英语  = c(99,115,130,134,120,67,89,55))
6    fivenum(df$数学)
7    fivenum(df$语文)
8    fivenum(df$英语)
```

运行程序，结果如图 9.17 所示。

```
> fivenum(df$数学)
[1]  58.0  78.0  95.5 112.5 134.0
> fivenum(df$语文)
[1]  85.0 102.0 109.5 118.5 134.0
> fivenum(df$英语)
[1]  55  78 107 125 134
```

图 9.17　最小值、下四分位数、
中位数、上四分位数和最大值

9.2　数据分组统计

数据分组统计就是对数据先分组再统计。例如，分别对男生和女生的平均身高进行统计，这就需要根据性别对学生的身高分组，然后分别求平均值。

9.2.1　apply()、tapply()、sapply()、lapply()函数

在 R 语言中，常用的统计函数有 apply()、tapply()、sapply()和 lapply()函数，下面分别进行介绍。

1．apply()函数

apply()函数用于对矩阵、数据框、数组（二维和多维）等矩阵型数据，按行或列应用函数进行循环计算，并返回计算结果，语法格式如下：

```
apply(X, MARGIN, FUN, ..., simplify = TRUE)
```

主要参数说明如下。

☑　X：数组、矩阵、数据框等矩阵型数据。

☑　MARGIN：按行或列计算，1 表示按行，2 表示按列。

☑　FUN：要应用的函数，可以是 sum()、mean()、max()、min()、sd()、var()和 length()等。如果是+、%*%等符号，函数名必须用英文输入法下的反单引号（``）或引号（''）括起来。

【例 9.17】使用 apply()函数计算三科成绩的平均分（实例位置：资源包\Code\09\17）

首先创建学生成绩数据，然后使用 apply()函数计算数学、语文和英语的平均分。运行 RStudio，编写如下代码。

```
1    #  创建数据框
2    数学  <- c(105,88,120,90,101,134,68,58)
3    语文  <- c(110,105,109,120,117,85,134,99)
4    英语  <- c(99,115,130,134,120,67,89,55)
5    性别  <- c("女","男","女","女","男","男","女","女")
6    df <- data.frame(数学,语文,英语,性别)
7    df
8    #  计算数学、语文、英语的平均值
9    result <- apply(df[,1:3], 2, mean)
10   result
```

运行程序，结果如下。

```
数学      语文     英语
95.500 109.875 101.125
```

2．tapply()函数

tapply()函数将数据按照分类变量进行分组统计，生成类似列联表形式的数据结果。语法格式如下：

```
tapply(X, INDEX, FUN = NULL, ..., default = NA, simplify = TRUE)
```

主要参数说明如下。

- ☑ X：数组、矩阵、数据框等分割型数据向量。
- ☑ INDEX：一个或多个因子的列表，每个因子的长度都与 X 相同
- ☑ FUN：要应用的函数。

如按性别统计数学平均成绩，主要代码如下：

```
tapply(df$数学,df$性别,mean)
```

3．sapply()函数

sapply()函数用于对列表、数据框、数据集进行循环计算，输入为列表，返回值为向量。语法格式如下：

```
sapply(X, FUN, ..., simplify = TRUE, USE.NAMES = TRUE)
```

【例 9.18】计算列表中元素的和（实例位置：资源包\Code\09\18）

首先创建列表，然后使用 sapply()函数计算列表中元素的和。运行 RStudio，编写如下代码。

```
1   # 创建列表
2   mylist <- list(languages=c(135,109,87,110),
3               math=c(120,110,89,99),
4               english=c(99,120,140,101))
5   mylist
6   sapply(mylist,sum)              # 求列表中各元素的和
```

运行程序，结果如下：

```
languages      math   english
      441       418       460
```

4．lapply()函数

lapply()函数与 sapply()函数类似，区别是返回值为列表。

9.2.2 分组统计函数 aggregate()

在日常数据处理过程中，经常需要将数据按照某一属性分组，然后求和、平均值等。在 R 语言中，aggregate()函数可以轻松实现这一功能。

aggregate()函数是数据处理中的常用函数，类似于 SQL 语句中的 Group By 命令，可以按照用户需求将数据分组聚合，并对聚合后的数据进行求和、平均值等操作。其语法格式如下：

```
aggregate(x, by, FUN)
```

参数说明如下。

☑　x：要聚合的数据集。

☑　by：按照哪些变量进行聚合。

☑　FUN：聚合函数，可以是 mean、sum、min 和 max 等。

1. 按照某列分组统计

【例 9.19】根据"一级分类"统计订单数据（**实例位置：资源包\Code\09\19**）

按照图书"一级分类"对订单数据进行分组统计求和。运行 RStudio，编写如下代码。

```
1  library(openxlsx)                                    # 加载程序包
2  df <- read.xlsx("datas/JD.xlsx",sheet=1)             # 读取 Excel 文件
3  df1 <- data.frame(df$`7 天点击量`,df$订单预定)         # 抽取"7 天点击量"和"订单预定"两列数据
4  aggregate(df1, by=list(一级分类=df$一级分类),sum)      # 按一级分类统计"7 天点击量"和"订单预定"
```

运行程序，结果如图 9.18 所示。

```
              一级分类  df..7天点击量.  df.订单预定
1  编程语言与程序设计           4280         192
2               数据库            186          15
3  网页制作/web技术             345          15
4              移动开发            261           7
```

图 9.18　根据"一级分类"统计订单数据

2. 按照多列分组统计

多列分组统计，以列表形式指定列。

【例 9.20】根据两级分类统计订单数据（**实例位置：资源包\Code\09\20**）

按照图书"一级分类"和"二级分类"对订单数据进行分组统计求和。运行 RStudio，编写如下代码。

```
1  library(openxlsx)                                    # 加载程序包
2  df <- read.xlsx("datas/JD.xlsx",sheet=1)             # 读取 Excel 文件
3  df1 <- data.frame(df$`7 天点击量`,df$订单预定)         # 抽取 7 天点击量和订单预定两列数据
4  # 按一级分类和二级分类统计 7 天点击量和订单预定
5  aggregate(df1, by=list(一级分类=df$一级分类,二级分类=df$二级分类),sum)
```

运行程序，结果如图 9.19 所示。

```
              一级分类      二级分类   df..7天点击量.  df.订单预定
1              移动开发      Android           261          7
2   编程语言与程序设计      ASP.NET            87          2
3   编程语言与程序设计      C#                314         12
4   编程语言与程序设计      C++/C语言          724         28
5   网页制作/web技术       HTML              188          8
6   编程语言与程序设计      Java              408         16
7   网页制作/web技术       JavaScript        100          7
8   编程语言与程序设计      JSP/JavaWeb       157          1
9              数据库        Oracle             58          2
10  编程语言与程序设计      PHP               113          1
11  编程语言与程序设计      Python           2449        132
12             数据库        SQL               128         13
13  编程语言与程序设计  visual Basic           28          0
14  网页制作/web技术       WEB前端            57          0
```

图 9.19　根据两级分类统计订单数据

在上述代码中，对两列或多列数据分组统计时还可以使用 cbind() 函数，该函数可将列合并，即叠加所有列。关键代码如下：

```
aggregate(cbind("7 天点击量"=df$`7 天点击量`,"订单预定"=df$订单预定), by=list(一级分类=df$一级分类,二级分类=df$二级分类),sum)
```

9.2.3　分组函数 group_by()

group_by()为分组函数,它可按照用户需求对数据进行分组整合。group_by()函数通常和 summarize()函数一起使用。group_by()函数在 dplyr 包中，使用该函数前应首先加载程序包 dplyr。

【例 9.21】 按年分组统计销量（**实例位置：资源包\Code\09\21**）

下面使用 group_by()函数实现按年统计销量。运行 RStudio，编写如下代码。

```
1    library(dplyr)                # 加载程序包
2    # 创建 dataframe 数据框
3    df <- data.frame("年份"=rep(2021:2022,6),"月份"=seq(1:12),"销量"=rep(c(100,300,500,700),3))
4    df                           # 原始数据
5    df1 <- group_by(df,年份)     # 按年分组
6    # 统计最高销量、平均销量和总销量
7    df2 <- summarise(df1,
8                最高销量=max(销量),
9                平均销量=mean(销量),
10               总销量=sum(销量))
11   df2
```

运行程序，结果如图 9.20 和图 9.21 所示。

```
   年份  月份 销量
1  2021   1   100
2  2022   2   300
3  2021   3   500
4  2022   4   700
5  2021   5   100
6  2022   6   300
7  2021   7   500
8  2022   8   700
9  2021   9   100
10 2021  10   300
11 2021  11   500
12 2022  12   700
```

图 9.20　原始数据

```
   年份  最高销量 平均销量 总销量
  <int>   <dbl>    <dbl>  <dbl>
1  2021    500      300   1800
2  2022    700      500   3000
```

图 9.21　按年份分组统计后的数据

✦　代码解析

第 3 行代码：rep()函数用于重复输出。如 rep(1,4)表示 1 重复 4 次。seq()函数用于生成一段步长相等的序列。

9.3　数据透视表

Excel 中的数据透视表大家都非常了解，R 语言中也提供了类似功能。对比 Excel 数据透视表，R 语言数据透视表具有以下优势。

☑　更快捷，尤其在代码模块写好后，以及需要统计的数据量较大时。

☑　可以自我记录，即用户通过查看代码，可了解每一步的作用。

☑　易于使用，可以生成报告或电子邮件。

☑　更加灵活，可以定义自定义聚合功能。

9.3.1　dcast()函数

在 R 语言中可以使用 reshape2 包中的 dcast()和 acast()函数实现数据透视表。这两个函数的功能类似，区别在于 acast()函数的返回结果没有行标签，dcast()函数的返回结果有行标签。

下面重点介绍 dcast()函数，其语法格式如下：

```
dcast(data,formula,fun.aggregate = NULL,..., margins = NULL, subset = NULL, fill = NULL, drop = TRUE, value.var = guess_value(data))
```

主要参数说明如下。

☑　data：数据框。

☑　formula：如 x ~ y，x 为行标签，y 为列标签。

☑　fun.aggregate：聚合函数用于对 value.var 参数值进行处理。聚合函数可以是 sum()、mean()、max()、min()、sd()、var()和 length()等。

☑　subset：对结果进行条件筛选。

☑　drop：是否保留缺失值

☑　value.var：要处理的变量（字段）。

【例 9.22】用数据透视表统计各部门的男女人数（**实例位置：资源包\Code\09\22**）

用数据透视表统计每一个部门各有男、女多少人。运行 RStudio，编写如下代码。

```
1    # 加载程序包
2    library(openxlsx)
3    library(reshape2)
4    df <- read.xlsx("datas/员工表.xlsx")              # 读取 Excel 文件
5    df$入职时间 <- convertToDate(df$入职时间)           # 转换日期格式
6    View(df)                                          # 以表格显示前 6 条数据
7    df1 <- dcast(df,性别 ~ 所属部门,value.var = "性别")  # 数据透视表，统计各部门男生和女生人数
8    View(df1)                                          # 以表格显示数据
```

运行程序，结果如图 9.22 和图 9.23 所示。

	所属部门	姓名	性别	年龄	婚姻状况	入职时间	民族
1	总经办	mr001	男	47	已	2001-01-01	汉
2	人资行政部	mr002	女	33	已	2020-05-11	汉
3	人资行政部	mr003	女	27	已	2019-10-24	汉
4	财务部	mr004	女	34	已	2018-10-15	汉
5	财务部	mr005	女	30	已	2018-09-04	蒙
6	开发一部	mr006	男	35	已	2006-03-29	汉

图 9.22　原始数据

	性别	编撰部	财务部	开发二部	开发一部	客服部	课程部	人资行政部	设计部	网站开发部	运营部	总经办
1	男	0	0	3	4	1	2	0	1	2	1	1
2	女	4	2	2	3	0	2	3	2	4	0

图 9.23　按部门统计男女人数

9.3.2 gather()函数

tidyr 包的 gather()函数也可以实现数据透视表，主要是将宽表转换为长表。语法格式如下：

```
gather(data, key = "key", value = "value", ..., na.rm = FALSE, convert = FALSE, factor_key = FALSE)
```

主要参数说明如下。

☑ data：数据框。

☑ key：新数据中用于存放关键词的字段名。

☑ value：新数据中用于存放 value 的字段名。

【例 9.23】使用数据透视表，将宽表转换为长表（**实例位置：资源包\Code\09\23**）

使用数据透视表，将北京、上海、广州和深圳 2015—2019 年的 GDP 数据宽表转换为长表。运行 RStudio，编写如下代码。

```
1  # 加载程序包
2  library(openxlsx)
3  library(tidyr)
4  # 读取 Excel 文件
5  df <- read.xlsx("datas/gdp.xlsx",sheet=2)
6  df
7  # 数据透视表
8  gather(df,key = "年份",value = "GDP","2015 年","2016 年","2017 年","2018 年","2019 年")
```

运行程序，结果如图 9.24 和图 9.25 所示。

```
   地区   2019年    2018年    2017年    2016年    2015年
1  北京  35371.28  33105.97  28014.94  25669.13  23014.59
2  上海  38155.32  36011.82  30632.99  28178.65  25123.45
3  广州  23629.00  22859.35  21503.15  19547.44  18100.41
4  深圳  26927.00  24221.98  22490.06  19492.60  17502.86
```

图 9.24　原始数据

图 9.25　转换后的数据

9.3.3 spread()函数

spread()函数与 gather()函数相反，用于将长表转换为宽表。

【例 9.24】使用数据透视表将长表转换为宽表（**实例位置：资源包\Code\09\24**）

使用数据透视表，将北京、上海、广州和深圳 2015—2019 年的 GDP 数据长表转换为宽表。运行

RStudio，编写如下代码。

```
1   # 加载程序包
2   library(openxlsx)
3   library(tidyr)
4   df <- read.xlsx("datas/gdp.xlsx")          # 读取 Excel 文件
5   df
6   spread(df,key = "年份",value = "GDP")      # 数据透视表
```

运行程序，结果如图 9.26 和图 9.27 所示。

```
    地区   年份      GDP
1   北京  2019年  35371.28
2   上海  2019年  38155.32
3   广州  2019年  23629.00
4   深圳  2019年  26927.00
5   北京  2018年  33105.97
6   上海  2018年  36011.82
7   广州  2018年  22859.35
8   深圳  2018年  24221.98
9   北京  2017年  28014.94
10  上海  2017年  30632.99
11  广州  2017年  21503.15
12  深圳  2017年  22490.06
```

图 9.26　原始数据

```
    地区    2017年    2018年    2019年
1   北京  28014.94  33105.97  35371.28
2   广州  21503.15  22859.35  23629.00
3   上海  30632.99  36011.82  38155.32
4   深圳  22490.06  24221.98  26927.00
```

图 9.27　转换后的数据

9.4　要点回顾

在数据分析过程中，只要知道平均数和标准差就能解决基本分析需求，这些内容学习起来比较容易。数据分组统计与数据透视表相对较难，但却是数据分析中功能强大的工具，应熟练掌握它们，以便能对各种复杂数据按照不同方式进行分析。

第 10 章

基本绘图

在数据分析与机器学习中，经常用到大量的可视化操作。一张精美的图表不仅能够展示大量信息，更能够直观展现数据之间的隐藏关系。本章介绍 R 语言基本绘图知识，包括图表的常用设置、基础图表的绘制、统计分布图的绘制以及多子图的绘制。

本章知识架构及重难点如下。

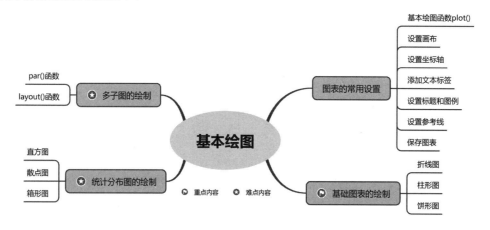

10.1　图表的常用设置

本节主要介绍图表的常用设置，包括设置颜色、线条样式、线的宽度和标记样式，以及设置画布、设置坐标轴、添加文本标签、设置标题和图例、设置参考线以及为保存图表。

10.1.1　基本绘图函数 plot()

plot()函数是在 R 语言中绘图时使用最多的函数，它的参数非常多。其语法格式如下：

```
plot(x, y, ...)
```

参数说明如下。

- ☑　x：x 轴数据，向量。
- ☑　y：y 轴数据，向量。
- ☑　...：附加参数。
  - ➤　type：点线的类型，参数值及其说明如表 10.1 所示。

表 10.1　type 参数值及其说明

参　数　值	说　　明	参　数　值	说　　明
type="p"	点	type="h"	类似于直方图的线
type="l"	线	type="s"	先横线后竖线，类似于楼梯的形状
type="b"	点线	type="S"	先竖线后直线，类似于楼梯的形状
type="c"	点线图去掉点	type="n"	空白图
type="o"	覆盖点和线		

type 参数点线类型的示意图如图 10.1 所示。

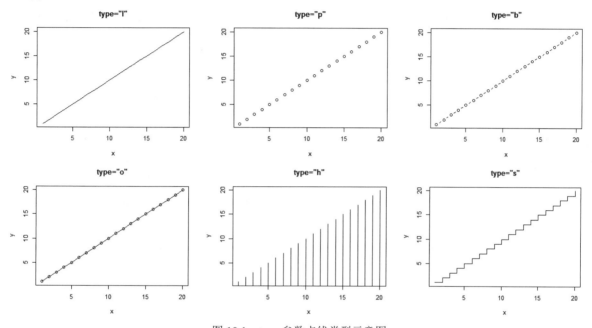

图 10.1　type 参数点线类型示意图

➢　main：图像标题。
➢　sub：图像子标题。
➢　xlab：x 轴标签。
➢　ylab：y 轴标签。
➢　xlim：x 轴的坐标轴范围，参数值为向量（x1,x2），x1 和 x2 分别为 x 的上下限。
➢　ylim：y 轴的坐标轴范围，参数值为向量（y1,y2），y1 和 y2 分别为 y 的上下限。
➢　ann：逻辑值，值为 FALSE，则表示不显示文本标签，如坐标轴的标题等。
➢　axes：逻辑值，是否显示坐标轴。
➢　frame.plot：逻辑值，是否显示边框。
➢　bty：字符串类型，用于设置边框的类型。如果 bty 的值为 o（默认值）、l、7、c、u 或者]
　　中的任意一个，那么对应的边框类型与该值的形状类似，如果 bty 的值为 n，则表示无边框。

如绘制一个简单图表，代码如下：

```
1    x <- 1:20
2    y <- x
3    plot(x,y)
```

运行程序，结果如图 10.2 所示。

【例 10.1】绘制简单折线图（**实例位置：资源包\Code\10\01**）

使用 plot()函数绘制简单的折线图，设置 type 参数值为 l。运行 RStudio，编写如下代码。

```
1  x <- 1:20
2  y <- x
3  plot(x,y,type="l")
```

运行程序，结果如图 10.3 所示。

【例 10.2】绘制体温折线图（**实例位置：资源包\Code\10\02**）

读取 Excel 文件，绘制体温折线图，分析 14 天基础体温情况。运行 RStudio，编写如下代码。

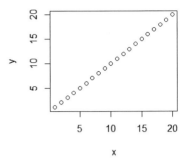

图 10.2　绘制简单图表

```
1  library(openxlsx)                          # 加载程序包
2  df <- read.xlsx("datas/体温.xlsx",sheet=1)   # 读取 Excel 文件
3  x <- df[["日期"]]
4  y <- df[["体温"]]
5  plot(x,y,type="l")                         # 绘制体温折线图
```

运行程序，结果如图 10.4 所示。

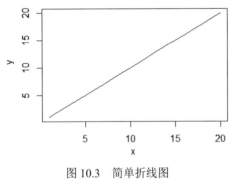

图 10.3　简单折线图

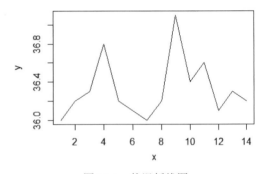

图 10.4　体温折线图

接下来进一步完善体温折线图。首先认识一下图表中颜色、线条样式、线的宽度和标记样式的设置方法。

1. 颜色

plot()函数的 col 参数可以用于设置图形各部分的颜色，如表 10.2 所示。

表 10.2　用于指定颜色的参数

设　置　值	说　　明	设　置　值	说　　明
col	默认的绘图颜色	col.sub	子标题（副标题）的颜色，默认为黑色
col.axis	坐标轴刻度值的颜色，默认为黑色	fg	图形的前景色，如坐标轴、刻度线和边框等，一般默认为黑色
col.lab	坐标轴标签的颜色，默认为黑色	bg	图形的背景色
col.main	标题颜色，默认为黑色		

在绘图过程中，可以通过颜色的名称、简称或十六进制颜色值指定绘图所需的颜色，也可以通过函数设置灰度值和自定义颜色，还可以直接使用系统配色。当需要指定的颜色元素为多个时，将颜色

输入为一个向量，之后依次匹配颜色。

常见的设置方法如下。

☑ 通过颜色名称指定，如 red、blue 等。

☑ 通过十六进制的 RGB 或 RGBA 字符串指定，如#0F0F0F、#0F0F0F0F 等。

☑ 黑白灰色系需要使用 gray()函数来设置，用 0～1 的小数作为灰度值，如 gray(0.5)。

☑ 自定义颜色需要通过颜色函数来指定，如 rgb()、hcl()等。

☑ 使用系统配色。R 语言预设了 5 个基本配色函数，分别为 rainbow()、heat.colors()、terrain.colors()、topo.colors()和 cm.colors()。

通用的颜色参考值如表 10.3 所示。

表 10.3　通用颜色参考值

设 置 值	说 明	设 置 值	说 明
blue	蓝色	magenta	洋红色
green	绿色	yellow	黄色
red	红色	black	黑色
cyan	蓝绿色	write	白色
#FFFF00	黄色，十六进制颜色值	gray(0.5)	灰度值使用 gray()函数，值为 0～1

2. 线条样式

lty 可选参数用于设置线条的样式，设置值分别为 1、2、3、4、5、6，示意图如图 10.5 所示。

3. 线的宽度

在 plot()函数中，lwd 参数用于设置线的宽度，默认值为 1。例如，lwd=2。

4. 标记样式

pch 为可选参数，用于设置标记的符号。其设置值及对应的符号如表 10.4 所示。

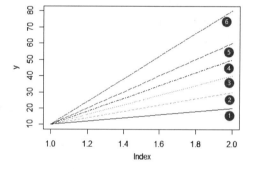

图 10.5　线条样式示意图

表 10.4　标记的设置值及符号

设 置 值	符 号	设 置 值	符 号	设 置 值	符 号
0	□	12	⊞	24	▲
1	○	13	⊠	25	▼
2	△	14	⊠	*	*
3	＋	15	■	.	.
4	×	16	●	o	o
5	◇	17	▲	O	O
6	▽	18	◆	0	0
7	⊠	19	●	+	+
8	✳	20	●	-	-
9	⊕	21	●	|	|
10	⊕	22	■	%	%
11	⊠	23	◆	#	#

如设置标记点的符号为实心的倒三角，代码如下：

```
plot(x,y,pch=25,bg=2)
```

下面为"14 天基础体温折线图"设置颜色和样式，并在实际体温位置进行标记，关键代码如下：

```
1    plot(x,y,type="l",col="red",lty=2)        # 设置线的样式
2    points(x,y,pch=25,bg=2)                    # 添加标记
```

在上述代码中，参数 col 为颜色，lty 为线的样式，pch 为标记的样式，bg 为背景颜色。运行程序，结果如图 10.6 所示。

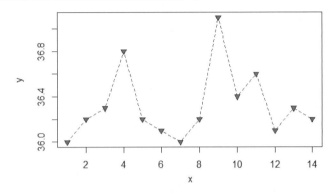

图 10.6　带标记的折线图

10.1.2　设置画布

在 R 语言中使用 par() 函数设置画布大小。par() 函数是 R 语言中有关绘图的重要函数之一，不仅可以设置画布大小，还可以对绘图区域进行分隔和布局，设置绘图区域的背景颜色、文本对齐方式、图像中文字的大小、图像的边框类型等。下面介绍如何使用 par() 函数设置画布。

【例 10.3】自定义画布（实例位置：资源包\Code\10\03）

在"14 天基础体温折线图"中，自定义一个 5×3 的蓝色画布，文本放大 1.5 倍，主要代码如下：

```
par(pin=c(5,3),bg="blue",cex=1.5)
```

运行程序，结果如图 10.7 所示。

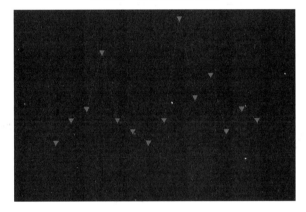

图 10.7　自定义画布

注意

　　pin=c(5,3)，表示实际画布大小是 500×300，所以，这里不要输入太大的数字。

10.1.3　设置坐标轴

一张精确的图表中不免要用到坐标轴，下面介绍 plot() 函数坐标轴的使用。

1．x 轴、y 轴标题

设置 x 轴和 y 轴标题主要使用 xlab 参数和 ylab 参数。

【例 10.4】为体温折线图的轴设置标题（实例位置：资源包\Code\10\04）

在"14 天基础体温折线图"中，设置 x 轴标题为"2022 年 12 月"，y 轴标题为"基础体温"。运行

RStudio，编写如下代码。

```
1   library(openxlsx)                                              # 加载程序包
2   df <- read.xlsx("datas/体温.xlsx",sheet=1)                     # 读取 Excel 文件
3   x <- df[["日期"]]
4   y <- df[["体温"]]
5   # 绘制体温折线图
6   plot(x,y,type="l",col="red",lty=2,xlab="2022 年 12 月",ylab="基础体温")   # 设置线的样式
7   points(x,y,pch=25,bg=2)                                       # 添加标记
```

运行程序，结果如图 10.8 所示。

2. 坐标轴范围

使用 plot()函数绘图时，可以自定义坐标轴范围。xlim 参数和 ylim 参数用来对 x 轴和 y 轴的值进行设置。例如，设置 x 轴范围为 15～20，y 轴范围为 100～120，代码如下：

```
1   x <- 15:20
2   y <- c(100,102,115,109,111,121)
3   plot(x,y,type="b",col="green",xlim=c(15,20),ylim=c(100,120))
```

运行程序，结果如图 10.9 所示。

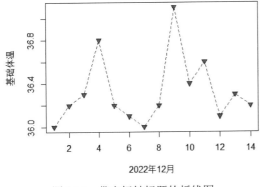

图 10.8　带坐标轴标题的折线图

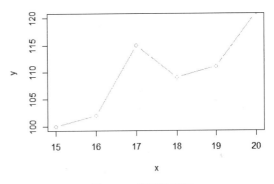

图 10.9　坐标轴范围

3. 自定义坐标轴刻度

使用 plot()函数绘制二维图像时，在默认情况下的横坐标（x 轴）和纵坐标（y 轴）有时达不到显示需求，此时可以使用 axis()函数自定义坐标轴刻度。

【例 10.5】为折线图设置刻度 1（实例位置：资源包\Code\10\05）

在"14 天基础体温折线图"中，x 轴是 2～14 的偶数，但实际日期是 1～14 的连续数字。下面使用 axis()函数解决这个问题，将 x 轴的刻度设置为 1～14 的连续数字。主要代码如下：

```
axis(1,c(1:14))
```

运行程序，结果如图 10.10 所示。

【例 10.6】为折线图设置刻度 2（实例位置：资源包\Code\10\06）

在前面的例子中日期看起来不太直观。下面将 x 轴刻度单位改为"日"，主要代码如下：

```
1   axis(side=1,at=1:14,labels=c("1 日","2 日","3 日","4 日","5 日",
2                                  "6 日","7 日","8 日","9 日","10 日",
3                                  "11 日","12 日","13 日","14 日"))
```

运行程序，结果如图 10.11 所示。

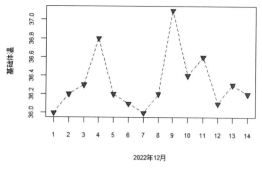

图 10.10　更改 x 轴刻度

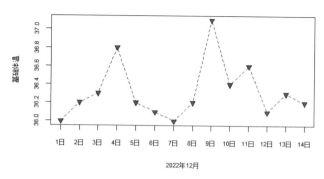

图 10.11　x 轴刻度单位为 "日"

 注意

> 为了显示新的刻度，需要去掉原有刻度，这里设置 xaxt="n"。

如果要设置 y 轴刻度，则应首先更改 side 参数值为 2，然后设置 labels 参数。

4．关闭坐标轴

关闭坐标轴主要使用 plot()函数的 xaxt 参数和 yaxt 参数。如关闭 x 轴和 y 轴坐标刻度，代码如下：

```
plot(x,y,type="l",col="red",lty=2,xlab="2022 年 12 月",ylab="基础体温",xaxt="n",yaxt="n")
```

10.1.4　添加文本标签

为了更清晰、直观地查看数据，可以为指定数据点添加文本标签。

添加文本标签主要使用 text()函数，其语法格式如下：

```
text(x, y = NULL, labels = seq_along(x$x), adj = NULL,pos = NULL, offset = 0.5, vfont = NULL,cex = 1, col = NULL, font =
NULL, ...)
```

主要参数说明如下。

- ☑　x/y：数值型向量，即要添加文本标签的坐标位置。如果 x 和 y 向量的长度不同，则短的将会被循环使用。
- ☑　labels：字符串向量，要添加的文本标签。
- ☑　adj：调整文本标签的位置，其值范围为 0～1。当 adj 为 1 时，用于调整文本标签的 x 轴的位置；当 adj 为 2 时，用于调整文本标签的 y 轴的位置。
- ☑　pos：调整文本标签的方向，如果指定了该值，则将覆盖 adj 给定的值。值 1、2、3、4 分别代表对应坐标的下、左、上和右。
- ☑　offset：此参数需要与 pos 参数结合使用。当指定 pos 参数时，给出字符串的偏移量。
- ☑　cex：设置字体大小，如果值为 NA 或 NULL，则 cex 参数值为 1。
- ☑　col：设置文本的颜色。
- ☑　font：设置文本的格式。默认值为 1，表示普通的文字，2 表示加粗，3 表示斜体，4 表示加粗+斜体，5 表示符号字体（在 Adobe 上时才有用）。

【**例 10.7**】为折线图添加基础体温文本标签（**实例位置：资源包\Code\10\07**）

在"14 天基础体温折线图"中，为各数据点添加文本标签，主要代码如下。

```
text(x,y,labels=df[["体温"]],pos=4,offset=0.5)
```

运行程序，结果如图 10.12 所示。

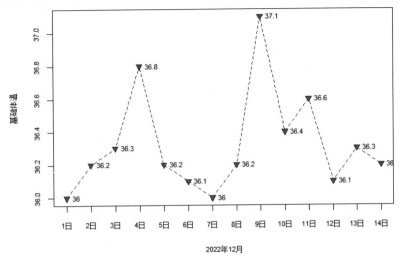

图 10.12 带文本标签的折线图

在上述代码中，*x*、*y* 是 *x* 轴和 *y* 轴的值，代表了折线图在坐标中的位置；labels 为文本标签，即体温；pos=4,offset=0.5 表示向右调整 0.5。

10.1.5 设置标题和图例

数据是一个图表所要展示的内容，有了标题和图例可以更好地传递图表的含义和数据信息。

1. 标题

为图表设置标题主要通过 plot()函数的 main 参数和 sub 参数实现。main 参数用于指定图表的标题，位于图表上方；sub 参数用于指定图表的子标题（副标题），位于图表下方。

例如，设置图表标题为"体温监测"，子标题为"14 天基础体温折线图"，主要代码如下：

```
plot(x,y,type="l",col="red",lty=2,xlab="2022 年 12 月",ylab="基础体温",xaxt="n",main="体温监测",sub="14 天基础体温折线图")
```

2. 图例

R 语言中基础绘图的图例设置主要使用 legend()函数，语法格式如下：

```
legend(x, y = NULL, legend, fill = NULL, col = par("col"),border = "black", lty, lwd, pch,angle = 45,density = NULL, bty = "o", bg
= par("bg"),box.lwd = par("lwd"), box.lty = par("lty"), box.col = par("fg"),pt.bg = NA, cex = 1, pt.cex = cex, pt.lwd = lwd,xjust = 0,
yjust = 1, x.intersp = 1, y.intersp = 1,adj = c(0, 0.5), text.width = NULL, text.col = par("col"),text.font = NULL, merge = do.lines
&& has.pch, trace = FALSE,plot = TRUE, ncol = 1, horiz = FALSE, title = NULL,inset = 0, xpd, title.col = text.col, title.adj =
0.5,seg.len = 2)
```

主要参数说明如下。

☑ x/y：图例的位置，可以是具体的 x、y 坐标值，也可以是"left""right""top""bottom""topleft" "topright""bottomleft""bottomright"，表示图例在图形的左、右、上、下、左上、右上、左下、右下的位置。

- ☑ legend：图例的文字说明，多个图例使用向量。
- ☑ text.font：字体，即粗体、斜体等。
- ☑ title：图例整体的标题
- ☑ text.width：文本的宽度。
- ☑ col：点或线的颜色。
- ☑ fill：图例背景的填充色。
- ☑ text.col：图例文字的颜色。
- ☑ title.col：图例标题的颜色。
- ☑ pt.bg：点的填充色。
- ☑ angle：阴影线的角度。
- ☑ density：阴影线的密度。
- ☑ pt.cex：点的大小。
- ☑ pt.lwd：点的边框线的线宽。
- ☑ lwd：线宽。
- ☑ bty：边框的类型，只有两种类型。"o"表示有边框，"n"表示无边框。
- ☑ x.intersp/y.intersp：边框的宽度/边框的高度。
- ☑ xjust/yjust：图例实际位置，即相对于 x、y 坐标点的位置。x 和 y 是图例中心的位置，当 xjust=0.5 时，表示图例中心恰好在 x 点；如果 xjust=0，则表示图例中心位于 x 点偏左 0.5 处；如果 xjust=1，则表示图例中心位于 x 点偏右 0.5 处。yjust 是对垂直位置的微调，用法与 xjust 相同。
- ☑ ncol：图例的列数，默认为 1。
- ☑ horiz：控制图例横排还是竖排。注意不是文字横着写还是竖着写，而是当图例有多个时是排成一行还是排成一列。

下面通过举例介绍图例相关的设置。

（1）设置图例。如为体温折线图设置图例，主要代码如下：

```
legend(x="topleft",legend ="基础体温",lty = 2,col="red",fill="yellow",bty="n")
```

运行程序，结果如图 10.13 所示。

（2）设置多个图例。设置多个图例需要使用向量，主要代码如下：

```
legend(x="topleft",legend =c("编程词典","图书"),lty =c(6,1),col=c("red","blue"),bty="n")
```

运行程序，结果如图 10.14 所示。

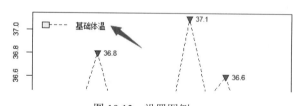

图 10.13　设置图例

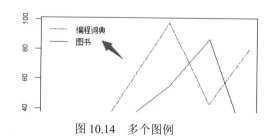

图 10.14　多个图例

（3）设置图例分 2 列横向显示。这里使用 ncol 参数设置图例的列数为 2，主要代码如下：

```
legend(x="topleft",legend =c("编程词典","图书"),lty =c(6,1),col=c("red","blue"),bty="n",ncol=2)
```

运行程序，结果如图 10.15 所示。

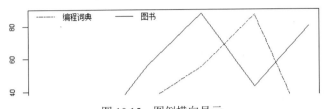

图 10.15 图例横向显示

10.1.6 设置参考线

为了让图表更加清晰易懂，有时需要为图表添加一些参考线，如平均线、中位数线等。在 R 语言中，可使用 abline() 函数在绘图中添加相应的参考线。主要的参数是 h 和 v，h 表示与 x 轴平行的直线（即水平参考线），v 表示与 y 轴平行的直线（即垂直参考线）。

【例 10.8】为图表添加参考线（**实例位置：资源包\Code\10\08**）

在"14 天基础体温折线图"中，添加水平参考线，用于显示体温平均值。首先计算体温的平均值，然后使用 abline() 函数绘制水平参考线，主要代码如下：

```
1    mean=mean(df[,'体温'])
2    abline(h=mean,col="blue")
```

运行程序，结果如图 10.16 所示。

10.1.7 保存图表

在实际工作中，有时需要将绘制的图表保存为图片，放置到数据分析报告中。

（1）保存为.png 格式。主要使用 png 包，将图表保存为.png 格式的图片。主要代码如下：

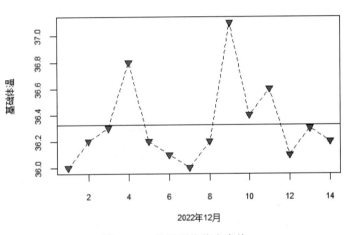

图 10.16 体温平均值参考线

```
1    png(file = "D:\\R 程序\\1.png",bg="transparent")
2    plot(1:10)
3    dev.off()
```

在上述代码中，dev.off 用于关闭图形设备。

（2）保存为.jpg 格式。主要使用 jpeg 包，将图表保存为.jpg 或.jpeg 格式的图片。主要代码如下：

```
1    jpeg(file = "D:\\R 程序\\1.jpg")
2    plot(c(1,2,3,4,5))
3    dev.off()
```

（3）保存为.pdf 格式。主要代码如下：

```
1    pdf(file = "D:\\R 程序\\1.pdf")
2    plot(c(1,2,3,4,5))
3    dev.off()
```

10.2　基础图表的绘制

本节介绍基础图表的绘制，主要包括折线图、柱形图和饼形图。

10.2.1　折线图

折线图可以显示随时间变化的连续数据，因此非常适合显示相等时间间隔下数据的趋势。如基础体温曲线图、学生成绩走势图、股票月成交量走势图、月销售统计分析图，以及微博、公众号、网站访问量统计图等都可以用折线图体现。在折线图中，类别数据沿水平轴均匀分布，所有值数据沿垂直轴均匀分布。

在 R 语言中，绘制折线图主要使用 plot()函数。在 10.1 节中，我们已经应用 plot()函数绘制了"14天基础体温折线图"。下面重点学习如何结合 lines()函数绘制多折线图。

【例 10.9】绘制语数外各科成绩分析图（**实例位置：资源包\Code\10\09**）

下面使用 plot()函数和 lines()函数绘制多折线图。如绘制学生语数外各科成绩分析图。运行 RStudio，编写如下代码。

```
1   library(openxlsx)                              # 加载程序包
2   df <- read.xlsx("datas/data.xlsx",sheet=1)     # 读取 Excel 文件
3   y1 <- df[["语文"]]
4   y2 <- df[["数学"]]
5   y3 <- df[["英语"]]
6   # 绘制多折线图
7   plot(y1,type="l",col="red",lty=2,ylim=c(0,150))
8   lines(y2,type="l",col="green")
9   lines(y3,type="l",col="blue")
10  # 添加标记
11  points(y1,pch=20)
12  points(y2,pch="*")
13  points(y3,pch=6)
```

运行程序，结果如图 10.17 所示。

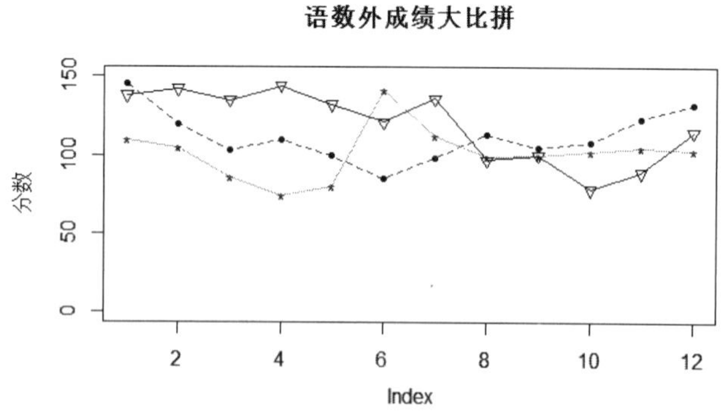

图 10.17　多折线图

上述举例用到了几个参数，下面进行说明。

- ☑　lty：线的样式。
- ☑　ylim：y 轴坐标轴范围。
- ☑　pch：标记的样式。

10.2.2　柱形图

柱形图是一种以长方形的长度为变量的图表。柱形图用来比较两个以上的数据（不同时间或者不同条件），只有一个变量，通常用于较小的数据集分析。

在 R 语言中，绘制柱形图主要使用 barplot()函数，其语法格式如下：

```
barplot(height, names.arg = NULL, beside = FALSE,horiz = FALSE, density = NULL, angle = 45,col = NULL, border =
par("fg"),main = NULL, sub = NULL, xlab = NULL, ylab = NULL,xlim = NULL, ylim = NULL, ...)
```

主要参数说明如下。

- ☑　height：向量或矩阵，用来构成柱形图中的各条数值。
- ☑　names.arg：柱形图的文字标签。
- ☑　beside：逻辑值，当值为 FALSE 时绘制堆叠柱形图，当值为 TRUE 时绘制分组柱形图。
- ☑　horiz：逻辑值，当值为 FALSE 时绘制垂直柱形图，当值为 TRUE 时绘制水平柱形图。
- ☑　density：向量。当指定该值时，柱形图中每个柱子以斜线填充，该值表示每英寸斜线的密度。
- ☑　angle：以逆时针方向给出的阴影线的角度，默认值为 45°。
- ☑　border：柱形图中每个柱子的边框的颜色。如果值为 TRUE，则边框颜色将与柱子的颜色相同；如果值为 FALSE，则没有边框。

【例 10.10】通过 3 行代码绘制简单的柱形图（**实例位置：资源包\Code\10\10**）

通过 3 行代码绘制简单的柱形图。运行 RStudio，编写如下代码。

```
1    x <- c(1,2,3,4,5,6)
2    height <- c(10,20,30,40,50,60)
3    barplot(height,names.arg=x)
```

运行程序，结果如图 10.18 所示。

使用 barplot()函数可以绘制出各种类型的柱形图，如基本柱形图、多柱形图和堆叠柱形图，只要将 barplot()函数的主要参数理解透彻就会达到意想不到的效果。下面介绍几种常见的柱形图。

1．基本柱形图

【例 10.11】绘制线上图书销售额分析图（**实例位置：资源包\Code\10\11**）

使用 barplot()函数绘制"2016—2022 年线上图书销售额分析图"，运行 RStudio，编写如下代码。

```
1    library(openxlsx)                                        # 加载程序包
2    df <- read.xlsx("datas/books1.xlsx",sheet=1)             # 读取 Excel 文件
3    x <- df[["年份"]]
4    h <- df[["销售额"]]
5    par(pin=c(5,3))                                          # 自定义画布大小
6    # 绘制柱形图
7    barplot(height = h,names.arg=x,col = "blue",
8            border=FALSE,                                    # 无边框
```

```
9          main = "2016—2022 年线上图书销售额分析图",          # 标题
10         xlab="年份",                                       # x 轴标签
11         ylab="销售额")                                     # y 轴标签
12  legend(x="topleft",legend="销售额",fill="blue",bty="n")    # 图例
```

运行程序，结果如图 10.19 所示。

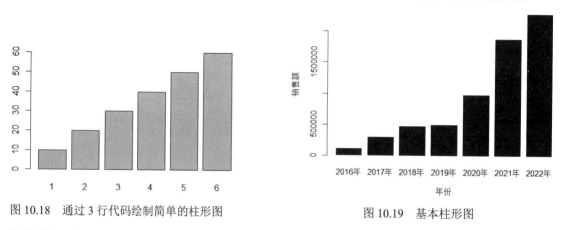

图 10.18　通过 3 行代码绘制简单的柱形图

图 10.19　基本柱形图

上述举例，应用了前面所学习的知识。如自定义画布大小、标题、图例、坐标轴标签等。

2. 多柱形图

多柱形图也称为分组柱形图。使用 barpolt() 函数绘制多柱形图时，需要将 beside 参数设置为 TRUE。

【例 10.12】绘制各平台图书销售额的分析图（**实例位置：资源包\Code\10\12**）

对于线上图书销售额的统计可以使用多柱形图，不同颜色的柱子代表不同的平台，如京东、天猫、自营等。运行 RStudio，编写如下代码。

```
1   library(openxlsx)                                      # 加载程序包
2   df <- read.xlsx("datas/books1.xlsx",sheet=2)           # 读取 Excel 文件
3   x <- df[["年份"]]
4   y1 <- df[["京东"]]
5   y2 <- df[["天猫"]]
6   y3 <- df[["自营"]]
7   datas <- matrix(c(y1,y2,y3),7,3)                       # 创建 7×3 的矩阵
8   datas <- t(datas)                                      # 行列转置
9   par(pin=c(5,3))                                        # 自定义画布大小
10  # 绘制柱形图
11  barplot(height = datas,names.arg=x,
12          col = c('darkorange','deepskyblue',"blue"),    # 每个柱子的颜色
13          beside=TRUE,                                   # 分组柱形图，即多柱形图
14          border=FALSE,                                  # 无边框
15          main = "2016—2022 年线上图书销售额分析图",        # 标题
16          xlab="年份",                                    # x 轴标签
17          ylab="销售额")                                  # y 轴标签
18  # 图例
19  legend(x="topleft",legend=c("京东","天猫","自营"),
20          fill=c('darkorange','deepskyblue',"blue"),
21          bty="n")
```

运行程序，结果如图 10.20 所示。

3. 堆叠柱形图

【例 10.13】绘制各平台图书销售额的堆叠柱形图（**实例位置：资源包\Code\10\13**）

在使用 barpolt()函数绘制堆叠柱形图时，需要将 beside 参数设置为 FALSE。如绘制平台图书销售额堆叠柱形图，关键代码如下：

```
1   # 绘制柱形图
2   barplot(height = datas,names.arg=x,
3           col = c('darkorange','deepskyblue',"blue"),      # 每个柱子的颜色
4           beside=FALSE,                                    # 分组柱形图,即多柱形图
5           border=FALSE,                                    # 无边框
6           main = "2016—2022 年线上图书销售额分析图",        # 标题
7           xlab="年份",                                      # x 轴标签
8           ylab="销售额")                                    # y 轴标签
```

运行程序，结果如图 10.21 所示。

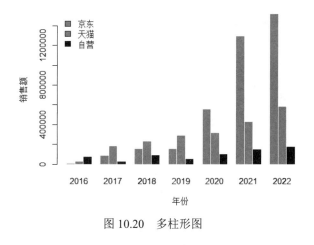

图 10.20 多柱形图

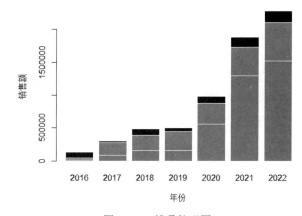

图 10.21 堆叠柱形图

10.2.3 饼形图

饼形图常用来显示各部分在整体中所占的比例。例如，需要计算总费用或金额的各部分构成比例时，一般需要将各部分与总额相除得到多个百分数。通过饼形图可直接显示各组成部分的比例，一目了然，非常直接。

R 语言中绘制饼形图主要使用 pie()函数，语法格式如下：

```
pie(x, labels, radius, main, col, clockwise)
```

参数说明如下。

☑　x：饼形图中使用的数值的向量。

☑　labels：饼形图中每一块饼图外侧显示的说明文字。

☑　radius：饼形图圆的半径（取值为-1～1）。

☑　main：图表的标题。

☑　col：饼形图每一块的颜色。

☑ clockwise: 逻辑值,饼形图是顺时针绘制还是逆时针绘制,
值为 TRUE 表示顺时针,值为 FALSE 表示逆时针。

【例 10.14】绘制简单饼形图(实例位置:资源包\Code\10\14)

下面绘制一个简单的饼形图,只需要两行代码,运行 RStudio,
编写如下代码。

```
1   x = c(2,5,12,70,2,9)
2   pie(x)
```

运行程序,结果如图 10.22 所示。

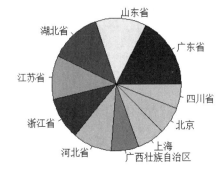

图 10.22　简单饼形图

1. 基础饼形图

【例 10.15】通过饼形图分析各省级行政区销量占比情况(实例位置:资源包\Code\10\15)

下面通过饼形图分析 2023 年 1 月各省级行政区销量占比情况,运行 RStudio,编写如下代码。

```
1   library(openxlsx)                                          # 加载程序包
2   df <- read.xlsx("datas/data2.xlsx",sheet=1)                # 读取 Excel 文件
3   x = df[["销量"]]
4   labels = df[["省"]]
5   # 绘制饼形图
6   pie(x,labels = labels,
7        col=c('red', 'yellow', 'slateblue', 'green','magenta','cyan','darkorange','lawngreen','pink','gold'),   # 颜色
8        main = '2023 年 1 月各省销量占比情况分析')                # 图表标题
```

运行程序,结果如图 10.23 所示。

2. 百分比饼形图

在饼形图中显示百分比,应首先通过计算得到百分比数据,然后绘制百分比饼形图。

百分比计算公式如下:

```
pct <- paste(round(100*x/sum(x), 2), "%")
```

其中 paste()函数为字符串连接函数,用于连接不同类型的数据;round()函数用于四舍五入,保留指定位数的小数。

【例 10.16】绘制带百分比的饼形图(实例位置:资源包\Code\10\16)

下面使用 pie()函数绘制带百分比的饼形图,运行 RStudio,编写如下代码。

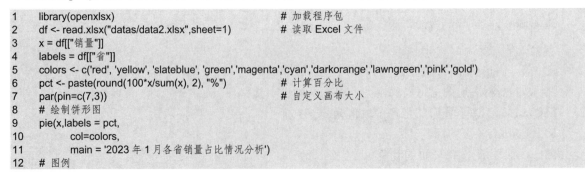

2023年1月各省销量占比情况分析

图 10.23　饼形图分析各省销量占比情况

```
1    library(openxlsx)                                         # 加载程序包
2    df <- read.xlsx("datas/data2.xlsx",sheet=1)               # 读取 Excel 文件
3    x = df[["销量"]]
4    labels = df[["省"]]
5    colors <- c('red', 'yellow', 'slateblue', 'green','magenta','cyan','darkorange','lawngreen','pink','gold')
6    pct <- paste(round(100*x/sum(x), 2), "%")                  # 计算百分比
7    par(pin=c(7,3))                                            # 自定义画布大小
8    # 绘制饼形图
9    pie(x,labels = pct,
10       col=colors,
11       main = '2023 年 1 月各省销量占比情况分析')
12   # 图例
```

```
13    legend(x="topleft",legend = df[["省"]],
14        fill=colors,
15        xjust=0,
16        bty="n")
```

运行程序，结果如图 10.24 所示。

3. 渐变饼形图

当图表中需要多种颜色时，自行搭配颜色往往费时费力，此时可直接套用 R 语言提供的配色方案。R 语言自带了 5 个颜色函数，提供了多种配色方案。

☑   rainbow()：生成像彩虹一样的颜色。

☑   heat.colors()：红色→黄色→白色。

☑   terrain.colors()：绿色→黄色→棕色→白色。

☑   topo.colors()：蓝色→青色→黄色→棕色。

☑   cm.colors()：青色→白色→粉红色。

【例 10.17】 绘制渐变饼形图（**实例位置：资源包\Code\10\17**）

下面使用 pie() 和 heat.colors() 函数绘制渐变颜色的饼形图。运行 RStudio，编写如下代码。

```
1    library(openxlsx)                            # 加载程序包
2    df <- read.xlsx("datas/data2.xlsx",sheet=1)  # 读取 Excel 文件
3    x = sort(df[["销量"]],decreasing = T)        # 按销量降序排序
4    labels = df[["省"]]
5    # 绘制饼形图
6    pie(x,labels = labels,
7        col=heat.colors(10),                     # 应用颜色主题
8        main = '2023 年 1 月各省销量占比情况分析')  # 图表标题
```

运行程序，结果如图 10.25 所示。

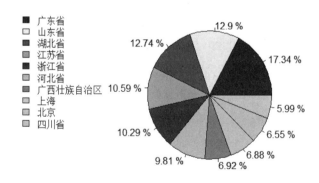

图 10.24 带百分比的饼形图

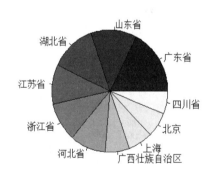

图 10.25 渐变颜色的饼形图

10.3   统计分布图的绘制

本节介绍统计分布图的绘制，主要包括直方图、散点图和箱形图。

10.3.1　直方图

直方图又称质量分布图，通常由一系列高度不等的纵向条纹或线段表示数据分布情况。直方图最大的特点是通过面积计量大小，适合观察数据的分布情况。直方图一般用横轴表示数据类型，纵轴表示数据分布情况（频次），适用于连续型变量（定量变量），如身高、体重的概率分布显示。

在 R 语言中，主要使用 hist()函数绘制直方图。该函数使用向量作为输入，并通过一些参数绘制直方图。语法格式如下：

```
hist(v,main,xlab,xlim,ylim,breaks,col,border)
```

参数说明如下。
- ☑　v：直方图中使用的数值的向量。
- ☑　main：图表的标题。
- ☑　xlab：x 轴标签。
- ☑　xlim：x 轴的坐标轴范围。
- ☑　ylim：y 轴的坐标轴范围。
- ☑　breaks：每个条的宽度。
- ☑　col：设置条的颜色。
- ☑　border：设置每个条的边框颜色。

【例 10.18】绘制简单直方图（实例位置：资源包\Code\10\18）
下面通过两行代码绘制一个简单的直方图。运行 RStudio，编写如下代码。

```
1    v <- c(22,87,5,43,56,73,55,54,11,20,51,5,79,31,27)
2    hist(v)
```

运行程序，结果如图 10.26 所示。

【例 10.19】通过直方图分析学生数学成绩分布情况（实例位置：资源包\Code\10\19）
下面通过直方图分析学生数学成绩的分布情况。运行 RStudio，编写如下代码。

```
1    library(openxlsx)                          # 加载程序包
2    df <- read.xlsx("datas/grade.xlsx",sheet=1)   # 读取 Excel 文件
3    v <- df$得分
4    # 绘制直方图
5    hist(v,xlab="分数",
6         main="高一数学成绩分布直方图",
7         col="blue",
8         border = "red",
9         xlim=c(0,150))
```

运行程序，结果如图 10.27 所示。

上述举例，通过直方图可以清晰地看到高一数学成绩分布情况，基本呈现正态分布，两边低，中间高，但是右侧缺失，即高分段学生缺失，说明试卷有难度。那么，通过直方图还可以分析以下内容：

（1）对学生进行比较。呈正态分布的测验便于选拔优秀，甄别落后，通过直方图一目了然。

（2）确定人数和分数线。在等级评定时，测验成绩符合正态分布便于确定人数和估计分数段内的人数，确定录取分数线、各学科的优秀率等。

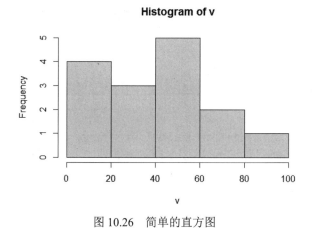

图 10.26　简单的直方图

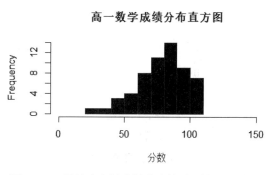

图 10.27　通过直方图分析学生数学成绩分布情况

（3）测验试题难度。

10.3.2　散点图

散点图主要用来查看数据的分布情况或相关性，一般用在线性回归分析中，查看数据点在坐标系平面上的分布情况。散点图表示因变量随自变量变化的大致趋势，据此可以选择合适的函数对数据点进行拟合。

散点图与折线图类似，也由一个个点构成。不同之处在于散点图的各点不会按照前后关系用线条连接起来。

1．简单散点图

绘制简单的散点图，同样可以使用 plot()函数。下面来看一个例子。

【例 10.20】绘制简单散点图（**实例位置：资源包\Code\10\20**）

使用 plot()函数绘制一个简单的散点图，运行 RStudio，编写如下代码。

```
1  library(datasets)              # 加载包
2  data("mtcars")                 # 导入 mtcars 数据集
3  # 绘制散点图
4  plot(wt, mpg, main="简单散点图",
5        xlab="重量 ", ylab="每加仑油英里数 ", pch=19)
```

运行程序，结果如图 10.28 所示。

 说明

plot()函数的数据集如果是向量，则输出散点图；如果使用 factor()转换为因子，则输出条形图。

2．散点图矩阵

散点图矩阵能够简洁而优雅地反映大量的信息，如变化趋势和关联程度等。在散点图矩阵中，每个行、列的交叉点所在的散点图均表示其所在的行与列的两个变量的相关关系。

在 R 语言中，很多函数可以绘制散点图矩阵。pairs()函数是绘制散点图矩阵的基本函数。

【例 10.21】使用 pairs()函数绘制散点图矩阵（**实例位置：资源包\Code\10\21**）

使用 pairs()函数绘制散点图矩阵，运行 RStudio，编写如下代码。

```
1    library(datasets)                              # 加载包
2    data("mtcars")                                 # 导入 mtcars 数据集
3    pairs(~mpg+disp+drat+wt,data=mtcars,main="散点图矩阵")   # 基本散点图矩阵
```

🔸 代码解析

第 3 行代码：pairs()函数的第一个参数是绘图公式，即~mpg+disp+drat+wt，表示 mpg、disp、drat 和 wt 变量两两配对绘制成散点图，因为横纵坐标可以互调，所以共有 4×3=12 种情况。从运行结果可以看出数据两两之间的关系，非常直观。

运行程序，结果如图 10.29 所示。

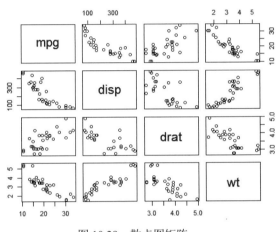

图 10.28　简单散点图

图 10.29　散点图矩阵

🔸 补充知识

如果想调整子图之间的距离，可以使用 gap 参数，默认值为 1。主要代码如下：

```
pairs(mtcars, main = "mtcars data", gap = 0.2)
```

10.3.3　箱形图

箱形图又称箱线图、盒须图或盒式图，是用来显示一组数据分散情况的统计图。箱形图最大的优点是不受异常值（又称离群值）的影响，可以以一种相对稳定的方式描述数据的离散分布情况。另外，箱形图也常用于异常值的识别。

在 R 语言中，绘制箱形图主要使用 boxplot()函数，其语法格式如下：

```
boxplot(x,data,notch,varwidth,names,main)
```

参数说明如下。

☑　x：向量或公式。

☑　data：数据框。

☑　notch：逻辑值，如果值为 TRUE，则可以画出一个凹槽。

☑　varwidth：逻辑值，如果值为 TRUE，那么将绘制与样本大小成比例的框的宽度。

☑　names：为每个箱形图设置组标签。

☑　main：图表标题。

【例 10.22】绘制简单箱形图（实例位置：资源包\Code\10\22）

绘制简单箱形图，运行 RStudio，编写如下代码。

```
1   x <- c(1,2,3,5,7,9)          # x 轴数据
2   boxplot(x)
```

运行程序，结果如图 10.30 所示。

【例 10.23】绘制多组数据的箱形图（实例位置：资源包\Code\10\23）

例 10.22 中是一组数据的箱形图，还可以绘制多组数据的箱形图，需要指定多组数据。如为三组数据绘制箱形图，运行 RStudio，编写如下代码。

```
1   x1 <- c(1,2,3,5,7,9)
2   x2 <- c(10,22,13,15,8,19)
3   x3 <- c(18,31,18,19,14,29)
4   boxplot(x1,x2,x3)
```

运行程序，结果如图 10.31 所示。

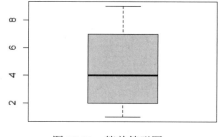

图 10.30　简单箱形图

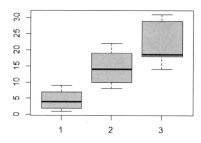

图 10.31　多组数据的箱形图

箱形图将数据切割分离（实际上就是将数据分为 6 个部分），如图 10.32 所示。

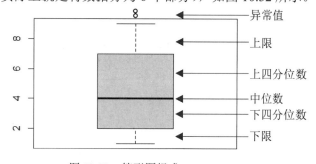

图 10.32　箱形图组成

下面介绍箱形图每部分具体含义以及如何通过箱形图识别异常值。

（1）下四分位数。

下四分位数是指数据的 25%分位点所对应的值（Q1）。计算分位数可以使用 R 语言的 quantile()函数。如 Q1 = quantile(x)[2]。

（2）中位数。

中位数是指数据的 50%分位点所对应的值（Q2）。如 Q2 = quantile(x)[3]。

（3）上四分位数。

上四分位数是指数据的 75%分位点所对应的值（Q3）。如 Q3 = quantile(x)[4]。

（4）上限。

上限的计算公式为 Q3+1.5(Q3−Q1)。

（5）下限。

下限的计算公式为 Q1−1.5(Q3−Q1)。

其中，Q3−Q1 表示四分位差。

（6）异常值。

如果使用箱形图识别异常值，那么其判断标准是，当变量的数据值大于箱形图的上限或者小于箱形图的下限时，就可以将这样的数据判定为异常值。判断异常值的算法如图 10.33 所示。

判断标准	结论
x>Q3 + 1.5(Q3 − Q1) 或者 x<Q1 − 1.5(Q3 − Q1)	异常值
x>Q3 + 3(Q3 − Q1) 或者 x<Q1 − 3(Q3 − Q1)	极端异常值

图 10.33　异常值判断标准

【例 10.24】通过箱形图分析气缸数与行驶里程（实例位置：资源包\Code\10\24）

使用 R 语言自带的 mtcars 数据集，通过箱形图分析该数据集中汽车气缸数与行驶里程的关系。mtcars 数据集包含 32 辆汽车的有关信息，包括它们的质量、燃油效率（以英里/加仑为单位，1 英里/加仑=0.43 千米/升）和速度等。运行 RStudio，编写如下代码。

```
1    library(datasets)                                       # 加载包
2    data(mtcars)                                            # 导入 mtcars 数据集
3    # 绘制箱形图
4    boxplot(mpg ~ cyl, data = mtcars, xlab = "气缸数",
5          ylab = "每加仑油的行驶里程/英里", main = "气缸数与行驶里程分析图")
```

运行程序，结果如图 10.34 所示。

【例 10.25】通过箱形图判断异常值（实例位置：资源包\Code\10\25）

通过箱形图查找客人总消费和小费数据中存在的异常值，运行 RStudio，编写如下代码。

```
1    library(openxlsx)                                       # 加载程序包
2    df <- read.xlsx("datas/tips.xlsx",sheet=1)             # 读取 Excel 文件
3    head(df)
4    myval <- boxplot(x=df[["总消费"]],df[["小费"]],names=c("总消费","小费"))   # 绘制箱形图
5    myval
```

运行程序，结果如图 10.35 所示。

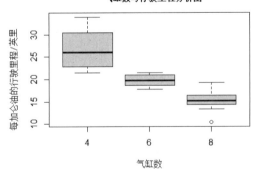

图 10.34　通过箱形图分析气缸数与行驶里程

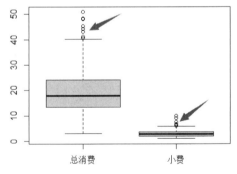

图 10.35　通过箱形图判断异常值

▟ 补充知识——详解箱形图返回值

图 10.36 为箱形图的返回值（myval）列表，其中包括 stats、n、conf、out、group 和 names，下面分别进行介绍。

☑ stats：矩阵，箱形图中"总消费"和"小费"的下限、下四分位、中位数、上四分位和上限的值。

☑ n：向量，每个组中非 NA 观察值的数量。例如"总消费"和"小费"。

☑ conf：矩阵，每个组包含缺口的下限和上限的值。例如 1 为"总消费"，2 为"小费"。

☑ out：向量，异常值。

☑ group：与 out 参数长度相同的向量，表示异常值所属的组。例如 1 为"总消费"，2 为"小费"。

☑ names：向量，组的名称。

```
$stats
       [,1]   [,2]
[1,]   3.070 1.000
[2,]  13.325 2.000
[3,]  17.795 2.900
[4,]  24.175 3.575
[5,]  40.170 5.920

$n
[1] 244 244

$conf
         [,1]      [,2]
[1,] 16.69753 2.74069
[2,] 18.89247 3.05931

$out
 [1] 44.30 43.11 48.27 48.17 50.81 45.35 40.55 48.33 41.19  6.50  7.58  6.00  6.73
[14] 10.00  6.50  9.00  6.70

$group
 [1] 1 1 1 1 1 1 1 1 1 2 2 2 2 2 2 2 2

$names
[1] "总消费" "小费"
```

图 10.36　箱形图返回值列表

如输出异常值，主要代码如下：

```
1   myout <- data.frame(myval$group,myval$out)
2   myout
```

【例 10.26】带凹槽的箱形图（**实例位置：资源包\Code\10\26**）

通过 boxplot() 函数还可以绘制带有凹槽的箱形图，体会不同数据的中位数是如何相互匹配的。运行 RStudio，编写如下代码。

```
1    library(datasets)              # 加载包
2    data(mtcars)                   # 导入 mtcars 数据集
3    # 绘制带凹槽的箱形图
4    boxplot(mpg ~ cyl, data = mtcars,
5            xlab = "气缸数",
6            ylab = "每加仑油的行驶里程/英里",
7            main = "气缸数与行驶里程分析图",
8            notch = TRUE,
9            varwidth = TRUE,
10           col = c("blue","yellow","green"))
```

运行程序，结果如图 10.37 所示。

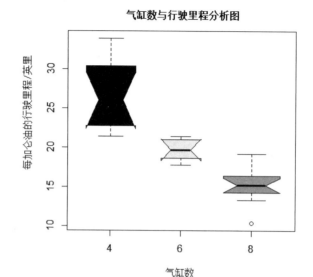

图 10.37　带凹槽的箱形图

10.4　多子图的绘制

R 语言也可以在一张图上绘制多个子图，基本原理是先使用布局函数进行页面布局，然后使用绘图函数在每个区域绘制图形，下面进行详细介绍。

10.4.1　par()函数

要在一张图上绘制多个子图，需要先使用 par()函数对绘图区域进行分隔和布局。语法格式如下：

```
par(..., no.readonly = FALSE)
```

其中，"..."为附加参数，是以"参数名=取值"或"赋值参数列表"形式表示的变量。主要参数说明如下。

- ☑　mfrow：子图的绘图顺序按行填充，参数形式为 c(nr, nc)。
- ☑　mfcol：子图的绘图顺序按列填充。
- ☑　adj：用于设定文本的对齐方向，0 表示左对齐，0.5 表示居中（为默认值），1 表示右对齐。
- ☑　bty：字符型，用于设定图形的边框类型。值为 o（默认值）、l、7、c、u 或]，对应的边框类型和字母的形状相似，如果值为 n，则表示无边框。
- ☑　cex：表示对默认的绘图文本和符号放大多少倍。
  - ➢　cex.axis：表示在当前的 cex 设定情况下，对坐标轴刻度值字体的放大倍数。
  - ➢　cex.lab：表示在当前的 cex 设定情况下，对坐标轴名称字体的放大倍数。

> ➢ cex.main：表示在当前的 cex 设定情况下，对标题字体的放大倍数。
> ➢ cex.sub：表示在当前的 cex 设定情况下，对子标题字体的放大倍数。

☑ fig：新绘制的图像在画布上显示的位置，其值是一个向量，如 c(xleft,xright,ybottom,ytop)，其中每个值均大于 0 小于 1，实际上是相对位置。

☑ mai：数字向量，以英寸为单位定义绘图区边缘空白大小，格式为 c(bottom, left, top, right)。

☑ mar：数字向量，以行数定义绘图区边缘空白大小，格式为 c(bottom, left, top, right)，默认值为 c(5, 4, 4, 2)+0.1。

☑ mfg：下一个图像的输出位置，格式为 c(row, col)。

☑ oma/omi：以行数为单位设置的外边界尺寸，格式为 c(bottom, left, top, right)。

☑ pin：以英寸为单位表示的当前图像的画布尺寸。

☑ plt：当前绘图区域的范围，格式为 c(x1, x2, y1, y2)。

☑ ps：文字或点的大小。

☑ pty：字符型，当前绘图区域的形状，"s"表示生成一个正方形区域，"m"表示生成最大的绘图区域。

☑ xpd：逻辑值，值为 TRUE，图像元素在边界内出现；值为 FLASE，可能会导致部分图像显示不全。

例如，按行绘制一个 2×3 的区域，par(mfrow=c(2,3))，将画布分成 2 行 3 列，示意图如图 10.38 所示。按列绘制一个 2×3 的区域，par(mfcol=c(2,3))，将画布分成 2 行 3 列，示意图如图 10.39 所示。

1	2	3
4	5	6

图 10.38　按行绘制 2×3 的区域

1	3	5
2	4	6

图 10.39　按列绘制 2×3 的区域

从图中可以看出，两者之间的区别主要是绘图顺序，一个是按行绘制，一个是按列绘制。

【例 10.27】绘制简单的多子图（**实例位置：资源包\Code\10\27**）

按行绘制一个 2×3、包含 6 个子图的图形，运行 RStudio，编写如下代码。

```
1    par(mfrow = c(2,3))
2    plot(x=c(1,2,3,4))
3    plot(x=c(1,2,3,4))
4    plot(x=c(1,2,3,4))
5    plot(x=c(1,2,3,4))
6    plot(x=c(1,2,3,4))
7    plot(x=c(1,2,3,4))
```

运行程序，结果如图 10.40 所示。

注意

使用 par()函数分隔绘图区域并绘制完成多子图后，要关闭绘图设备，否则下次绘图时还会保留分隔后的绘图区域，主要代码如下：

```
dev.off()
```

【例 10.28】绘制包含多个子图的图表（实例位置：资源包\Code\10\28）

将前面所学的简单图表整合到一张图表上。运行 RStudio，编写如下代码。

```
1   par(mfrow = c(2,2))           # 2 行 2 列的绘图区域
2   # 折线图
3   x <- 1:20
4   y <- x
5   plot(x,y,type="l")
6   # 饼形图
7   x = c(2,5,12,70,2,9)
8   pie(x)
9   # 柱形图
10  x <- c(1,2,3,4,5,6)
11  height <- c(10,20,30,40,50,60)
12  barplot(height,names.arg=x)
13  # 直方图
14  v <- c(22,87,5,43,56,73,55,54,11,20,51,5,79,31,27)
15  hist(v)
```

运行程序，结果如图 10.41 所示。

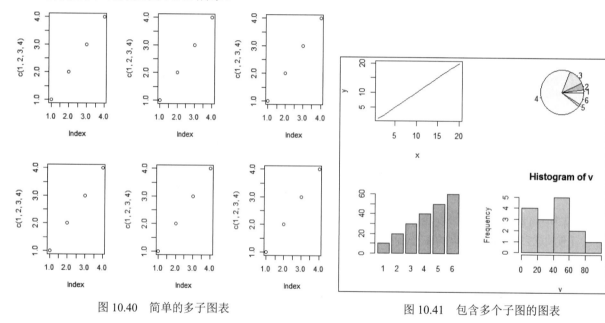

图 10.40　简单的多子图表　　　　　　　　　　　　　图 10.41　包含多个子图的图表

10.4.2　layout()函数

par()函数的 mfcol 参数和 mfrow 参数只能将绘图区域分成大小相等的区域，而且每一个区域都有一个子图表的位置，不能实现一个子图表占据多个区域的功能。在实际工作中，根据展示数据的多少，一个子图表可能会占据多个绘图区域，此时可以使用 layout()函数。layout()函数可以设置大小不等的绘图区域，从而实现一个子图表占据多个区域的功能，语法格式如下：

```
layout(mat, widths = rep.int(1,ncol(mat)),heights = rep.int(1,nrow(mat)),respect = FALSE)
layout.show(n = 1)
```

主要参数说明如下。

☑ mat：layout()函数通过一个矩阵设置绘图窗口的划分。mat 矩阵用整数指定绘图区域划分和绘制的先后顺序，0 表示该位置不画图，其他数值必须为从 1 开始的连续整数；为一个矩阵提供绘图顺序以及图形布局的安排，0 代表空缺，即该位置不画图，大于 0 的数代表绘图顺序，相同数字代表占位符。

☑ widths：设置不同列的宽度。

☑ heights：设置不同行的高度。

☑ n：绘图区域的位置编号。

如绘制 2 行 2 列的 3 个区域，代码如下：

```
1    layout(matrix(c(1, 2, 3, 2), 2), widths = c(1, 2), heights = c(2, 1))
2    layout.show(3)
```

绘制过程如图 10.42 所示。

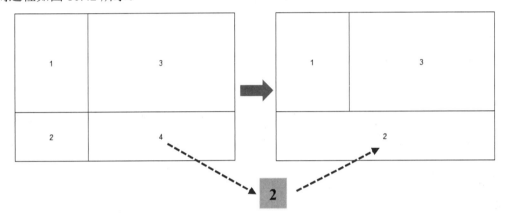

图 10.42　2 行 2 列的 3 个区域的绘制过程

图中原本绘制的是 2 行 2 列的 4 个区域，但由于矩阵中位置 2 和位置 4 的数字相同，因此变成了 2 行 2 列的 3 个区域。

【例 10.29】绘制包含 3 个子图的图表（实例位置：资源包\Code\10\29）

下面使用 layout()函数设置 3 个大小不等的绘图区域，然后在每个区域绘制不同的子图表。运行 RStudio，编写如下代码。

```
1    layout(matrix(c(1, 2, 3, 2), 2),widths = c(1, 2), heights = c(2, 1))
2    layout.show(3)
3    # 折线图
4    x <- 1:20
5    y <- x
6    plot(x,y,type="l")
7    # 柱形图
8    x <- c(1,2,3,4,5,6)
9    height <- c(10,20,30,40,50,60)
10   barplot(height,names.arg=x)
11   # 饼形图
12   x = c(2,5,12,70,2,9)
13   pie(x)
```

运行程序，结果如图 10.43 所示。

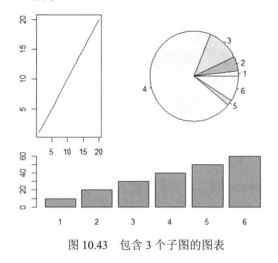

图 10.43 包含 3 个子图的图表

⬇ 代码解析

第 2 行代码：layout.show(n)用于查看窗口。

📢**注意**

在绘图过程中，绘制的图形一般在 RStudio 资源管理器窗口的 Plots 中显示。如果该窗口过小，绘制的图形过大，那么就会提示 Error in plot.new() : figure margins too large 错误。解决办法如下。

首先查看边距，代码如下：

```
par("mar")
```

然后修改边距，代码如下：

```
par(mar=c(1,1,1,1))
```

10.5 要 点 回 顾

本章主要介绍了 R 语言的基本绘图工具，其中必须掌握的是 plot()函数。该函数可以根据不同的数据类型绘制不同的图表，如根据向量绘制散点图，根据因子绘制直方图，因子与向量结合绘制箱形图，还可以根据变量关系绘制关系散点图。总之，plot()函数是一个非常强大的函数。

第 11 章

ggplot2 高级绘图

第 10 章介绍了 R 语言基本的绘图方式，但在实际工作中还远远不能满足需求。多掌握一门绘图工具，在工作中会更加游刃有余。本章主要介绍 R 语言高级绘图工具 ggplot2，通过 ggplot2 绘制各种类型的图表。

本章知识架构及重难点如下。

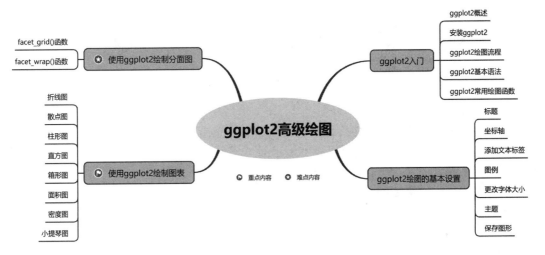

11.1　ggplot2 入门

11.1.1　ggplot2 概述

ggplot2 是一款强大的可视化 R 语言第三方包，其绘图方式易于理解，并且绘制的图形精美，定制化程度也很高，是较为流行的可视化工具。

通过 ggplot2 可以绘制漂亮、实用的图表，具体优势如下。

（1）ggplot2 提供了漂亮、简便、实用的图形，用户不必关注绘制图例等烦琐细节。

（2）ggplot2 提供了大量默认值，用户不必浪费太多时间就可以绘制美观的图形，还可以从图形中挖掘数据信息。

（3）对于特殊格式要求，ggplot2 也提供了许多可修改方式。

（4）ggplot2 迭代地进行工作，即从显示原始数据开始，然后添加注释和统计层。

（5）ggplot2 允许用户使用与设计分析相同的结构化思维绘制图形。

11.1.2 安装 ggplot2

ggplot2 是第三方 R 语言包，使用前应首先进行安装。运行 RGui，输入如下代码：

```
install.packages("ggplot2")
```

按 Enter 键，在 CRAN 镜像站点的列表中选择镜像站点，然后单击"确定"按钮，开始安装。安装完成后在程序中就可以使用 ggplot2 包了。

11.1.3 ggplot2 绘图流程

ggplot2 的绘图流程如图 11.1 所示。

图 11.1 ggplot2 的绘图流程

（1）获取数据。

（2）对数据做映射操作，如确定 x、y、color、size、shape、alpha 等参数值。

（3）选择合适的绘图函数。根据实际需求选择适合绘图类型。

（4）设置坐标系和配置刻度。

（5）设置标题、标签、图例等细节。

（6）选择合适的主题。

其中，前 3 步是必须的，后面的步骤可以采用默认设置。

ggplot2 安装完成后，载入 ggplot2 包就可以绘制想要的图形了。下面通过具体的实例进行介绍。

【例 11.1】使用 ggplot2 绘图（**实例位置：资源包\Code\11\01**）

使用 ggplot2 包自带的数据集 mpg 绘制一个简单的散点图。运行 RStudio，编写如下代码。

```
1    library(ggplot2)
2    ggplot(data=mpg,mapping=aes(x=cty,y=hwy)) + geom_point()
```

运行程序，结果如图 11.2 所示。

↳ 代码解析

第 2 行代码：mpg 为 ggplot2 自带的数据集，包含了美国环境保护署对 38 种汽车的观察数据。该数据集共 234 行 11 列，记录了 1999 年和 2008 年部分汽车的制造厂商、型号、类别、驱动程序和耗油量等信息。

☑ manufacturer：制造商。

☑ model：汽车型号。

☑ displ：发动机排量，单位为升（L）。

☑ year：生产日期。

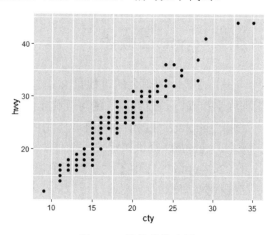

图 11.2 简单的散点图

☑　cyl：气缸数量。

☑　trans：汽车的变速器类型，如自动、手动。

☑　drv：汽车的驱动类型，包括 f、4 和 r 分为前轮驱动、四轮驱动和后轮驱动。

☑　cty：每加仑城市行驶里程（英里/加仑）。

☑　hwy：每加仑高速公路行驶里程（英里/加仑），汽车在高速公路上的燃油效率，燃油效率越高，单位时间内汽车行驶的距离越长。

☑　fl：汽油类型，包括 p、r、e、d 和 c。

☑　class：汽车类型，包括 compact（小型汽车）、midsize（中型汽车）、suv（运动型多用途车）、2seater（两座汽车）、minivan（小型面包车）、pickup（皮卡）和 subcompact（微型汽车）。

11.1.4　ggplot2 基本语法

通过例 11.1 可知，ggplot2 的语法中包括 10 个参数，具体如下。

☑　数据（data）。

☑　映射（mapping）。

☑　绘图函数（geom）。

☑　标度（scale）。

☑　统计变换（stats）。

☑　坐标系（coord）。

☑　位置调整（Position adjustments）。

☑　分面（facet）。

☑　主题（theme）。

☑　输出（output）。

从例 11.1 可以看出，前 3 个参数是必须的，其他参数 ggplot2 会自动配置。当然，用户也可以手动配置这些参数。

注意

ggplot2 只接受数据框（dataframe）的数据类型。

11.1.5　ggplot2 常用绘图函数

ggplot2 通过指定绘图函数绘制不同类型的图形，如折线图、散点图、箱形图等。

在 ggplot2 中，常用的绘图函数都是 geom_xxx 形式。在 R 语言中，使用 ls()函数可以列出所有的绘图函数：

```
1  library(ggplot2)
2  ls("package:ggplot2", pattern="^geom_.+")
```

在上述代码中，ls 的功能是显示所有内存中的对象；pattern 是一个具名参数，可以列出名称中所有含有字符串"geom_"的对象。

运行程序，结果如图 11.3 所示。

```
 [1] "geom_abline"           "geom_area"             "geom_bar"
 [4] "geom_bin_2d"           "geom_bin2d"            "geom_blank"
 [7] "geom_boxplot"          "geom_col"              "geom_contour"
[10] "geom_contour_filled"   "geom_count"            "geom_crossbar"
[13] "geom_curve"            "geom_density"          "geom_density_2d"
[16] "geom_density_2d_filled" "geom_density2d"       "geom_density2d_filled"
[19] "geom_dotplot"          "geom_errorbar"         "geom_errorbarh"
[22] "geom_freqpoly"         "geom_function"         "geom_hex"
[25] "geom_histogram"        "geom_hline"            "geom_jitter"
[28] "geom_label"            "geom_line"             "geom_linerange"
[31] "geom_map"              "geom_path"             "geom_point"
[34] "geom_pointrange"       "geom_polygon"          "geom_qq"
[37] "geom_qq_line"          "geom_quantile"         "geom_raster"
[40] "geom_rect"             "geom_ribbon"           "geom_rug"
[43] "geom_segment"          "geom_sf"               "geom_sf_label"
[46] "geom_sf_text"          "geom_smooth"           "geom_spoke"
[49] "geom_step"             "geom_text"             "geom_tile"
[52] "geom_violin"           "geom_vline"
```

图 11.3　ggplot2 的绘图类型

其中常用的绘图函数和常用参数介绍如表 11.1 所示。

表 11.1　常用绘图函数和常用参数

常用绘图函数	说　　明	常　用　参　数
geom_bar()	柱形图	color、fill、alpha
geom_boxplot()	箱形图	color、fill、alpha、notch、width
geom_density()	密度图	color、fill、alpha、linetype
geom_histogram()	直方图	color、fill、alpha、linetype、binwidth
geom_hline()	绘制水平参考线	color、alpha、linetype、size
geom_vline()	绘制垂直参考线	color、alpha、linetype、size
geom_jitter()	抖动点	color、size、alpha、shape
geom_line()	折线图	color、alpha、linetype、size
geom_point()	散点图	color、alpha、shape、size
geom_rug()	地毯图	color、side
geom_smooth()	拟合曲线	method、formula、color、fill、linetype、size
geom_text()	文本标签	label、color、position、vjust
geom_violin()	小提琴图	color、fill、alpha、linetype

主要参数如下。

☑　alpha：颜色透明度，0（完全透明）～1（不透明）。

☑　binwidth：直方图宽度。

☑　color：点、线、填充区域的边界颜色。

☑　fill：填充区颜色，如条形、密度等。

☑　label：标签文本。

☑　linetype：线型，包括 6 种线型，值为 1～6。

☑　positon：位置，如"dog"将分组条形图并排，"stacked"将分组条形图堆叠，"fill"垂直的堆叠分组条形图并设置其高度相等，"jitter"抖动，减少点的重叠。

☑　size：点的尺寸或线的宽度。

- ☑ shape：点的形状。
- ☑ notch：是否应为缺口，值为 T 或 F。
- ☑ side：地毯图的位置，值为 b、l、t、R 和 bl，分别表示底部、左边、顶部、右边、左下。
- ☑ width：箱形图的宽度。

11.2　ggplot2 绘图的基本设置

11.2.1　标题

通过 labs() 函数可以为图标添加标题、子标题和文本标签。其中，设置标题使用 title 参数，设置子标题使用 subtitle 参数。通过 theme() 函数可设置字体的大小、颜色、位置、角度等。

【例 11.2】为图表设置标题（**实例位置：资源包\Code\11\02**）

如设置图表标题为"汽车耗油量分析"，子标题为"不同城市高速公路驾驶耗油量分析"。运行 RStudio，编写如下代码。

```
1    library(ggplot2)
2    # 绘制散点图
3    ggplot(data=mpg,mapping=aes(x=cty,y=hwy))+
4      geom_point()+
5      # 设置标题和子标题
6      labs(title = "汽车耗油量分析",subtitle = "不同城市高速公路驾驶耗油量分析")
```

运行程序，结果如图 11.4 所示。

接下来对标题进行美化，设置标题的字体和颜色，主要代码如下：

```
1    theme(plot.title=element_text(face="bold.italic",        # 字体
2                                  color="blue",               # 颜色
3                                  size=20,                    # 大小
4                                  hjust=0.5,                  # 位置
5                                  vjust=0.5))
```

运行程序，结果如图 11.5 所示。

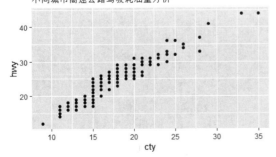

图 11.4　为图表设置标题

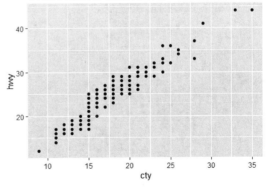

图 11.5　美化标题

11.2.2　坐标轴

1. x 轴、y 轴标题

x 轴和 y 轴标题同样使用 labs() 函数，其中参数 x 为 x 轴标题，参数 y 为 y 轴标题。

【例 11.3】设置 x 轴和 y 轴的标题（实例位置：资源包\Code\11\03）

设置 x 轴标题为"城市"，y 轴标题为"耗油量"。运行 RStudio，编写如下代码。

```
1    library(ggplot2)
2    # 绘制散点图
3    ggplot(data=mpg,mapping=aes(x=cty,y=hwy))+
4        geom_point()+
5        # 设置标题、子标题和 xy 轴标题
6        labs(title = "汽车耗油量分析",
7            subtitle = "不同城市高速公路驾驶耗油量分析",
8            x = "城市",y = "耗油量")+
9        theme(plot.title=element_text(face="bold.italic",      # 字体
10                                    color="blue",            # 颜色
11                                    size=20,                 # 大小
12                                    hjust=0.5,               # 位置
13                                    vjust=0.5))
```

运行程序，结果如图 11.6 所示。

还有一种设置 x 轴和 y 轴标题的方法，即使用 xlab() 函数和 ylab() 函数。主要代码如下：

```
xlab("这是 X 轴") + ylab("这是 Y 轴")
```

2. 坐标轴范围

在 ggplot2 中，设置坐标轴范围有两种方法：

☑　使用 scale_x_continuous() 函数和 scale_y_continuous() 函数。

☑　使用 xlim() 函数和 ylim() 函数。

例如，设置 x 轴范围为 1~40，y 轴范围为 10~50，主要代码如下：

```
1    + xlim(0,40)
2    + ylim(10,50)
```

运行程序，结果如图 11.7 所示。

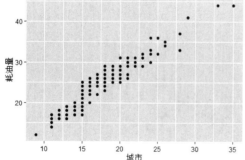

图 11.6　设置 x 轴和 y 轴的标题 s

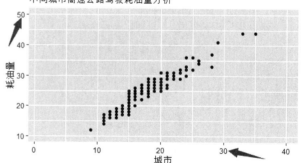

图 11.7　设置坐标轴范围

使用 scale_x_continuous()函数和 scale_y_continuous()函数，主要代码如下：

```
1    + scale_x_continuous(limits = c(0,40))
2    + scale_y_continuous(limits = c(10,50))
```

3．去除刻度标签

去除 x 轴和 y 轴刻度标签可以使用如下代码：

```
1    + theme(axis.text.x = element_blank())
2    + theme(axis.text.y = element_blank())
```

4．去除刻度线

去除 x 轴和 y 轴刻度线，需要在 theme()函数中使用如下代码：

```
1    + theme(axis.ticks.x = element_blank())
2    + theme(axis.ticks.y = element_blank())
```

5．去除网格线

在实际绘图过程中，有时需要去除网格线，此时需将 breaks 参数值设为 NULL。例如：

```
1    + scale_x_continuous(breaks=NULL)
2    + scale_y_continuous(breaks=NULL)
```

11.2.3　添加文本标签

在绘图过程中，为了能够清晰、直观地看到数据，有时需要给图表中指定的数据点添加文本标签。在 ggplot2 中，使用 geom_text()函数可以添加文本标签。

【例 11.4】为折线图添加文本标签（**实例位置：资源包\Code\11\04**）

下面为图表中的各个数据点添加文本标签。运行 RStudio，编写如下代码。

```
1    library(ggplot2)
2    # 绘制折线图
3    df <- data.frame(x = 1:5, y = c(10,28,25,9,20))
4    ggplot(df,aes(x,y))+
5        geom_line()+
6        labs(title = "折线图",size = 10)+                              # 设置标题
7        geom_text(aes(label = y, vjust = 1, hjust = -0.5, angle = 45),size=3)    # 添加文本标签
```

运行程序，结果如图 11.8 所示。

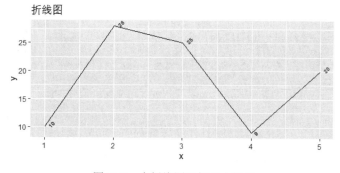

图 11.8　为折线图添加文本标签

11.2.4　图例

在 ggplot2 中，使用 guides()函数设置图例。图例的设置方式与标题、坐标轴函数类似，在 guides() 函数内给对应的映射参数赋值即可。

1．删除图例

与基础绘图不同，当 ggplot2 绘制散点图且涉及颜色映射时，就会自动添加图例，并与散点图函数中的映射关系一一对应。如果不需要显示图例，则可将其删除。

下面介绍 3 种删除图例的方法，代码如下：

```
+ guides(col = guide_none())
+ guides(col = FALSE)
+ theme(legend.position = "none")
```

【例 11.5】删除散点图中的图例（**实例位置：资源包\Code\11\05**）

使用 mpg 数据集绘制散点图，并将颜色指定为 year（年）。运行 RStudio，编写如下代码。

```
1    library(ggplot2)
2    # 绘制散点图
3    ggplot(data=mpg,mapping=aes(x=cty,y=hwy))+
4        geom_point(aes(color=year))+
5        # 设置标题、子标题和 xy 轴标题
6        labs(title = "汽车耗油量分析",
7             subtitle = "不同城市高速公路驾驶耗油量分析",
8             x = "城市",y = "耗油量")+
9        theme(plot.title=element_text(face="bold.italic",     # 字体
10                            color="blue",                      # 颜色
11                            size=20,                           # 大小
12                            hjust=0.5,                         # 位置
13                            vjust=0.5))
```

运行程序，结果如图 11.9 所示。

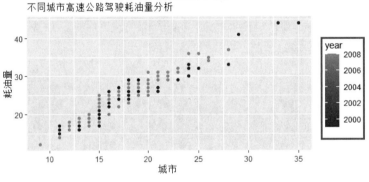

图 11.9　原始散点图

从运行结果可以看出：此时的散点图自动加上了图例。下面来删除图例，代码如下：

```
+ guides(col = FALSE)
```

运行程序，删除图例后的效果如图 11.10 所示。

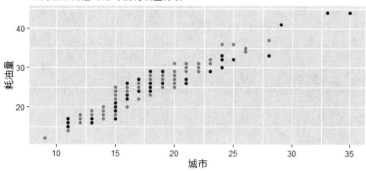

图 11.10　删除图例后的散点图

2．连续型图例

guides()函数默认是连续型图例，要调整连续型映射关系的图例，需要使用 guide_colourbar()函数。

【例 11.6】为散点图设置连续型图例（实例位置：资源包\Code\11\06）

使用 guides()函数和 guide_colourbar()函数为散点图设置连续型图例并设置图例标题。运行 RStudio，编写如下代码。

```
1   library(ggplot2)
2   # 绘制散点图
3   ggplot(data=mpg,mapping=aes(x=cty,y=hwy))+
4       geom_point(aes(color=year))+
5       # 设置标题和子标题
6       labs(title = "汽车耗油量分析",
7           subtitle = "不同城市高速公路驾驶耗油量分析")+
8       theme(plot.title=element_text(face="bold.italic",      # 字体
9                           color="blue",                       # 颜色
10                          size=20,                            # 大小
11                          hjust=0.5,                          # 位置
12                          vjust=0.5))+
13      # 显示图例并设置图例标题为 "年份"
14      guides(color=guide_colorbar(title = "年份",
15                          ticks.colour = NA))
```

运行程序，结果如图 11.11 所示。

3．离散型图例

当映射的变量为离散型变量时，图例也是离散型图例。调整离散型图例需要使用 guide_legend()函数。

【例 11.7】为散点图设置离散型图例（实例位置：资源包\Code\11\07）

使用 guides()函数和 guide_legend()函数为散点图设置离散型图例并设置图例标题。运行 RStudio，编写如下代码。

```
1   library(ggplot2)
2   # 绘制散点图
```

```
3    ggplot(data=mpg,mapping=aes(x=cty,y=hwy))+
4        geom_point(aes(color=factor(year)))+
5        # 设置标题和子标题
6        labs(title = "汽车耗油量分析",
7             subtitle = "不同城市高速公路驾驶耗油量分析")+
8        theme(plot.title=element_text(face="bold.italic",           # 字体
9                                       color="blue",                 # 颜色
10                                      size=20,                      # 大小
11                                      hjust=0.5,                    # 位置
12                                      vjust=0.5))+
13       # 显示图例并设置图例标题为"年份"
14       guides(color=guide_legend(title = "年份"))
```

运行程序，结果如图 11.12 所示。

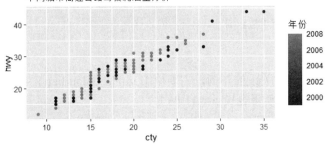

图 11.11　为散点图设置连续型图例

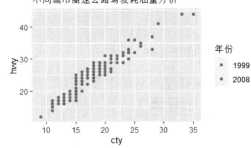

图 11.12　为散点图设置离散型图例

🔩　代码解析

第 4 行代码：factor() 函数用于创建因子变量。

4．图例位置

在 theme() 函数中，设置图例位置为 none（无），即代码中出现 + theme(legend.position = "none") 时，表示删除图例；为其指定位置参数，则用于设置图例位置。

如设置图例位于左边、顶部和底部，主要代码如下。

```
1    theme(legend.position="left")                  # 左边
2    theme(legend.position="top")                   # 顶部
3    theme(legend.position="bottom")                # 底部
```

11.2.5　更改字体大小

在 ggplot2 中，更改字体大小较为烦琐。同样可以使用 theme() 函数，通过指定不同参数更改图形中不同元素的字体大小。

首先看一个原始图，如图 11.13 所示。接下来修改该图中每个元素的字体大小。

（1）修改图中所有元素的字体大小，代码如下：

```
+ theme(text = element_text(size = 20))
```

运行程序，结果如图 11.14 所示，与原始图相比，部分字体已变大。

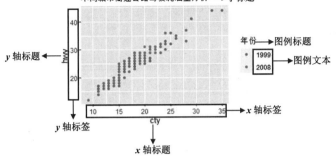

图 11.13　原始散点图

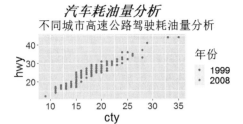

图 11.14　修改所有字体

（2）修改 *x* 轴和 *y* 轴标签的字体大小，代码如下：

```
+ theme(axis.text = element_text(size = 20))
```

也可以只修改 *x* 轴或 *y* 轴标签的字体大小，代码如下：

```
+ theme(axis.text.x = element_text(size = 20))
```

或：

```
+ theme(axis.text.y = element_text(size = 20))
```

（3）修改 *x* 轴和 *y* 轴标题的字体大小，代码如下：

```
+ theme(axis.title = element_text(size = 20))
```

也可以只修改 *x* 轴或 *y* 轴标题的字体大小，代码如下：

```
+ theme(axis.title.x = element_text(size = 20))
```

或：

```
+ theme(axis.title.y = element_text(size = 20))
```

（4）修改标题的字体大小，代码如下：

```
+ theme(plot.title = element_text(size = 20))
```

（5）修改图例标题的字体大小，代码如下：

```
+ theme(legend.title = element_text(size = 20))
```

（6）修改图例文本的字体大小，代码如下：

```
+ theme(legend.text = element_text(size = 20))
```

11.2.6　主题

ggplot2 自带了一些绘图主题样式，通过这些样式可以快速绘制一张漂亮的图形，函数如下：

```
+ theme_gray()
+ theme_bw()
+ theme_classic()
```

```
+ theme_light()
+ theme_void()
+ theme_linedraw()
+ theme_minimal()
+ theme_dark()
```

不同主题样式的效果如图 11.15 所示。

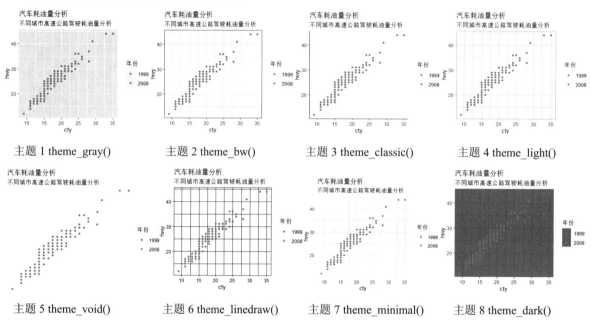

主题 1 theme_gray()　　主题 2 theme_bw()　　主题 3 theme_classic()　　主题 4 theme_light()

主题 5 theme_void()　　主题 6 theme_linedraw()　　主题 7 theme_minimal()　　主题 8 theme_dark()

图 11.15　ggplot2 主题样式

除了上述主题样式，ggplot2 还可以使用 ggthemes 拓展主题样式。首先安装 ggthemes 包，然后就可以使用 19 种 ggthemes 拓展主题样式了，函数如下：

```
+ theme_clean()
+ theme_calc()
+ theme_economist()
+ theme_igray()
+ theme_fivethirtyeight()
+ theme_pander()
+ theme_foundation()
+ theme_base()
+ theme_par()
+ theme_gdocs()
+ theme_map()
+ theme_few()
+ theme_tufte()
+ theme_stata()
+ theme_excel()
+ theme_wsj()
+ theme_hc()
+ theme_solid()
+ theme_solarized()
```

以上主题样式可以自己尝试，这里不再介绍。

11.2.7 保存图形

绘制完图形后，还需要将其保存起来。在 ggplot2 中保存图形有 3 种方式。

（1）使用 ggsave()函数将图形保存为 pdf 和 png 格式。主要代码如下：

```
ggsave("aa.pdf",width = 8,device = cairo_pdf, height = 5)
ggsave("aa.png",width = 8,device = cairo_pdf, height = 5,dpi = 300)
```

（2）使用 pdf()函数将图形保存为 pdf 格式。主要代码如下：

```
pdf('aa.pdf')
dev.off()
```

（3）使用 png()函数将图形保存为 png 格式。主要代码如下：

```
png("aa.png",width = 800, height = 500)
```

技巧

保存多幅图形时，可以在文件名后加入%d。

11.3 使用 ggplot2 绘制图表

11.3.1 折线图

折线图一般用来描述一维变量随某连续变量变化的情况，非常适合描述时间序列数据的变化。下面介绍如何使用 ggplot2 的 geom_line()函数绘制折线图。

1．简单折线图

绘制简单折线图的方法是：先调用 ggplot()函数指定数据集，在 aes 参数中指定 x 轴和 y 轴，然后调用折线图函数 geom_line()绘制。

【例 11.8】绘制简单折线图（**实例位置：资源包\Code\11\08**）

下面绘制一个简单的折线图，运行 RStudio，编写如下代码。

```
1    # 加载程序包
2    library(ggplot2)
3    library(openxlsx)
4    df <- read.xlsx("datas/体温.xlsx",sheet=1)        # 读取 Excel 文件
5    ggplot(data=df,aes(x=日期,y=体温)) + geom_line()    # 绘制折线图
```

运行程序，结果如图 11.16 所示。

2．高级折线图

通过 geom_point()函数和 color、size、linetype 参数可以为折线图添加标记，并设置线的粗细、样式和颜色等，得到更精美的折线图。

（1）为折线图添加标记，代码如下：

```
1  ggplot(df,aes(x=日期,y=体温)) +
2      geom_point()+
3      geom_line()
```

运行程序，结果如图 11.17 所示。

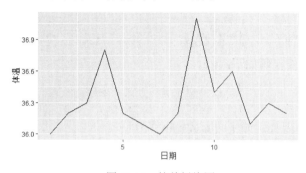

图 11.16　简单折线图

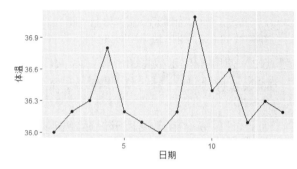

图 11.17　添加标记

（2）修改标记形状、大小和颜色，代码如下：

```
1  ggplot(df,aes(x=日期,y=体温)) +
2      geom_point(color="blue",size=3,shape=15)+
3      geom_line()
```

运行程序，结果如图 11.18 所示。

（3）修改线型、颜色和粗细，代码如下：

```
1  ggplot(df,aes(x=日期,y=体温)) +
2      geom_point(color="blue",size=3,shape=15)+
3      geom_line(color="orange",size=1,linetype=5)
```

运行程序，结果如图 11.19 所示。

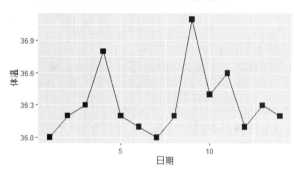

图 11.18　修改标记形状、大小和颜色

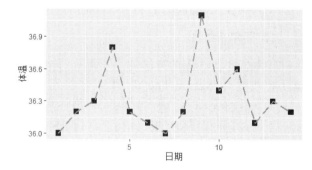

图 11.19　修改线型、颜色和粗细

3. 多折线图

在 ggplot2 中，绘制多折线图有两种方法。

1）使用多个 geom_line()函数

如果分类数据存储在多个变量中，如图 11.20 所示，分类数据分别存储为"京东"、"天猫"和"自营"，则可

	C	D	E	F	G
1	年份	京东	天猫	自营	总销售额
2	2016	16,800.00	32,550.00	80,695.00	120,045.00
3	2017	89,044.00	187,800.00	28,834.00	305,678.00
4	2018	156,010.00	234,708.00	94,382.00	485,100.00
5	2019	157,856.00	290,017.00	57,215.00	505,088.00
6	2020	558,909.00	321,400.00	104,202.00	984,511.00
7	2021	1,298,890.00	432,578.00	154,088.00	1,885,556.00
8	2022	1,525,004.00	584,500.00	179,271.00	2,288,775.00

图 11.20　各平台销售数据

以通过使用多个 geom_line()函数绘制多折线图。其中，加号"+"表示进行叠加组合。

【例 11.9】多折线图分析各平台销售额 1（实例位置：资源包\Code\11\09）

下面通过多折线图分析各平台 2016—2022 年的销售额，运行 RStudio，编写如下代码。

```
1    # 加载程序包
2    library(ggplot2)
3    library(openxlsx)
4    df <- read.xlsx("datas/books1.xlsx",sheet=2)    # 读取 Excel 文件
5    head(df)                                         # 查看数据
6    # 绘制折线图
7    ggplot(df,aes(x=年份)) +
8        geom_line(aes(y=京东,color="red"))+
9        geom_line(aes(y=天猫,color="blue"))+
10       geom_line(aes(y=自营,color="green"))
```

运行程序，结果如图 11.21 所示。

上述结果中并不能看出哪条线是哪个平台的销售额，而 y 轴标签和图例都是错误的，还需要对图表作进一步处理，非常麻烦，因此这种方法不推荐。

2）指定 group 参数

如果分类数据存储在一个变量中（见图 11.22），则可直接将 group 参数指定为分类变量。

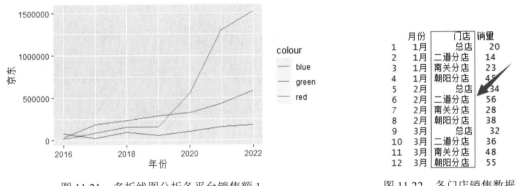

图 11.21　多折线图分析各平台销售额 1　　　　　图 11.22　各门店销售数据

【例 11.10】绘制多折线图 1（实例位置：资源包\Code\11\10）

绘制多折线图同样是使用 geom_line()函数，但需要指定 group 参数。运行 RStudio，编写如下代码。

```
1    library(ggplot2)         # 加载程序包
2    # 创建数据集
3    月份 <- c('1 月', '1 月', '1 月','1 月','2 月','2 月','2 月','2 月','3 月','3 月','3 月','3 月')
4    门店 <- c("总店","二道分店","南关分店","朝阳分店")
5    销量 <- c(20,14,23,45,34,56,28,38,32,36,48,55)
6    df <- data.frame(月份,门店,销量)
7    df                       # 查看数据集
8    # 绘制折线图
9    ggplot(data=df, aes(x=月份, y=销量,group=门店))+
10       geom_line()
```

运行程序，结果如图 11.23 所示。

图 11.23 中并不能看出哪条线是哪个门店的销量，还需要指定 color 参数。通过颜色区分，再结合不同图例，绘制出的多折线图 2 就比较完美了。主要代码如下：

```
1    ggplot(data=df, aes(x=月份, y=销量,group=门店,color=门店))+
2        geom_line()
```

运行程序，结果如图 11.24 所示。

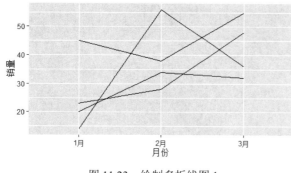

图 11.23　绘制多折线图 1

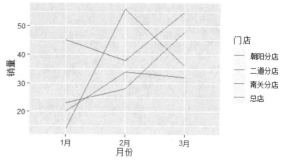

图 11.24　绘制多折线图 2

还可以指定标记来区分，即指定 shape 参数并结合 geom_point()函数进行绘制，主要代码如下：

```
1    ggplot(data=df, aes(x=月份, y=销量,group=门店,color=门店,shape=门店))+
2        geom_line()+
3        geom_point()
```

运行程序，结果如图 11.25 所示。

如果分类数据存储在多个变量中（如例 11.9），
则需要使用 reshape2 包的 melt()函数将分类数据先
合并存储在一个变量中。如将"京东""天猫""自
营"统一存放在变量"平台"中。

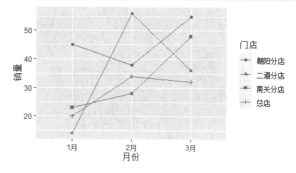

图 11.25　绘制多折线图 3

注意

> reshape2 包属于第三方 R 语言包，使用前
> 应首先进行安装。

【例 11.11】多折线图分析各平台销售额 2（实
例位置：资源包\Code\11\11）

将"京东""天猫""自营"数据合并为一个变量，然后绘制多折线图。运行 RStudio，编写如下代码。

```
1    # 加载程序包
2    library(reshape2)
3    library(ggplot2)
4    library(openxlsx)
5    df <- read.xlsx("datas/books1.xlsx",sheet=2)    # 读取 Excel 文件
6    df <- df[,3:6]                                   # 抽取 3~6 列数据
7    head(df)                                         # 查看数据
8    df1 <- melt(df,id="年份")                        # 数据合并
9    df1
```

运行程序，结果如图 11.26 所示。从运行结果可知："京东""天猫""自营"3 个平台被当作一个
单独的变量，这就是合并后的结果。其中，variable 和 value 是自动生成的列名。

下面修改列名，然后绘制多折线图，代码如下：

```
1    colnames(df1) <- c("年份","平台","销售额")     # 修改列名
2    head(df1)
3    # 绘制折线图
4    ggplot(data=df1, aes(x=年份, y=销售额,group=平台,color=平台))+
5        geom_line()
```

运行程序，结果如图 11.27 所示。

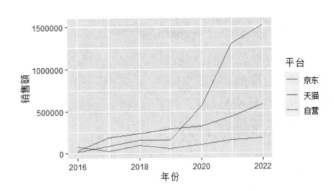

图 11.26　各平台销售数据

图 11.27　多折线图分析各平台销售额 2

11.3.2　散点图

在 ggplot2 中，绘制散点图主要使用 geom_point()函数，前面已经介绍了简单的散点图，接下来再介绍 3 种常见较复杂的散点图。

1. 线性拟合散点图

线性拟合散点图主要用于分析数据的线性关系。ggplot2 绘制线性拟合散点图主要使用 geom_point() 和 geom_smooth()函数。geom_point()函数用于绘制散点图，geom_smooth()函数用于添加拟合曲线。

【例 11.12】通过散点图分析质量与行驶里程（英里/加仑）的相关性（**实例位置：资源包\Code\11\12**）

通过线性拟合散点图分析 mtcars 数据集中质量与每加仑跑的行驶里程（英里/加仑）的相关性。运行 RStudio，编写如下代码。

```
1    library(ggplot2)          # 加载包
2    data(mtcars)              # 导入数据集
3    df <- mtcars
4    # 绘制线性拟合散点图
5    ggplot(df, aes(wt, mpg))+
6        geom_point(shape=21,size=4)+
7        geom_smooth(method = "lm")
```

运行程序，结果如图 11.28 所示。

2. 分组散点图

绘制分组散点图主要通过添加分类变量。

【例 11.13】绘制分组散点图（**实例位置：资**

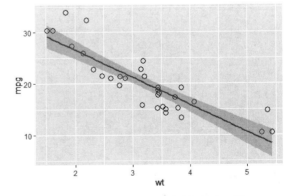

图 11.28　散点图分析质量与行驶里程
（英里/加仑）的相关性

源包\Code\11\13）

在例 11.12 的基础上，添加分类变量 gear（即前进齿轮数），通过不同的前进齿轮数对数据进行分组。运行 RStudio，编写如下代码。

```
1    library(ggplot2)        # 加载包
2    data(mtcars)            # 导入数据集
3    df <- mtcars
4    # 绘制分组散点图
5    ggplot(df, aes(wt, mpg,color=factor(gear)))+
6        geom_point(shape=21,size=3)+
7        # 显示图例并设置图例标题为 ""
8        guides(color=guide_legend(title = "前进齿轮数"))
```

运行程序，结果如图 11.29 所示。

接下来对每组数据进行线性拟合，主要代码如下：

```
+ geom_smooth(method = "lm")
```

运行程序，结果如图 11.30 所示。

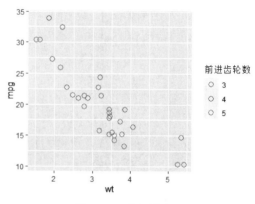

图 11.29　分组散点图

3. 分面散点图

分面散点图实际上就是将散点图绘制在不同的画布上，主要使用分面函数 facet_wrap()，该函数能够自定义分面的行数和列数。下面针对不同的前进齿轮数分别绘制散点图，主要代码如下：

```
1    library(ggplot2)        # 加载包
2    data(mtcars)            # 导入数据集
3    df <- mtcars
4    # 绘制面板散点图
5    ggplot(df, aes(wt, mpg))+
6        geom_point(shape=21,size=3)+
7        facet_wrap(~gear)
```

运行程序，结果如图 11.31 所示。

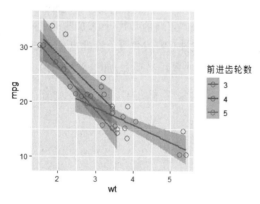

图 11.30　分组线性拟合散点图

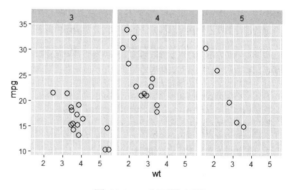

图 11.31　分面散点图

说明

关于分面函数 facet_wrap() 在 11.4.2 节将进行详细介绍。

11.3.3　柱形图

ggplot2 中，绘制柱形图主要使用 geom_col()函数，下面介绍几种常见的柱形图。

1．基础柱形图

基础柱形图是比较常见的柱形图，只比较一个类别的数据，由单根柱子组成。下面通过具体的实例进行介绍。

【例 11.14】绘制线上图书销售额分析图（**实例位置：资源包\Code\11\14**）

使用 geom_col()函数绘制"2016—2022 年线上图书销售额分析图"。运行 RStudio，编写如下代码。

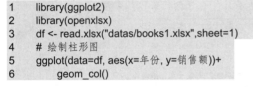

```
1   library(ggplot2)                                      # 加载程序包
2   library(openxlsx)
3   df <- read.xlsx("datas/books1.xlsx",sheet=1)          # 读取 Excel 文件
4   # 绘制柱形图
5   ggplot(data=df, aes(x=年份, y=销售额))+
6       geom_col()
```

运行程序，结果如图 11.32 所示。

2．分组柱形图

分组柱形图是多个类别的数据进行比较，由多根柱子组成，且多根柱子横向堆积在一起。如分析不同平台 2016—2022 年的图书销售额就需要使用分组柱形图。

绘制分组柱形图同样要使用 geom_col()

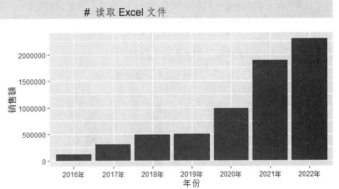

图 11.32　线上图书销售额分析图

函数，重点是指定 fill 参数为分类数据。fill 表示填充，也就是将分类数据映射到填充的颜色中，这样就形成了一个有堆积效果的柱形图（默认为纵向堆积）。由于分组柱形图是多根柱子横向堆积的，因此需要指定 position 参数为 dodge。

另外，与绘制多折线图一样，绘制分组柱形图前应先对分类数据进行合并处理。

【例 11.15】绘制各平台图书销售额分析图（**实例位置：资源包\Code\11\15**）

对于线上图书销售额的统计，如果要统计各个平台的销售额，则可以使用分组柱形图，不同颜色的柱子代表不同的平台，如京东、天猫、自营等。运行 RStudio，编写如下代码。

```
1    # 加载程序包
2    library(reshape2)
3    library(ggplot2)
4    library(openxlsx)
5    df <- read.xlsx("datas/books1.xlsx",sheet=2)          # 读取 Excel 文件
6    df <- df[,3:6]                                        # 抽取 3~6 列数据
7    head(df)                                              # 查看数据
8    df1 <- melt(df,id="年份")                             # 数据合并
9    colnames(df1) <- c("年份","平台","销售额")            # 修改列名
10   # 绘制柱形图
11   ggplot(data=df1, aes(x=年份, y=销售额,fill=平台))+
12       geom_col(position='dodge')+
13       labs(title = "2016—2022 年线上图书销售额分析图")   # 设置标题
```

运行程序，结果如图 11.33 所示。从运行结果可以清晰地看出：京东、天猫和自营 3 个平台 2016—2022 年线上图书销售额的对比分析情况。

3．堆积柱形图

堆积柱形图与分组柱形图相反，它的多根柱子是纵向堆积在一起的。绘制堆积柱形图的方法与分组柱形图一样，但不需要指定 position 参数（该参数的默认值是 stack，表示纵向堆积）。

【例 11.16】通过堆积柱形图分析各平台图书销售额（**实例位置：资源包\Code\11\16**）

下面通过堆积柱形图分析京东、天猫和自营 3 个平台 2016—2022 年的图书销售额。运行 RStudio，主要代码如下。

```
1    # 绘制柱形图
2    ggplot(data=df1, aes(x=年份, y=销售额,fill=平台))+
3        geom_col()+
4        labs(title = "2016—2022 年线上图书销售额分析图")    # 设置标题
```

运行程序，结果如图 11.34 所示。

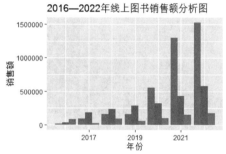

图 11.33　各平台图书销售额分析图

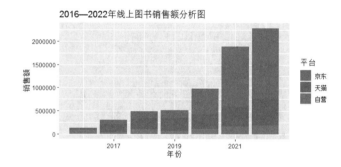

图 11.34　通过堆积柱形图分析各平台图书销售额

从运行结果可知：堆积柱形图不仅可以对比分析各平台每年的图书销售额，还可以对比分析平台总体的图书销售额，比分组柱形图更加直观。

4．百分比堆积柱形图

在堆积柱形图中，堆积在一起的每根柱子都表示总体，值为 100%，这样就可以得出每根柱子中的一个部分所占的百分比，这就是百分比堆积柱形图。

绘制百分比堆积柱形图时，需要设置 position 参数为 fill，主要代码如下：

```
+ geom_col(position = 'fill')
```

运行程序，结果如图 11.35 所示。

5．柱形图细节设置

1）设置柱子宽度

ggplot2 绘制的柱形图默认宽度是 0.9，如果要修改柱子的宽度，则需要使用 width 参数。

如设置柱子宽度为 0.8，主要代码如下：

```
+ geom_col(width = 0.8)
```

对于分组柱形图还需要考虑每组柱子之间的宽度。该宽度使用 position 参数设置。主要代码如下：

```
position = position_dodge(width = 0.5)
```

需要注意的是，设置该宽度时须考虑每根柱子的宽度，每根柱子的宽度必须小于每组柱子之间的宽度，否则会出现柱子重叠的现象，如图 11.36 所示。

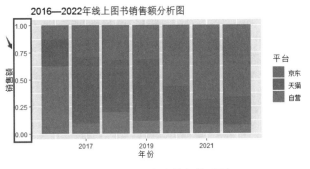

图 11.35　百分比堆积柱形图

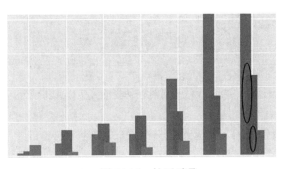

图 11.36　柱子重叠

由于每根柱子的默认宽度为 0.9，而我们设置的每组柱子的宽度为 0.5，因此柱子出现了重叠。需要修改代码为：

```
+ geom_col(width = 0.4,position = position_dodge(width = 0.5))
```

2）设置柱子样式和颜色

设置柱子边框的线条样式和颜色，主要使用如下 4 个参数。

☑　col/color/colour：柱子边框的颜色。

☑　linetype：线条样式。

☑　alpha：填充色的透明度。

☑　size：线条的粗细。

如设置分组柱形图的边框颜色、线条样式、填充色透明度和线条粗细，主要代码如下：

```
1    ggplot(data=df1, aes(x=年份, y=销售额,colour=平台))+
2        geom_col(alpha=0.2,size=1,linetype=5)
```

运行程序，结果如图 11.37 所示。

3）添加文本标签

为柱形图添加文本标签，主要使用 geom_text()函数。

【例 11.17】为柱形图添加文本标签（实例位置：资源包\Code\11\17）

下面使用 geom_text()函数为基础柱形图的每根柱子添加销售额，运行 RStudio，编写如下代码。

```
1    # 加载程序包
2    library(ggplot2)
3    library(openxlsx)
4    df <- read.xlsx("datas/books1.xlsx",sheet=1)    # 读取 Excel 文件
5    # 绘制柱形图
6    ggplot(data=df, aes(x=年份, y=销售额))+
7        geom_col()+
8        geom_text(aes(label=销售额),vjust=-0.2)
```

运行程序，结果如图 11.38 所示。

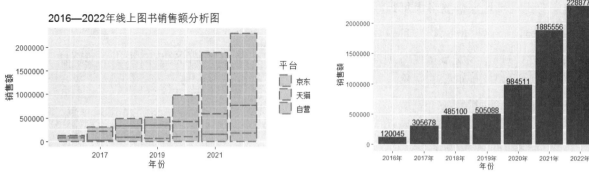

图 11.37　设置柱子边框的线条样式和颜色　　　　图 11.38　为柱形图添加文本标签

11.3.4　直方图

在 ggplot2 中，绘制直方图主要使用 gemo_histogram()函数，下面通过具体实例进行介绍。

【例 11.18】绘制简单直方图（**实例位置：资源包\Code\11\18**）

使用 ggplot2 包自带的数据集 mpg 绘制一个简单的直方图。运行 RStudio，编写如下代码。

```
1    library(ggplot2)                          # 加载程序包
2    # 绘制直方图
3    ggplot(mpg,aes(x=hwy))+
4        geom_histogram(bins = 30)
```

运行程序，结果如图 11.39 所示。

【例 11.19】通过直方图分析学生数学成绩分布情况（**实例位置：资源包\Code\11\19**）

通过直方图分析学生数学成绩的分布情况，运行 RStudio，编写如下代码。

```
1    # 加载程序包
2    library(ggplot2)
3    library(openxlsx)
4    df <- read.xlsx("datas/grade.xlsx",sheet=1)      # 读取 Excel 文件
5    # 绘制直方图
6    ggplot(df,aes(x=得分))+
7        geom_histogram(bins = 30,fill="blue")
```

运行程序，结果如图 11.40 所示。

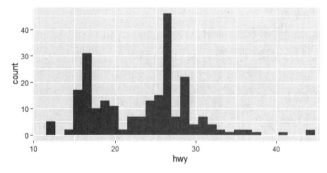

图 11.39　简单直方图

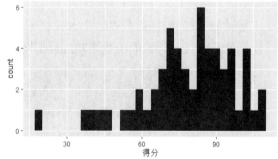

图 11.40　通过直方图分析学生数学成绩分布情况

11.3.5　箱形图

箱形图主要用于观察数据分布状态和异常值。在 ggplot2 中，绘制箱形图主要使用 geom_boxplot() 函数，下面通过实例介绍如何绘制单个箱形图和分组箱形图。

【例 11.20】通过箱形图分析身高数据（实例位置：资源包\Code\11\20）

一组男生的身高数据如图 11.41 所示，通过箱形图分析这组身高数据的分布情况和异常值情况。

178　172　175　170　173　175　172　180　226

图 11.41　一组男生的身高数据

运行 RStudio，编写如下代码：

```
1   library(ggplot2)
2   df <- data.frame(y = c(178,172,175,170,173,175,172,180,226))    # 创建数据
3   # 绘制箱形图
4   ggplot(df,aes(x="身高",y=y))+
5       geom_boxplot()
```

运行程序，结果如图 11.42 所示。

【例 11.21】通过分组箱形图分析身高数据（实例位置：资源包\Code\11\21）

通过分组箱形图分析高一 3 个班男生身高数据的分布情况和异常值情况。运行 RStudio，编写如下代码。

```
1   library(ggplot2)
2   # 创建数据
3   df <- data.frame(班级 = gl(3, 9, 27, labels = c("1 班","2 班","3 班")),
4                    身高  = c(178,172,175,170,173,175,172,180,216,
5                              170,173,176,177,178,171,177,182,165,
6                              171,175,173,172,189,168,172,170,180))
7   # 绘制箱形图
8   ggplot(df,aes(x=班级,y=身高))+
9       geom_boxplot()
```

运行程序，结果如图 11.43 所示。

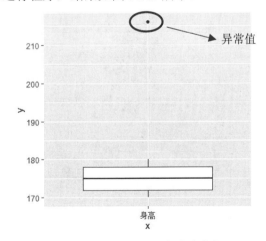

图 11.42　通过箱形图分析身高数据

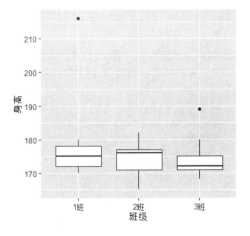

图 11.43　通过分组箱形图分析身高数据

给不同分组按照班级填充颜色加以区分，主要代码如下：

```
geom_boxplot(aes(fill=班级))
```

运行程序，结果如图 11.44 所示。

11.3.6　面积图

面积图用于体现数量随时间变化的程度，可引起人们对总值趋势的注意。例如，表示随时间变化的利润数据可以绘制在面积图中，以强调总利润。

ggplot2 绘制面积图主要使用 gemo_area()函数，下面通过具体实例介绍如何绘制面积图。

【例 11.22】绘制简单的面积图（**实例位置：资源包\Code\11\22**）

下面使用 gemo_area()函数绘制一个简单的面积图。运行 RStudio，编写如下代码。

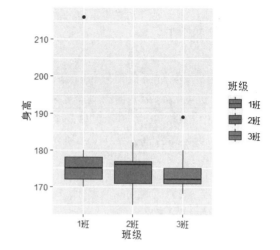

图 11.44　通过分组箱形图分析身高数据（填充颜色）

```
1    # 加载程序包
2    library(ggplot2)
3    library(openxlsx)
4    # 读取 Excel 文件
5    df <- read.xlsx("datas/books1.xlsx",sheet=2)
6    # 绘制面积图
7    ggplot(df,aes(x=年份)) +
8        geom_area(aes(y=京东))
```

运行程序，结果如图 11.45 所示。

【例 11.23】绘制堆叠面积图（**实例位置：资源包\Code\11\23**）

通过堆叠面积图可以观察多组数据的对比情况。例如，通过堆叠面积图观察京东、天猫和自营 3 个平台的销售额情况。运行 RStudio，编写如下代码。

```
1    # 加载程序包
2    library(reshape2)
3    library(ggplot2)
4    library(openxlsx)
5    df <- read.xlsx("datas/books1.xlsx",sheet=2)    # 读取 Excel 文件
6    df <- df[,3:6]                                   # 抽取 3~6 列数据
7    head(df)                                         # 查看数据
8    df1 <- melt(df,id="年份")                        # 数据合并
9    colnames(df1) <- c("年份","平台","销售额")       # 修改列名
10   head(df1)                                        # 查看数据
11   # 绘制面积图
12   ggplot(df1,aes(x=年份,y=销售额)) +
13       geom_area(aes(fill=平台))
```

运行程序，结果如图 11.46 所示。

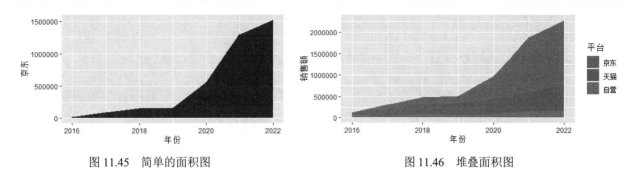

图 11.45　简单的面积图　　　　　　　　　　　图 11.46　堆叠面积图

11.3.7　密度图

密度图可以展示数值型变量的数据分布，在 ggplot2 中可以使用 geom_dendity() 函数绘制密度图。下面介绍几种常见的密度图。

1. 基础密度图

只需要输入一个数值型的向量，即可绘制一个简单的密度图。

【例 11.24】通过密度图分析鸢尾花（实例位置：资源包\Code\11\24）

下面使用 R 语言自带的 iris 数据集绘制一个简单的密度图。运行 RStudio，编写如下代码。

```
1    library(ggplot2)          # 加载程序包
2    data(iris)                # 导入数据集
3    # 绘制密度图
4    df <- iris
5    ggplot(df,aes(x=Sepal.Length))+
6          geom_density(fill="green",color="green",alpha=0.5)
```

◆　代码解析

第 6 行代码：fill 表示填充色，color 表示边框线条颜色，alpha 表示透明度。

运行程序，结果如图 11.47 所示。

2. 两个变量的密度图

两个变量的密度图可以更好地体现变量之间的关系，使用 geom_density() 函数可进行绘制。

【例 11.25】通过密度图分析鸢尾花花萼的长和宽（实例位置：资源包\Code\11\25）

下面通过密度图分析鸢尾花花萼的长和宽。运行 RStudio，编写如下代码。

```
1    library(ggplot2)          # 加载程序包
2    data(iris)                # 导入数据集
3    # 绘制密度图
4    df <- iris
5    ggplot(df)+
6          geom_density(aes(x=Sepal.Length),fill="green",color="green",alpha=0.5)+
7          geom_density(aes(x=Sepal.Width),fill="blue",color="blue",alpha=0.5)+
8          #x 轴和 y 轴标题
9          labs(x="花萼宽度            花萼长度",y="密度")
```

运行程序，结果如图 11.48 所示。

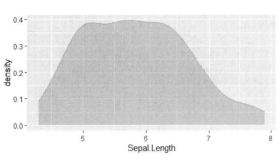

图 11.47　密度图

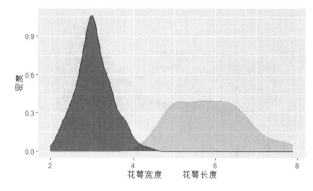

图 11.48　通过密度图分析鸢尾花花萼的长和宽

3．多组别的密度图

要绘制多组别的密度图，首先要通过 group 参数指定分类变量，然后通过 fill 参数映射分组变量，填充不同的颜色进行区分。

【例 11.26】通过密度图分析不同种类鸢尾花花萼的长度（**实例位置：资源包\Code\11\26**）

下面通过密度图分析不同种类的鸢尾花花萼的长度。运行 RStudio，编写如下代码。

```
1    library(ggplot2)            # 加载程序包
2    data(iris)                  # 导入数据集
3    iris
4    # 绘制密度图
5    df <- iris
6    ggplot(df,aes(x=Sepal.Length,group=Species,fill=Species))+
7        geom_density(alpha=0.5)
```

运行程序，结果如图 11.49 所示。

4．堆积密度图

通过设置 position 参数为 fill 就可以轻松实现堆积密度图，主要代码如下：

```
1    ggplot(df,aes(x=Sepal.Length,group=Species,fill=Species))+
2        geom_density(alpha=0.5,position = "fill")
```

运行程序，结果如图 11.50 所示。

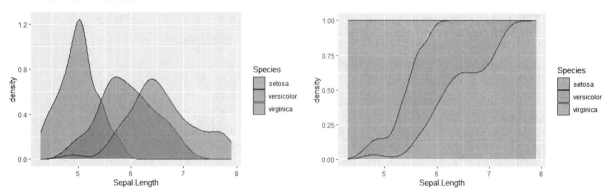

图 11.49　密度图分析不同种类鸢尾花花萼的长度

图 11.50　堆积密度图

11.3.8 小提琴图

小提琴图和箱形图一样，用于多个数据分布情况的比较。还可以进行描述性统计。绘制小提琴图主要使用 geom_violin()函数，下面介绍几种常见的小提琴图。

1. 基础小提琴图

基础小提琴图直接使用 geom_violin()函数绘制即可。

【例 11.27】通过小提琴图分析不同种类鸢尾花花萼的长度（**实例位置：资源包\Code\11\27**）

下面使用 geom_violin()函数绘制小提琴图，分析不同种类鸢尾花花萼的长度。运行 RStudio，编写如下代码。

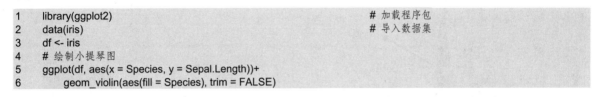

```
1  library(ggplot2)                                        # 加载程序包
2  data(iris)                                              # 导入数据集
3  df <- iris
4  # 绘制小提琴图
5  ggplot(df, aes(x = Species, y = Sepal.Length))+
6      geom_violin(aes(fill = Species), trim = FALSE)
```

✦ 代码解析

第 6 行代码：fill 参数按鸢尾花的类别填充颜色。trim 参数默认值为TRUE，表示删除图形的尾部数据。如果不想删除，则可以设置 trim 参数值为 FALSE。

运行程序，结果如图 11.51 所示。

2. 添加统计值

使用 stat_summary()函数可以在小

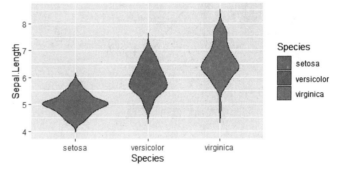

图 11.51 通过小提琴图分析不同种类鸢尾花花萼的长度

提琴图中添加统计值。如在小提琴图中加入均值、中位值，设置 fun 参数为 mean 或 median 即可。

【例 11.28】为小提琴图添加均值和中位值（**实例位置：资源包\Code\11\28**）

绘制小提琴图，然后使用 stat_summary()函数为小提琴图添加均值和中位值，以点的形式进行标记。运行 RStudio，编写如下代码。

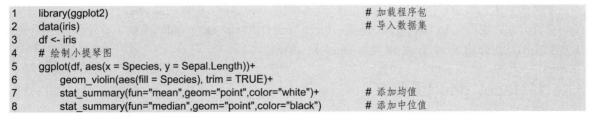

```
1  library(ggplot2)                                               # 加载程序包
2  data(iris)                                                     # 导入数据集
3  df <- iris
4  # 绘制小提琴图
5  ggplot(df, aes(x = Species, y = Sepal.Length))+
6      geom_violin(aes(fill = Species), trim = TRUE)+
7      stat_summary(fun="mean",geom="point",color="white")+       # 添加均值
8      stat_summary(fun="median",geom="point",color="black")      # 添加中位值
```

运行程序，结果如图 11.52 所示。

3．小提琴图中添加箱形图

小提琴图中添加箱形图主要使用 geom_violin()函数和 geom_boxplot()函数。

【例 11.29】在小提琴图中添加箱形图（实例位置：资源包\Code\11\29）

下面在小提琴图中添加箱形图，运行 RStudio，编写如下代码。

```
1   library(ggplot2)                                      # 加载程序包
2   data(iris)                                            # 导入数据集
3   df <- iris
4   # 绘制小提琴图
5   ggplot(df, aes(x = Species, y = Sepal.Length,fill = Species))+
6       geom_violin(width=0.8, size=0.2)+
7       geom_boxplot(width=0.2,color="yellow")+           # 添加箱形图
8       theme(legend.position = "none")                   # 删除图例
```

运行程序，结果如图 11.53 所示。

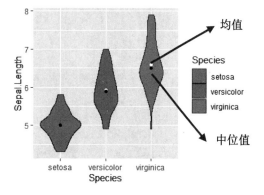

图 11.52　为小提琴图添加均值和中位值

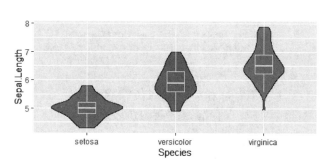

图 11.53　在小提琴图中添加箱形图

11.4　使用 ggplot2 绘制分面图

ggplot2 非常强大能够模仿甚至超越目前 90%的绘图软件。其绘图方式类似于 Photoshop 软件中的图层，一层一个函数，通过不断覆盖逐渐完善图形，直至完成。ggplot2 分面图是根据数据集的分类变量，按照行、列或矩阵的方式，将散点图、柱形图等基础图表展示到多个图表中。下面就来详细介绍下 ggplot2 分面图。

分面类似于九宫格将图形放置在不同的单元格中。在 ggplot2 中使用 facet_*相关的函数可以实现对图形进行分面，主要包括 facet_grid()函数、facet_wrap()函数和 facet_null()函数（不分面）。接下来结合丰富的实例重点介绍 facet_grid()函数和 facet_wrap()函数。

11.4.1　facet_grid()函数

facet_grid()函数根据数据集的分类变量按照行数和列数对画布进行分面，生成一个二维类似表格的网格，然后添加子图。facet_grid()函数的语法格式如下：

```
facet_grid(rows = NULL,cols = NULL,scales = "fixed",space = "fixed",shrink = TRUE,labeller = "label_value",as.table =
TRUE,switch = NULL,drop = TRUE,margins = FALSE,facets = NULL)
```

主要参数说明如下。

☑ rows：根据数据类别按行分面，由 vars()函数定义面。如 rows=vars(x)表示将变量 x 作为维度进行按行分面，且可以使用多个分类变量。

☑ cols：根据数据类别按列分面，由 vars()函数定义面。如 cols=vars(x)表示将变量 x 作为维度进行按列分面。

☑ scales：表示分面后，坐标轴的尺度按照行适应还是按照列适应。默认值为 fixed，表示固定的，按行适应参数值为 free_x，按列适应参数值为 free_y，或者跨行和列，参数值为 free。

☑ space：默认值为 fixed，表示固定的，所有分面的大小相同。如果值为 free_y，高度将与 y 轴刻度的长度成比例；如果值为 free_x，宽度将与 x 轴刻度的长度成比例；如果值为 free，高度和宽度都会发生变化。

☑ labeller：默认情况下使用 label_value，用于添加标签。

☑ switch：在默认情况下，标签显示在绘图的顶部和右侧。如果值为 x，则顶部的标签将显示在底部；如果值为 y，则右侧的标签将显示在左侧。也可以设置为 both。

【例 11.30】按行分面绘制多子图（实例位置：资源包\Code\11\30）

下面使用 ggplot2 自带的数据集 mpg 绘制多子图，首先使用 facet_grid()函数按行分面，行为分类变量 drv，即汽车的驱动类型，f、4 和 r 分别为前轮驱动、四轮驱动和后轮驱动来绘制一个包含 3 个散点图的多子图。运行 RStudio，编写如下代码。

```
1    library(ggplot2)                              # 加载程序包
2    ggplot(mpg,aes(cty,hwy,fill=class,size=cyl))+  # 分面图
3          geom_point(shape=21,alpha=0.5)+          # 绘制散点图
4          facet_grid(vars(drv))                    # 按行分面
```

运行程序，结果如图 11.54 所示。

说明

关于 mpg 数据集的详细介绍可参考"例 11.1"。另外，上述分面图中的行数是由数据集的分类变量 drv 中所包含的类别数据决定的。

【例 11.31】按列分面绘制多子图（实例位置：资源包\Code\11\31）

按列分面绘制多子图主要设置 cols 参数，如修改上一实例为按列分面绘制多子图，主要代码如下：

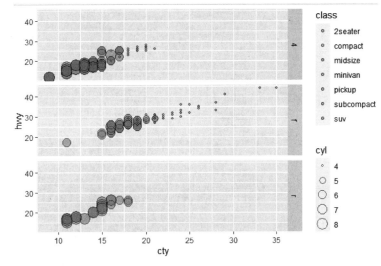

图 11.54　按行分面绘制多子图

```
facet_grid(cols = vars(drv))                      # 按列分面
```

运行程序，结果如图 11.55 所示。

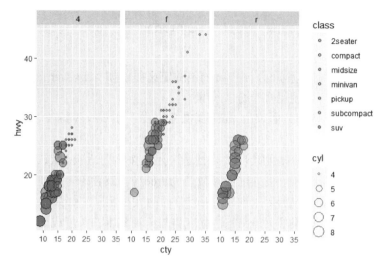

图 11.55　按列分面绘制多子图

【例 11.32】按行列矩阵分面绘制多子图（实例位置：资源包\Code\11\32）

按行列矩阵分面绘制多子图主要设置 rows 参数和 cols 参数，运行 RStudio，编写如下代码。

```
1   library(ggplot2)                                      # 加载程序包
2   ggplot(mpg,aes(cty,hwy,fill=class,size=cyl))+         # 分面图
3       geom_point(shape=21,alpha=0.5)+                   # 绘制散点图
4       facet_grid(rows = vars(cyl),cols = vars(drv))     # 按行列矩阵分面
```

运行程序，结果如图 11.56 所示。

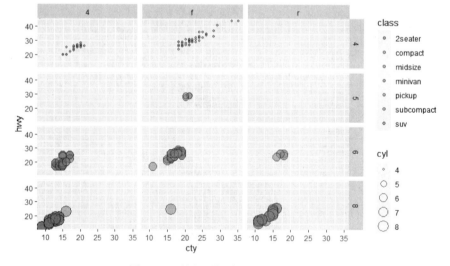

图 11.56　按行列矩阵分面绘制多子图

11.4.2　facet_wrap()函数

facet_wrap()函数用于生成一维多宫格，然后按行或列顺序添加子图。它比 facet_grid()函数能够更

好地利用空间，而且显示的图形基本上都是矩形的。facet_wrap()函数的语法格式如下：

```
facet_wrap(facets,nrow = NULL,ncol = NULL,scales = "fixed",shrink = TRUE,labeller = "label_value",as.table = TRUE,switch =
NULL,drop = TRUE,dir = "h",strip.position = "top")
```

主要参数说明如下。

☑　facets：根据分类变量按矩阵分面，由 vars()函数定义面。

☑　nrow：分面行数。

☑　ncol：分面列数。

☑　scales：表示分面后，坐标轴的尺度按照行适应还是列适应。默认值为 fixed 表示固定的，按行适应参数值为 free_x，按列适应参数值为 free_y，或者跨行和列，参数值为 free。

☑　labeller：在默认情况下使用 label_value 用于添加标签。

☑　switch：在默认情况下标签显示在绘图的顶部和右侧。如果值为 x，则顶部的标签将显示在底部。如果值为 y，则右侧的标签将显示在左侧。也可以设置为 both。

☑　dir：表示方向，h 代表水平方向，v 代表垂直方向。

☑　strip.position：表示地带标签显示的位置，值为 top、bottom、left 或 right，默认值为 top，地带标签显示在绘图的顶部（见图 11.57）。

【例 11.33】使用 facet_wrap()函数的矩阵排列绘制多子图（**实例位置：资源包\Code\11\33**）

使用 ggplot2 自带的数据集 mpg 绘制多子图，使用 facet_wrap()函数进行矩阵分面，分类变量为 cyl，即气缸数量，分别为 4、6、8 和 5 绘制多子图。运行 RStudio，编写如下代码。

```
1    library(ggplot2)                              # 加载程序包
2    unique(mpg$cyl)                               # 查看 mpg 数据集中 cyl 变量中的值
3    ggplot(mpg,aes(cty,hwy,fill=class,size=cyl))+ # 分面图
4        geom_point(shape=21,alpha=0.5)+          # 绘制散点图
5        facet_wrap(vars(cyl))                     # 按矩阵分面
```

运行程序，结果如图 11.57 所示。

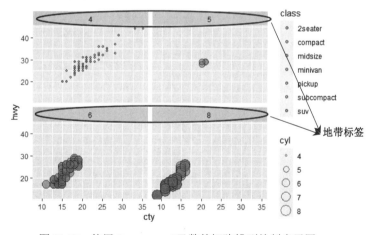

图 11.57　使用 facet_wrap()函数的矩阵排列绘制多子图

在默认情况下，facet_wrap()函数将根据给定的分类变量按矩阵进行自动排列。如果指定行数 nrow 将按照给定的行数进行排列。如指定行数（如 nrow=1），结果如图 11.58 所示。

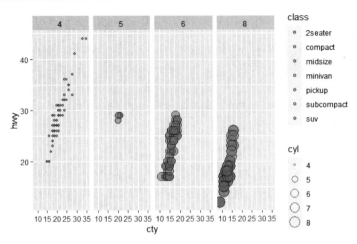

图 11.58　facet_wrap()的矩阵排列绘制多子图（指定行数）

同理，也可以指定列数 ncol（如 ncol=4），或者行数和列数同时指定（如 nrow=4,ncol=1）。需要注意的是，如果指定的行数和列数不符合分类变量中的数据类别，则会出现错误提示。如上述实例中的气缸数量分别为 4、6、8 和 5，即 4 个类别，如果指定 1 行 3 列或 1 行 5 列，则会出现错误提示。

facet_wrap()与 facet_grid()相比，最大区别在于 facet_wrap()函数能够自定义分面的行数和列数。

11.5　要点回顾

相对于 R 语言基础绘图工具，ggplot2 功能更为强大，绘制的图表也更加精美，并且易于理解，是一款不错的可视化工具。感兴趣的读者和有实际需求的读者可以进行更深入地学习。

第 12 章

lattice 高级绘图

lattice 是在 R 语言基础绘图系统上开发的绘图包，是 R 语言内置的包，可以直接使用无须安装，这点比 ggplot2 简单。本章主要介绍 R 语言高级绘图工具 lattice，通过 lattice 绘制各种图表。

本章知识架构及重难点如下。

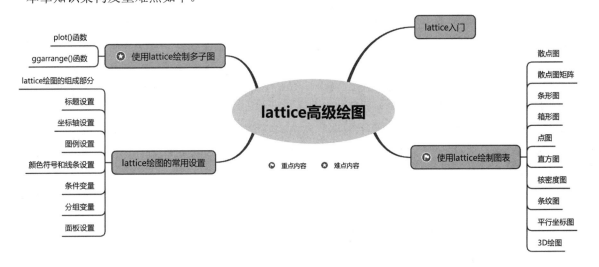

12.1　lattice 入门

lattice 由 Deepayan Sarkar 编写，是在 R 语言基础绘图系统上开发的绘图包，是 R 语言的内置包，可以直接使用。lattice 包优化了基础绘图的默认值，能更简单、直观地展示变量的分布以及变量之间的关系。像 ggplot2 包一样，lattice 有自己的语法，它提供了对基础图形的替代方案，并且擅长绘制复杂数据。

lattice 包提供了大量的绘图函数（见表 12.1），可以绘制散点图、核密度图、直方图、条形图、箱形图、3D 图和散点图矩阵等。

表 12.1　绘图函数

函　　数	说　　明	表达式示例	函　　数	说　　明	表达式示例
barchart()	条形图	x~A or A~x	levelplot()	3D 层次图	z~y*x
bwplot()	箱形图	x~A or A~x	parallel()	平行坐标图	dataframe
cloud()	3D 散点图	z~x*y|A	splom()	散点图矩阵	dataframe

续表

函　　数	说　　明	表达式示例	函　　数	说　　明	表达式示例
contourplot()	3D 等高线图	z~x*y	stripplot()	条纹图	A~x or x~A
densityplot()	核密度图	~x|A*B	xyplot()	散点图	y~x|A
dotplot()	点图	~x|A	wireframe()	3D 网格图	z~y*x
histogram()	直方图	~x			

这些绘图函数的基本语法格式如下：

```
graph_function(formula, data=, options)
```

参数说明如下。

☑　graph_function：表 12.1 中的绘图函数。

☑　formula：指定图表中展示的变量及其关系。

如 y~x|A，竖线左边的变量称为主要变量，右边的变量称为条件变量。主要变量将变量映射到每个面板的坐标轴上，y～x 表示变量分别映射到 y 轴（纵坐标轴）和 x 轴（横坐标轴）上。对于单变量绘图，用~x 代替 y～x 即可；对于三维图形，用 z～x*y 代替 y～x，而对于多变量绘图（如散点图矩阵或平行坐标图）用一个数据框代替 y～x 即可。而条件变量可以自行指定。

根据上述逻辑，表达式中的~x|A 表示条件变量 A 作为因子，绘制因子 A 在不同层次下的 x 的分布情况；y~x ｜ A*B 表示以因子 A 和 B 的不同组合作为不同层次，绘制各层次下 y 和 x 之间的关系；~x 表示只绘制变量 x。

☑　data：数据框。

☑　options：表示用逗号分隔的参数，用来调整图形的内容、布局和注释等。

载入 lattice 包后就可以使用包中的绘制函数绘制图形了。下面通过具体实例认识 lattice 包。

【例 12.1】使用 lattice 包绘图（**实例位置：资源包\Code\12\01**）

使用 R 语言自带的数据集 mtcars 绘制一个简单的核密度图，体验 lattiec 的绘图效果。运行 RStudio，编写如下代码。

```
1    library(lattice)              # 加载程序包
2    attach(mtcars)               # 绑定数据集 mtcars
3    densityplot(~mpg)           # 绘制核密度图
```

运行程序，结果如图 12.1 所示。

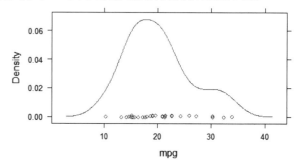

图 12.1　简单的核密度图

12.2　使用 lattice 绘制图表

12.2.1　散点图

在 lattice 包中可以使用 xyplot()函数绘制散点图。下面介绍几种常见的散点图。

1. 简单散点图

绘制简单散点图指定 x 轴和 y 轴数据即可。

【例 12.2】使用散点图分析鸢尾花花萼的长和宽（**实例位置：资源包\Code\12\02**）

使用 R 语言自带的鸢尾花数据集 iris，通过 xyplot() 函数绘制散点图，分析鸢尾花花萼的长度（Sepal.Length）和宽度（Sepal.Width）两个变量之间的关系。运行 RStudio，编写如下代码。

```
1  library(lattice)                          # 加载程序包
2  data(iris)                                # 导入数据集
3  df <- iris
4  xyplot(Sepal.Length~Sepal.Width,data = df) # 绘制散点图
```

运行程序，结果如图 12.2 所示。

2. 分组散点图

lattice 包通过颜色区分不同组别，而不是通过形状区分。它主要使用 group 参数，需要将分类变量作为 group 的参数值。

【例 12.3】使用散点图分析不同种类鸢尾花的花萼（**实例位置：资源包\Code\12\03**）

下面使用散点图分析不同种类鸢尾花的花萼的长度和宽度。运行 RStudio，编写如下代码。

```
1  library(lattice)                              # 加载程序包
2  data(iris)                                    # 导入数据集
3  xyplot(Sepal.Length~Sepal.Width,groups = Species) # 绘制散点图
```

运行程序，结果如图 12.3 所示。

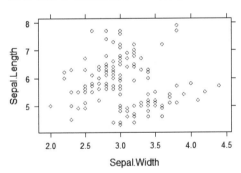

图 12.2　使用散点图分析鸢尾花

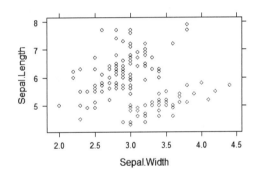

图 12.3　不同种类的鸢尾花花萼的长度和宽度

3. 面板散点图

面板散点图通过添加条件变量，将散点图绘制在不同的面板上。

如下面的代码表示将条件变量 A 作为因子，绘制变量 y 和 x 在不同层次 A 中的分布情况。

```
y~x|A
```

【例 12.4】使用面板散点图分析鸢尾花花萼（**实例位置：资源包\Code\12\04**）

下面使用面板散点图分析不同种类鸢尾花花萼的长度和宽度。运行 RStudio，编写如下代码。

```
1  library(lattice)                               # 加载程序包
2  data(iris)                                     # 导入数据集
3  xyplot(Sepal.Length~Sepal.Width|Species ,data = iris) # 绘制散点图
```

运行程序，结果如图 12.4 所示。

12.2.2 散点图矩阵

绘制散点图矩阵主要使用 splom()函数。下面以 R 语言自带的 mtcars 数据集为例介绍如何绘制散点图矩阵。

【例 12.5】绘制散点图矩阵（**实例位置：资源包\ Code\12\05**）

抽取 mtcars 数据集中的第 1～4 个变量绘制散点图矩阵。运行 RStudio，编写如下代码。

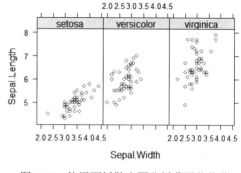

图 12.4 使用面板散点图分析鸢尾花花萼

```
1    library(lattice)                         # 加载程序包
2    data(mtcars)                             # 导入数据集
3    splom(mtcars[c(1,2,3,4)], main="散点图矩阵")  # 绘制散点图矩阵
```

运行程序，结果如图 12.5 所示。

12.2.3 条形图

条形图主要使用 barchart()函数，下面介绍几种常见的条形图。

1. 简单条形图

绘制简单条形图，在 barchart()函数中指定 x 轴变量和 y 轴变量即可。

【例 12.6】绘制简单的条形图（**实例位置：资源包\ Code\12\06**）

下面使用 barchart()函数绘制条形图，运行 RStudio，编写如下代码。

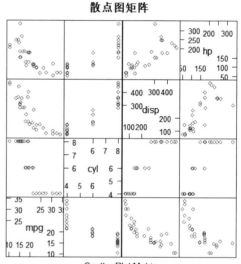

图 12.5 散点图矩阵

```
1    library(lattice)                         # 加载程序包
2    # 创建数据
3    x <- c(1,2,3,4,5)
4    y <- c(10,23,56,21,40)
5    barchart(x~y,col="blue")                 # 绘制条形图
```

运行程序，结果如图 12.6 所示。

2. 垂直条形图

默认绘制的条形图是水平方向的，若要绘制垂直方向的条形图，应设置 horizontal 参数为 FASLE。主要代码如下：

```
barchart(y~x,col="blue",horizontal=FALSE)
```

运行程序，结果如图 12.7 所示。

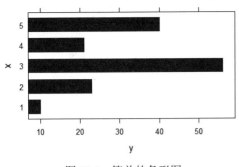

图 12.6　简单的条形图

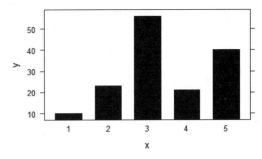

图 12.7　垂直方向的条形图

3．分组条形图

若要绘制分组条形图，需设置 group 参数为条件变量。

【例 12.7】绘制各平台图书销售额分析图（实例位置：资源包\Code\12\07）

在线上图书销售额统计中，如果要统计各平台的销售额，则可以使用分组条形图，不同颜色的条代表京东、天猫、自营等不同平台。运行 RStudio，编写如下代码。

```
1   # 加载程序包
2   library(reshape2)
3   library(ggplot2)
4   library(openxlsx)
5   library(lattice)
6   df <- read.xlsx("datas/books1.xlsx",sheet=2)      # 读取 Excel 文件
7   df <- df[,3:6]                                     # 抽取 3~6 列数据
8   head(df)                                           # 查看数据
9   df1 <- melt(df,id="年份")                          # 数据合并
10  colnames(df1) <- c("年份","平台","销售额")         # 修改列名
11  # 绘制条形图
12  barchart(年份~销售额,group=平台,data=df1 ,auto.key = list(space = "right"))
```

⬇ 代码解析

第 12 行代码：auto.key = list(space = "right")
表示在图形右侧显示图例。

运行程序，结果如图 12.8 所示。

4．堆叠条形图

若要绘制堆叠条形图，需设置 stack 参数为
TRUE。

【例 12.8】使用堆叠条形图分析各平台图书
的销售额（实例位置：资源包\Code\12\08）

在线上图书销售额统计中，通过堆叠条形图

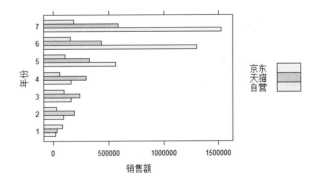

图 12.8　绘制各平台图书销售额分析图

分析各平台的销售额，不仅可以看到每个平台的销售额情况，而且还可以分析总体销售额情况。主要
代码如下：

```
1   # 绘制堆叠条形图
2   barchart(年份~销售额,group=平台,stack=TRUE,
3           data=df1,auto.key = list(space = "right"))
```

运行程序，结果如图 12.9 所示。

5．面板条形图

若要绘制面板条形图需要添加条件变量，将条形图绘制在不同的面板上。

【例 12.9】绘制面板条形图（实例位置：资源包\Code\12\09）

在线上图书销售额统计中，如果要统计各个平台的销售额，则可以使用面板条形图，不同的面板代表不同的平台，如京东、天猫、自营等。运行 RStudio，编写如下代码。

```
1   # 加载程序包
2   library(reshape2)
3   library(ggplot2)
4   library(openxlsx)
5   library(lattice)
6   df <- read.xlsx("datas/books1.xlsx",sheet=2)      # 读取 Excel 文件
7   df <- df[,3:6]                                      # 抽取 3~6 列数据
8   head(df)                                            # 查看数据
9   df1 <- melt(df,id="年份")                           # 数据合并
10  colnames(df1) <- c("年份","平台","销售额")          # 修改列名
11  barchart(年份~销售额|平台,data=df1)                 # 绘制面板条形图
```

运行程序，结果如图 12.10 所示。

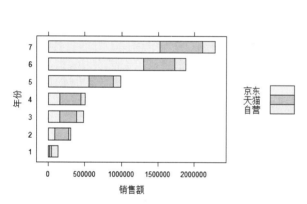

图 12.9　使用堆叠条形图分析各平台图书的销售额

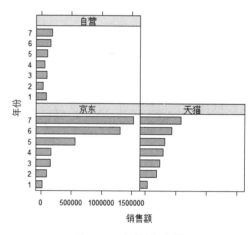

图 12.10　面板条形图

12.2.4　箱形图

绘制箱形图主要使用 bwplot()函数。

【例 12.10】使用箱形图分析身高数据（实例位置：资源包\Code\12\10）

创建一组身高数据，使用 bwplot()函数绘制箱形图分析身高数据。运行 RStudio，编写如下代码。

```
1   library(lattice)                                    # 加载程序包
2   # 创建数据
3   df <- data.frame(班级=gl(3, 9, 27, labels = c("1 班","2 班","3 班")),
4            身高  = c(178,172,175,170,173,175,172,180,216,
5                     170,173,176,177,178,171,177,182,165,
6                     171,175,173,172,189,168,172,170,180))
```

224

| 7 | head(df) | # 查看数据 |
| 8 | bwplot(班级~身高,data = df) | # 绘制箱形图 |

运行程序，结果如图 12.11 所示。

12.2.5　点图

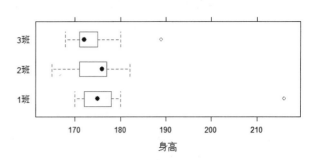

绘制点图主要使用 dotplot()函数。

【例 12.11】使用点图分析鸢尾花（**实例位置：资源包\Code\12\11**）

以 R 语言自带的 iris 数据集为例，绘制一个点图。运行 RStudio，编写如下代码。

图 12.11　使用箱形图分析身高数据

1	library(lattice)	# 加载程序包
2	data(iris)	# 导入数据集
3	df <- iris	
4	dotplot(Sepal.Length~Sepal.Width,data = df)	# 绘制点图

运行程序，结果如图 12.12 所示。

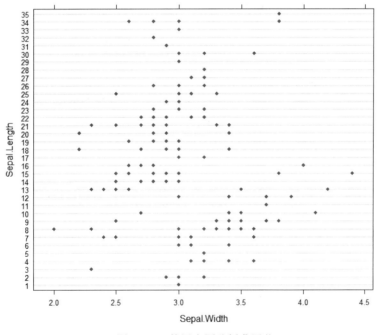

图 12.12　使用点图分析鸢尾花

12.2.6　直方图

绘制直方图主要使用 histogram()函数。

【例 12.12】直方图用于分析合唱团各声部身高的分布情况（**实例位置：资源包\Code\12\12**）

以 lattice 包自带的 singer 数据集为例绘制直方图，分析合唱团各声部身高的分布情况。运行 RStudio，编写如下代码。

```
1   library(lattice)                                      # 加载程序包
2   head(singer)                                          # 查看数据集
3   # 绘制直方图
4   histogram(~height | voice.part, data = singer, layout = c(2, 4), main = "各声部与身高之间的关系")
```

♣ 代码解析

第 4 行代码：singer 数据集为 lattice 自带的数据集，包括两个变量 height 和 voice.part。其中，height 表示身高；voice.part 表示声部，值为 Bass2（低音 2）、Bass1（低音 1）、Tenor 2（男高音 2），Tenor 1（男高音 1）、Alto2（女低音 2）、Alto1（女低音 1）、Soprano2（女高音 2），Soprano1（女高音 1）。

运行程序，结果如图 12.13 所示。从运行结果可知：低声部身高要比其他声部的身高高一些。

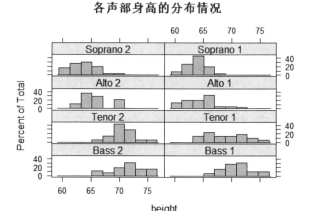

12.2.7　核密度图

绘制核密度图主要使用 densityplot() 函数。在例 12.1 中我们已经接触过核密度图，下面同样使用 R 语言自带的数据集 mtcars 绘制面板核密度图和分组密度图。

图 12.13　使用直方图分析合唱团各声部身高的分布情况

1. 面板密度图

面板核密度图只需要指定条件变量，主要代码如下：

```
densityplot(~mpg|cyl)                                    # 绘制面板核密度图
```

运行程序，结果如图 12.14 所示。

2. 分组密度图

分组核密度图需要指定 group 参数为分类变量，主要代码如下：

```
densityplot(~mpg,data = mtcars,groups = am)             # 绘制核密度图
```

运行程序，结果如图 12.15 所示。

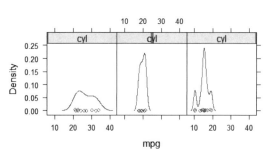

图 12.14　面板核密度图

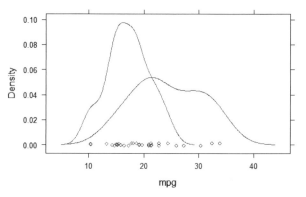

图 12.15　分组密度图

12.2.8　条纹图

绘制条纹图主要使用 stripplot()函数。下面以 lattice 包自带的 singer 数据集为例，介绍如何绘制条纹图。运行 RStudio，编写如下代码。

```
1    library(lattice)                        # 加载程序包
2    # 绘制条纹图
3    # jitter()函数对数值向量添加少量噪声
4    stripplot(voice.part ~ jitter(height), data = singer, aspect = 1,
5            jitter.data = TRUE ,xlab="height")
```

🍖　代码解析

第 4～5 行代码：jitter()函数用于对数值向量添加少量噪声，aspect 参数用于设置面板的纵横比（高度/宽度），xlab 参数用于设置 x 轴标签。

运行程序，结果如图 12.16 所示。

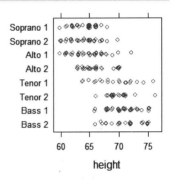

图 12.16　条纹图

12.2.9　平行坐标图

绘制平行坐标图主要使用 parallelplot()函数。下面以 R 语言自带的 mtcars 数据集为例，介绍如何绘制条纹图。运行 RStudio，编写如下代码。

```
1    library(lattice)
2    data(mtcars)
3    head(mtcars)                            # 查看数据
4    parallelplot(mtcars[1:3])               # 绘制平行坐标图
```

运行程序，结果如图 12.17 所示。

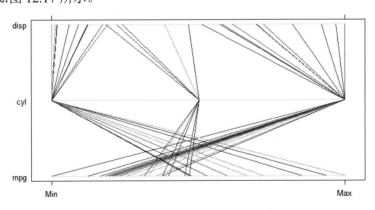

图 12.17　平行坐标图

12.2.10　3D 绘图

1．3D 散点图

绘制 3D 散点图主要使用 cloud()函数。如使用 R 语言自带的 mtcars 数据集绘制 3D 散点图，代码

如下：

```
1    library(lattice)                                          # 加载程序包
2    data(mtcars)                                              # 导入 mtcars 数据集
3    # 构建 cyl 变量为因子并以不同的气缸个数作为标签
4    cyls <- factor(cyl,levels=c(4,6,8),labels=c("4 个","6 个","8 个"))
5    cloud(mpg~wt*qsec|cyls,main="3D 散点图")                   # 绘制 3D 散点图
```

运行程序，结果如图 12.18 所示。

2. 3D 等高线图

绘制 3D 等高线图主要使用 contourplot()函数。如绘制火山的 3D 等高线图，代码如下：

```
1    library(lattice)
2    head(volcano)                                            # 查看数据
3    contourplot(volcano,col="blue")                          # 绘制火山的 3D 等高线图
```

运行程序，结果如图 12.19 所示。

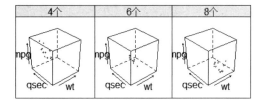

图 12.18　3D 散点图

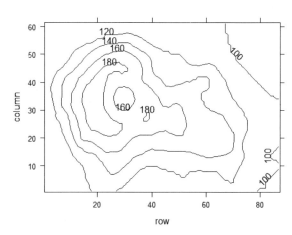

图 12.19　3D 等高线图

3. 3D 曲面图

绘制 3D 曲面图主要使用 wireframe()函数。如绘制火山的 3D 曲面图，代码如下：

```
1    library(lattice)
2    head(volcano)                                            # 查看数据
3    wireframe(volcano,shade=TRUE,light.source=c(20,10,20))   # 绘制火山的 3D 曲面图
```

运行程序，结果如图 12.20 所示。

4. 3D 水平图

绘制 3D 水平图主要使用 levelplot()函数。如绘制火山的 3D 水平图，代码如下：

```
1    library(lattice)
2    head(volcano)                                            # 查看数据
3    levelplot(volcano)                                       # 绘制火山的 3D 水平图
```

运行程序，结果如图 12.21 所示。

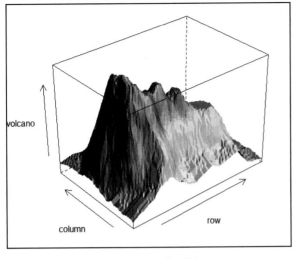

图 12.20   3D 曲面图

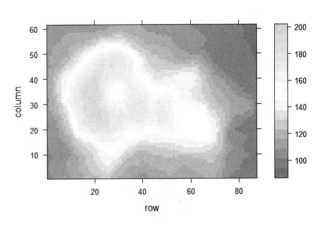

图 12.21   3D 水平图

12.3   lattice 绘图的常用设置

12.3.1   lattice 绘图的组成部分

在介绍 lattice 绘图的常用设置前，先来了解一下 lattice 绘图的组成部分，如图 12.22 所示。

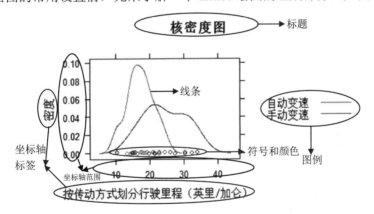

图 12.22   lattice 绘图的组成部分

12.3.2   标题设置

设置图表标题主要使用 main 和 sub 参数。main 参数用于指定主标题的字符向量，sub 参数用于指定副标题的字符向量。如设置主标题为"核密度图"，主要代码如下：

```
1   # 绘制核密度图
2   densityplot(~mpg,data = mtcars,
```

```
3              groups = am,
4              main="核密度图")
```

12.3.3 坐标轴设置

1. 坐标轴标签

设置 x 轴标签和 y 轴标签可以使用 xlab 和 ylab 参数，这两个参数用于指定横轴和纵轴标签的字符向量。例如，设置 x 轴标签为"行驶里程（英里/加仑）"，y 轴标签为"密度"，主要代码如下：

```
1   # 绘制核密度图
2   densityplot(~mpg,data = mtcars,
3              groups = am,
4              main="核密度图",
5              xlab = "按传动方式划分行驶里程（英里/加仑）",
6              ylab = "密度")
```

运行程序，结果如图 12.23 所示。

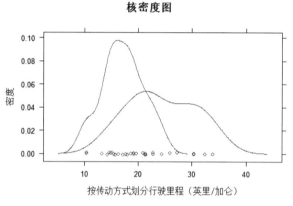

图 12.23　设置坐标轴标签

2. 坐标轴范围

设置坐标轴范围主要使用 xlim 和 ylim 参数，这两个参数用于设置 x 轴和 y 轴的坐标轴范围，是数值型向量，包括两个元素分别代表最小值和最大值。例如，设置 x 轴的坐标轴范围最小值为 20，最大值为 50，主要代码如下：

```
1   # 绘制核密度图
2   densityplot(~mpg,data = mtcars,
3              groups = am,
4              main="核密度图",
5              xlab = "按传动方式划分行驶里程（英里/加仑）",
6              ylab = "密度",
7              xlim = c(20,50))
```

12.3.4 图例设置

设置图例主要使用 auto.key 或 key 参数。

（1）显示图例，代码如下：

```
auto.key = TRUE
```

（2）图例在右侧显示，代码如下：

```
auto.key = list(space = "right")
```

（3）图例在左侧显示，代码如下：

```
auto.key = list(space = "left")
```

（4）图例分为两列，代码如下：

```
auto.key = list(columns = 2)
```

如设置图例在图表右侧显示，主要代码如下：

```
1    mtcars$am <- factor(mtcars$am,levels = c(0,1),labels = c("自动变速","手动变速"))
2    # 绘制核密度图
3    densityplot(~mpg,data = mtcars,
4                groups = am,
5                main="核密度图",
6                xlab = "按传动方式划分行驶里程（英里/加仑）",
7                ylab = "密度",
8                auto.key = list(space = "right"))
```

运行程序，结果如图 12.24 所示。

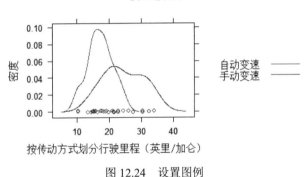

图 12.24　设置图例

↓　代码解析

第 1 行代码：factor()函数用于创建因子变量，levels 参数表示因子水平，并且指定了因子中水平的排序，labels 用于设置各水平对应的标签。

如果不采用默认设置，而是重新设置颜色、线条样式等，那么就需要重新定义图例，否则会出现图例与图表不符。重新定义图例就是将所做的修改以列表添加到自动图例符号中，即 key 参数。

【例 12.13】自定义图例（实例位置：资源包\Code\12\13）

下面演示如何实现自定义图例，运行 RStudio，编写如下代码。

```
1    library(lattice)                  # 加载程序包
2    data(mtcars)                      # 载入数据集 mtcars
3    mtcars                            # 查看数据集
4    mtcars$am <- factor(mtcars$am,levels = c(0,1),labels = c("自动变速","手动变速"))
5    # 自定义颜色、符号和线条样式
```

```
6    colors = c("blue","orange")
7    mypch = c(0,16)
8    linetype = c(1,2)
9    # 自定义图例
10   mykey <- list(text = list(levels(mtcars$am)),
11                 points = list(pch = mypch,col = colors),
12                 lines = list(col = colors,lty = linetype),
13                 space = "right")
14   # 绘制核密度图
15   densityplot(~mpg,data = mtcars,
16                 groups = am,
17                 main="核密度图",
18                 xlab = "按传动方式划分行驶里程（英里/加仑）",
19                 ylab = "密度",
20                 col = colors,
21                 pch = mypch,
22                 lty = linetype,
23                 key = mykey)
```

运行程序，结果如图 12.25 所示。

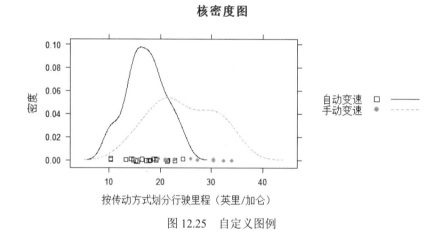

图 12.25　自定义图例

12.3.5　颜色符号和线条设置

设置颜色、符号和线条类型和线条宽度主要使用 col、pch、lty 和 lwd 参数，它们都是向量，pch 除了使用数值变量，还可以直接使用字符变量。如设置颜色、符号和线条，主要代码如下：

```
1    # 绘制核密度图
2    densityplot(~mpg,data = mtcars,
3                 groups = am,
4                 main="核密度图",
5                 xlab = "按传动方式划分行驶里程（英里/加仑）",
6                 ylab = "密度",
7                 col = c("blue","orange"),
8                 pch = c(0,16),
9                 ltylty = c(1,2),
10                lwd = c(2,3))
```

运行程序，结果如图 12.26 所示。

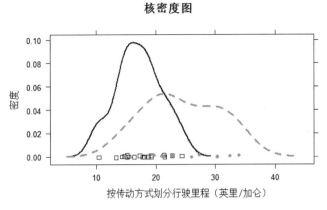

图 12.26　颜色符号和线条设置

12.3.6　条件变量

条件变量的用法如下：~x|A 表示因子 A 各水平下数值型变量 x 的分布情况；y~x|A*B 表示因子 A 和 B 各水平组合下数值型变量 x 和 y 之间的关系。如前面的示例中，每个条件变量都可以绘制出该条件变量下各个水平的图形。

条件变量通常是因子，如果想把连续变量转换为条件变量需使用 cut()函数，或使用 lattice 包中一种称为"瓦块"的数据结构。如下面的代码中 x 为连续型向量，number 为需要分为#个瓦块（即区间），overlap 为重叠度，一般 0 表示不重叠，1 表示重叠。

```
myval <- equal.count(x,number=#,overlap=0)
```

说明

有关 cut()函数的介绍与应用可参见第 8 章。

下面以 R 语言自带的 mtcars 数据集为例，介绍如何将连续数据转换为离散数据并绘制面板散点图。

【例 12.14】将连续数据转换为离散数据并绘图（实例位置：资源包\Code\12\14）

在 mtcars 数据集中，disp（车的排量）变量为连续数据，使用 equal.count()函数将其转换为包含 4 个区间的离散数据，然后绘制面板散点图。运行 RStudio，编写如下代码。

```
1    library(lattice)                                    # 加载程序包
2    data(mtcars)                                        # 载入数据集 mtcars
3    mtcars                                              # 查看数据集
4    myval <- equal.count(mtcars$disp, number = 4)       # 将连续数据转换为离散数据
5    xyplot(mpg ~ wt | myval, data = mtcars, layout = c(2, 2))   # 绘制面板散点图
```

运行程序，结果如图 12.27 所示。

⬇　代码解析

第 4 行代码：equal.count()函数用于将连续数据转换为离散数据，number 为区间数量。

第 5 行代码：layout 参数表示面板布局方式，后面的 c(2,2)表示 2 列 2 行。

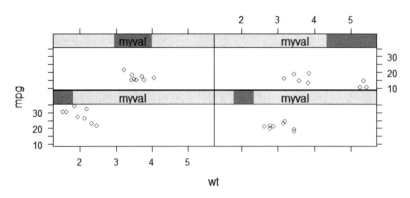

图 12.27　将连续变量转换为离散数据

12.3.7　分组变量

分组变量用于将不同水平的变量叠加到一起，主要使用 group 参数。如通过核密度图分析使用自动变速和手动变速时汽车油耗的分布情况，代码如下：

```
1    library(lattice)            # 加载程序包
2    data(mtcars)                # 载入数据集 mtcars
3    # 查看数据集
4    mtcars
5    mtcars$am <- factor(mtcars$am,levels = c(0,1),labels = c("自动变速","手动变速"))
6    # 绘制核密度图
7    densityplot(~mpg,data = mtcars,
8                groups = am,
9                main="核密度图",
10               xlab = "按传动方式划分行驶里程（英里/加仑）",
11               ylab = "密度",
12               col = c("blue","orange"),
13               pch = c(0,16),
14               lty = c(1,2),
15               lwd = c(2,3))
```

12.3.8　面板设置

通过前面的学习，我们已经学会了绘制面板散点图、面板条形图等。接下来将学习面板设置，主要包括一些基础设置，如摆放方式、展示顺序、纵横比和背景色等。

1.摆放方式

面板摆放方式主要使用 layout 参数，该参数是包含两个元素的数值型向量，用于指定面板的摆放方式（即列数和行数），如果需要，那么也可以添加第三个元素用于指定页数。

如 1 列 3 行的面板，主要代码如下：

```
1    # 绘制散点图
2    xyplot(Sepal.Length~Sepal.Width|Species,
3           data = iris,
4           layout = c(1,3))
```

2．展示顺序

有时需要调整面板的展示顺序，主要使用 index.coord 参数，该参数为列表，用于设置面板的展示顺序。如调整面板展示顺序为 3、1、2，主要代码如下：

```
1    # 绘制散点图
2    xyplot(Sepal.Length~Sepal.Width|Species,
3           data = iris,
4           layout = c(3,1),
5           index.cond = list(c(3,1,2)))
```

3．纵横比

调整面板纵横比主要使用 aspect 参数，该参数用于指定每个面板图形的纵横比（高度/宽度）的一个数字。如调整面板纵横比为 1.5，主要代码如下：

```
1    # 绘制散点图
2    xyplot(Sepal.Length~Sepal.Width|Species,
3           data = iris,
4           layout = c(3,1),
5           index.cond = list(c(3,1,2)),
6           aspect = 1.5)
```

4．背景颜色

设置面板背景颜色主要使用 strip 参数，通过在自定义参数中设置 bg 参数更改面板背景颜色。如设置面板背景颜色为"浅灰蓝色"，主要代码如下：

```
1    # 绘制散点图
2    xyplot(Sepal.Length~Sepal.Width|Species,
3           data = iris,
4           layout = c(3,1),
5           index.cond = list(c(3,1,2)),
6           aspect = 1.5,
7           strip = strip.custom(bg="powderblue"))
```

运行程序，结果如图 12.28 所示。

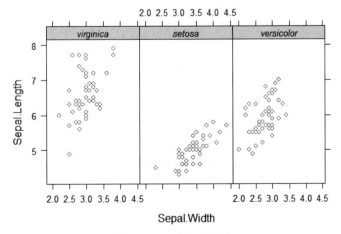

图 12.28　面板背景颜色

12.4 使用 lattice 绘制多子图

12.4.1 plot()函数

lattice 包不识别基本绘图中的 par()函数，但它提供了绘制多子图的方法，即先将 lattice 绘制的图形存储到对象中，然后利用 plot()函数中的 split 或 position 参数对图形进行控制。

split 参数用于将一个页面分成指定数量的行和列，然后将绘制的图形放置在矩阵的特定单元格中。语法格式如下：

```
split = c(x, y, nx, ny , newpage)
```

其中，x 为列位置号，y 为行位置号；nx 为列数，ny 为行数；newpage 表示是否将图形放置在新的页面上，默认值为 TRUE，绘制多子图时应设置为 FALSE。

上述代码的意思就是：在包括 nx 乘以 ny 个图形的数组中，把当前图形放置在 x、y 的位置上，图形的起始位置是在左上角。

【例 12.15】绘制简单的多子图（**实例位置：资源包\Code\12\15**）

绘制一个 1×2（即 1 列 2 行），包含两个子图的图表。运行 RStudio，编写如下代码。

```
1    library(lattice)                    # 加载程序包
2    # 创建数据
3    x <- c(1,2,3,4,5)
4    y <- c(10,23,56,21,40)
5    p1 <- xyplot(y~x)                   # 绘制散点图
6    p2 <- barchart(x~y,col="blue")      # 绘制条形图
7    # 绘制多子图
8    plot(p1, split = c(1, 1, 1, 2))
9    plot(p2, split = c(1, 2, 1, 2), newpage = FALSE)
```

运行程序，结果如图 12.29 所示。

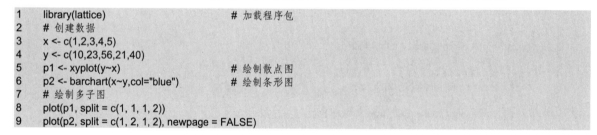

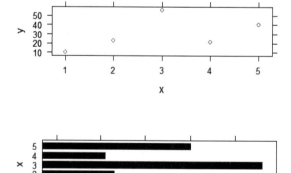

图 12.29 绘制简单的多子图

12.4.2　ggarrange()函数

ggarrange()函数能够简单地将几个图形整合到一张图表上，但需要加载 ggplot2 包和 ggpubr 包。这两个包都是第三方 R 语言包，如果系统中没有这两个包，则应先进行安装然后再使用。

【例 12.16】使用 ggarrange()函数绘制多子图（**实例位置：资源包\Code\12\16**）

使用 ggarrange()函数绘制一个 2 列 1 行、包含两个子图的图表。运行 RStudio，编写如下代码。

```
1    # 加载程序包
2    library(lattice)
3    library(ggplot2)
4    library(ggpubr)
5    # 创建数据
6    x <- c(1,2,3,4,5)
7    y <- c(10,23,56,21,40)
8    p1 <- xyplot(y~x)                     # 绘制散点图
9    p2 <- barchart(x~y,col="blue")        # 绘制条形图
10   ggarrange(p1,p2,ncol = 2,nrow =1)     # 绘制多子图
```

运行程序，结果如图 12.30 所示。

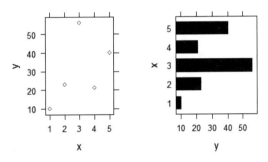

图 12.30　使用 ggarrange()函数绘制多子图

12.5　要点回顾

lattice 比 ggplot2 使用起来要简单一些，它是 R 语言的内置包，可以直接使用，无须安装。使用 lattice 也可以绘制出各种各样精美的图表，并且擅长绘制复杂数据，是一款不错的高级绘图工具。

第 13 章

基础统计分析

数据分析、数据建模离不开统计分析知识。本章主要介绍描述性统计分析、概率与数据分布、列联表和频数表、独立性检验、相关性分析、t 检验等核心统计分析知识。

本章知识架构及重难点如下。

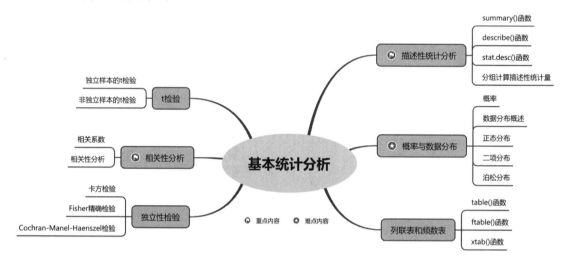

13.1 描述性统计分析

描述性统计分析要对数据中所有变量数据进行统计性描述，主要包括数据的频数分析、集中趋势分析、数据离散程度分析、数据分布以及一些基本的统计图形。通过前面章节的学习，我们已经学会了一些常用的描述性统计分析方法，如求均值、中位数和众数等，以及一些基本的统计图形的绘制，如柱形图、饼形图、折线图和直方图等。那么，本节将主要介绍用于描述性统计量计算的相关函数，这些函数的特点是一次性计算各种统计量，一般包括最小值、最大值、均值和分位数等，而不用使用一个个函数的计算，非常方便。

13.1.1 summary()函数

R 语言自带的 summary()函数可以获取描述性统计量，包括最小值、最大值、四分位数和数值型变量的均值、因子向量、逻辑型向量的频数统计，以及一些数据分析方法的描述性统计量（如方差分析、回归分析），是一个使用率非常高且非常实用的函数。

【例 13.1】 通过 summary()函数计算描述性统计量（**实例位置：资源包\Code\13\01**）

使用 summary()函数查看 mtcars 数据集中行驶里程（英里/加仑）（mpg）、气缸数（cyl）和车的排量（disp）的描述性统计量。运行 RStudio，编写如下代码。

```
1    data(mtcars)                       # 加载 mtcars 数据集
2    df <- c("mpg","cyl","disp")        # 抽取数据
3    summary(mtcars[df])               # 计算描述性统计量
```

运行程序，结果如图 13.1 所示。

```
      mpg             cyl            disp
 Min.   :10.40   Min.   :4.000   Min.   : 71.1
 1st Qu.:15.43   1st Qu.:4.000   1st Qu.:120.8
 Median :19.20   Median :6.000   Median :196.3
 Mean   :20.09   Mean   :6.188   Mean   :230.7
 3rd Qu.:22.80   3rd Qu.:8.000   3rd Qu.:326.0
 Max.   :33.90   Max.   :8.000   Max.   :472.0
```

图 13.1　通过 summary()函数计算描述性统计量

13.1.2　describe()函数

Hmisc 包中的 describe()函数用于返回变量和观测的数量、缺失值和唯一值的数目、平均值、分位数以及 5 个最大的值和 5 个最小的值。

【例 13.2】 通过 describe()函数计算描述性统计量（**实例位置：资源包\Code\13\02**）

使用 describe()函数查看 mtcars 数据集中行驶里程（英里/加仑）（mpg）、气缸个数（cyl）和车的排量（disp）的描述性统计量。运行 RStudio，编写如下代码。

```
1    library(Hmisc)
2    data(mtcars)                       # 加载 mtcars 数据集
3    df <- c("mpg","cyl","disp")        # 抽取数据
4    describe(mtcars[df])              # 计算描述性统计量
```

运行程序，结果如图 13.2 所示。

```
mtcars[df]

 3  Variables     32  Observations
--------------------------------------------------------------
mpg
       n   missing  distinct      Info      Mean       Gmd       .05       .10
      32         0        25     0.999     20.09     6.796     12.00     14.34
     .25       .50       .75       .90       .95
   15.43     19.20     22.80     30.09     31.30

lowest : 10.4 13.3 14.3 14.7 15.0, highest: 26.0 27.3 30.4 32.4 33.9
--------------------------------------------------------------
cyl
       n   missing  distinct      Info      Mean       Gmd
      32         0         3     0.866     6.188     1.948

Value        4     6     8
Frequency   11     7    14
Proportion 0.344 0.219 0.438
--------------------------------------------------------------
disp
       n   missing  distinct      Info      Mean       Gmd       .05       .10
      32         0        27     0.999     230.7     142.5     77.35     80.61
     .25       .50       .75       .90       .95
  120.83    196.30    326.00    396.00    449.00

lowest :  71.1  75.7  78.7  79.0  95.1, highest: 360.0 400.0 440.0 460.0 472.0
```

图 13.2　通过 describe()函数计算描述性统计量

13.1.3　stat.desc()函数

pastecs 包中的 stat.desc()函数可以计算更多的描述性统计量。例如，所有值、空值、缺失值的数量；最小值、最大值、值域、总和、中位数、平均数、平均数标准误差（即标准差除以平均值）、平均数置信度 95%的置信区间、方差、标准差、变异系数；正态分布统计量，包括偏度和峰度等。语法格式如下：

```
stat.desc(x, basic=TRUE, desc=TRUE, norm=FALSE, p=0.95)
```

参数说明如下。

- ☑　x：数据框或时间序列。
- ☑　basic：如果 basic=TRUE（默认值），则计算所有值、空值、缺失值的数量，以及最小值、最大值、值域和总和。
- ☑　desc：如果 desc=TRUE（默认值），则计算中位数、平均数、平均数标准误差、平均数置信度为 95%的置信区间、方差、标准差以及变异系数（即标准差除以平均值）。
- ☑　norm：如果 norm=TRUE，则返回正态分布统计量，包括偏度、峰度、统计显著程度以及 Shapiro（夏皮罗）的 Wilk 检验的两个统计量，即 normtest.W 为标准检验，normtest.p 为相关概率标准检验。
- ☑　p：计算平均数的置信区间，默认值为 0.95，表示置信度为 0.95。

【例 13.3】通过 stat.desc()函数计算描述性统计量（实例位置：资源包\Code\13\03）

下面使用 stat.desc()函数计算描述性统计量，包括所有值、空值和缺失值的数量，最小值、最大值、值域、总和、中位数、平均数、置信区间、方差、标准差、变异系数以及正态分布统计量。运行 RStudio，编写如下代码。

```
1    library(pastecs)              # 加载程序包
2    df <- c("mpg","cyl","disp")   # 抽取数据
3    stat.desc(mtcars[df],norm=TRUE)
                                   # 计算描述性统计量
```

运行程序，结果如图 13.3 所示。

	mpg	cyl	disp
nbr.val	32.0000000	3.200000e+01	3.200000e+01
nbr.null	0.0000000	0.000000e+00	0.000000e+00
nbr.na	0.0000000	0.000000e+00	0.000000e+00
min	10.4000000	4.000000e+00	7.110000e+01
max	33.9000000	8.000000e+00	4.720000e+02
range	23.5000000	4.000000e+00	4.009000e+02
sum	642.9000000	1.980000e+02	7.383100e+03
median	19.2000000	6.000000e+00	1.963000e+02
mean	20.0906250	6.187500e+00	2.307219e+02
SE.mean	1.0654240	3.157093e-01	2.190947e+01
CI.mean.0.95	2.1729465	6.438934e-01	4.468466e+01
var	36.3241028	3.189516e+00	1.536080e+04
std.dev	6.0269481	1.785922e+00	1.239387e+02
coef.var	0.2999881	2.886338e-01	5.371779e-01
skewness	0.6106550	-1.746119e-01	3.816570e-01
skew.2SE	0.7366922	-2.106512e-01	4.604298e-01
kurtosis	-0.3727660	-1.762120e+00	-1.207212e+00
kurt.2SE	-0.2302812	-1.088573e+00	-7.457714e-01
normtest.W	0.9475647	7.533100e-01	9.200127e-01
normtest.p	0.1228814	6.058338e-06	2.080657e-02

图 13.3　通过 stat.desc()函数计算描述性统计量

pastecs 包是第三方 R 语言包，第一次使用该包必须先下载并安装好。运行 RGui，在控制台输入如下代码：

```
install.packages("pastecs")
```

按 Enter 键，在 CRAN 镜像站点的列表中选择镜像站点，然后单击"确定"按钮，开始安装，安装完成后在程序中就可以使用 pastecs 包了。

13.1.4　分组计算描述性统计量

在日常数据处理过程中，经常需要将数据按照某一属性分组，然后进行分组统计，计算描述性统计量，如求和、求平均值等，下面进行详细介绍。

1．单一分组（aggregate()函数）

单一分组是指在分组统计中只指定一个聚合函数的情况，如 mean()、sum()或 min()等。在分组统计中，当只需要计算一个统计指标时使用单一分组。单一分组主要使用 aggregate()函数，该函数在第 9 章已经进行了详细介绍，这里不再赘述，下面通过具体实例进行演示。

【例 13.4】通过 aggregate()分组计算描述性统计量（**实例位置：资源包\Code\13\04**）

按照传动方式计算每加仑油英里数、总马力和重量的平均值。运行 RStudio，编写如下代码。

```
1  library(datasets)                                    # 加载程序包
2  data(mtcars)                                         # 导入 mtcars 数据集
3  df<-c("mpg","hp","wt")                               # 抽取数据
4  aggregate(mtcars[df],by=list(am=mtcars$am),mean)     # 分组计算平均值
```

运行程序，结果如图 13.4 所示。

```
  am     mpg       hp      wt
1  0 17.14737 160.2632 3.768895
2  1 24.39231 126.8462 2.411000
```

图 13.4　通过 aggregate()函数分组计算描述性统计量

2．自动分组（describeBy()函数）

自动分组是根据 mtcars 数据集中的变量自动分组计算描述性统计量，主要使用 psych 包中的 describeBy()函数，语法格式如下：

```
describeBy(x, group=NULL,mat=FALSE,type=3,digits=15,...)
```

或者：

```
describe.by(x, group=NULL,mat=FALSE,type=3,...)
```

参数说明如下。
- ☑ x：表示数据集。
- ☑ group：要进行的分组值。
- ☑ mat：是否采用矩阵输出。

☑ digits：当采用矩阵输出时，默认值为保留 15 位小数。

☑ type：偏斜度和峰度类型。

【例 13.5】自动分组计算描述性统计量（实例位置：资源包\Code\13\05）

使用 mtcars 数据集，使用 psych 包中的 describeBy()函数实现自动分组计算描述性统计量。运行 RStudio，编写如下代码。

```
1    # 加载程序包
2    library(psych)
3    library(datasets)
4    data(mtcars)                                    # 导入 mtcars 数据集
5    df<-c("mpg","hp","wt")                          # 抽取数据
6    describeBy(mtcars[vars],mtcars$am,mat=T,digits = 2)   # 自动分组计算描述性统计量
```

运行程序，结果如图 13.5 所示。

```
      item group1 vars  n   mean    sd median trimmed   mad   min    max  range  skew kurtosis    se
mpg1     1      0    1 19  17.15  3.83  17.30   17.12  3.11 10.40  24.40  14.00  0.01    -0.80  0.88
mpg2     2      1    1 13  24.39  6.17  22.80   24.38  6.67 15.00  33.90  18.90  0.05    -1.46  1.71
hp1      3      0    2 19 160.26 53.91 175.00  161.61 77.10 62.00 245.00 183.00 -0.01    -1.21 12.37
hp2      4      1    2 13 126.85 84.06 109.00  114.73 63.75 52.00 335.00 283.00  1.36     0.56 23.31
wt1      5      0    3 19   3.77  0.78   3.52    3.75  0.45  2.46   5.42   2.96  0.98     0.14  0.18
wt2      6      1    3 13   2.41  0.62   2.32    2.39  0.68  1.51   3.57   2.06  0.21    -1.17  0.17
```

图 13.5　自动分组计算描述性统计量

3. 自定义函数计算描述性统计量

在数据统计过程中，有时需要自定义描述性统计量，此时可以通过自定义函数计算描述性统计量。

【例 13.6】通过自定义函数计算描述性统计量（实例位置：资源包\Code\13\06）

通过自定义函数计算描述性统计量，包括记录数、均值、标准差、偏度和峰值等。运行 RStudio，编写如下代码。

```
1    library(datasets)                              # 加载程序包
2    data(mtcars)                                   # 导入 mtcars 数据集
3    # 自定义函数 myfun 计算描述性统计量
4    # na.omit 是否删除向量中的 NA 值
5    myfun <- function(x, na.omit=FALSE){
6        if (na.omit)
7            x <- x[!is.na(x)]
8        m <- mean(x)                               # 均值
9        n <- length(x)                             # 记录数
10       sd <- sd(x)                                # 标准差
11       skew <- sum((x-m)^3/sd^3)/n                # 偏度
12       kurt <- sum((x-m)^4/sd^4)/n - 3            # 峰度
13       return(c(n=n, mean=m, stdev=sd, skew=skew, kurtosis=kurt))
14   }
15   df <- c("mpg", "hp", "wt")                     # 抽取数据
16   mystats <- sapply(mtcars[df], myfun)           # 计算描述性统计量
17   mystats
```

运行程序，结果如图 13.6 所示。

```
                 mpg           hp           wt
n         32.000000   32.0000000  32.00000000
mean      20.090625  146.6875000   3.21725000
stdev      6.026948   68.5628685   0.97845744
skew       0.610655    0.7260237   0.42314646
kurtosis  -0.372766   -0.1355511  -0.02271075
```

图 13.6　通过自定义函数计算描述性统计量

13.2　概率与数据分布

13.2.1　概率

概率用于研究不确定事件的发生几率，通俗一点理解，就是一个事件出现的可能性是多少。例如，抛出一枚硬币，在没有采取特殊手段的情况下，硬币落地时不是正面朝上就是反面朝上，一般不会出现第三种可能。那么，抛一次硬币正、反面朝上的概率基本都是 50%，也就是 0.5。概率在 0（0%）～1（100%）范围取值，通常用分数表示。

13.2.2　数据分布概述

在统计学中，数据分布主要包括连续数据概率分布和离散数据概率分布。连续数据概率分布分为均匀分布、正态分布、t 分布、F 分布、卡方分布、指数分布、伽马分布和贝塔分布；离散数据概率分布分为二项分布、几何分布和泊松分布。

　　⬆ 补充知识——数据类别

在统计学中，数据按变量值是否连续，可分为连续数据与离散数据两种。连续数据是指连续的数值，如身高、体重等；离散数据是指不连续的数值，如班级人数、职工人数、电脑台数等，只能按计量单位计数，这种数据的数值一般用计数方法取得。

在 R 语言中提供了多种数据分布函数（见表 13.1），可以方便、快捷地计算事件发生的概率。

表 13.1　R 语言常用数据分布函数

数 据 分 布	概　　念	相 关 函 数
均匀分布	又称矩形分布，是对称概率分布，表示在区间[a,b]的任意等长度区间内事件出现的概率相同	dunif(x, min = 0, max = 1, log = FALSE) punif(q, min = 0, max = 1, lower.tail = TRUE, log.p = FALSE) qunif(p, min = 0, max = 1, lower.tail = TRUE, log.p = FALSE) runif(n, min = 0, max = 1)
正态分布	大部分数据集中在平均值附近，小部分数据在两端，像一只倒扣的钟，两头低，中间高，左右对称	dnorm(x, mean = 0, sd = 1, log = FALSE) pnorm(q, mean = 0, sd = 1, lower.tail = TRUE, log.p = FALSE) qnorm(p, mean = 0, sd = 1, lower.tail = TRUE, log.p = FALSE) rnorm(n, mean = 0, sd = 1)
t 分布	根据小样本，估计呈正态分布且方差未知的总体的均值	dt(x, df, ncp, log = FALSE) pt(q, df, ncp, lower.tail = TRUE, log.p = FALSE) qt(p, df, ncp, lower.tail = TRUE, log.p = FALSE) rt(n, df, ncp)
F 分布	两个服从卡方分布的独立随机变量，各除以其自由度后的比值的抽样分布，是一种非对称分布，且位置不可互换	df(x, df1, df2, ncp, log = FALSE) pf(q, df1, df2, ncp, lower.tail = TRUE, log.p = FALSE) qf(p, df1, df2, ncp, lower.tail = TRUE, log.p = FALSE) rf(n, df1, df2, ncp)

数据分布	概　念	相关函数
卡方分布	n 个独立随机变量的平方和的分布规律。n 增加时，分布曲线趋向于左右对称	dchisq(x, df, ncp=0, log = FALSE) pchisq(q, df, ncp=0, lower.tail = TRUE, log.p = FALSE) qchisq(p, df, ncp=0, lower.tail = TRUE, log.p = FALSE) rchisq(n, df, ncp=0)
指数分布	用来表示独立随机事件发生的时间间隔	dexp(x, rate = 1, log = FALSE) pexp(q, rate = 1, lower.tail = TRUE, log.p = FALSE) qexp(p, rate = 1, lower.tail = TRUE, log.p = FALSE) rexp(n, rate = 1)
伽马分布	卡方分布和指数分布都是伽马分布的特例	dgamma(x, shape, rate = 1, scale = 1/rate, log = FALSE) pgamma(q, shape, rate = 1, scale = 1/rate, lower.tail = TRUE, log.p = FALSE) qgamma(p, shape, rate = 1, scale = 1/rate, lower.tail = TRUE, log.p = FALSE) rgamma(n, shape, rate = 1, scale = 1/rate)
贝塔分布	通常用于描述一些取值在（0,1）区间的随机变量的概率分布	dbeta(x, shape1, shape2, ncp = 0, log = FALSE) pbeta(q, shape1, shape2, ncp = 0, lower.tail = TRUE, log.p = FALSE) qbeta(p, shape1, shape2, ncp = 0, lower.tail = TRUE, log.p = FALSE) rbeta(n, shape1, shape2, ncp = 0)
二项分布	n 个独立的成功/失败试验中成功次数的离散概率分布，其中每次试验的成功概率均为 p	dbinom(x, size, prob, log = FALSE) pbinom(q, size, prob, lower.tail = TRUE, log.p = FALSE) qbinom(p, size, prob, lower.tail = TRUE, log.p = FALSE) rbinom(n, size, prob)
几何分布	在 n 次伯努利试验中，试验 k 次才得到第一次成功的机率	dgeom(x, prob, log = FALSE) pgeom(q, prob, lower.tail = TRUE, log.p = FALSE) qgeom(p, prob, lower.tail = TRUE, log.p = FALSE) rgeom(n, prob)
泊松分布	是一个计数过程，通常用于模拟一个事件在连续时间内发生的次数	dpois(x, lambda, log = FALSE) ppois(q, lambda, lower.tail = TRUE, log.p = FALSE) qpois(p, lambda, lower.tail = TRUE, log.p = FALSE) rpois(n, lambda)

在上述表中我们发现每个函数都包含 4 个不同的前缀，对应的功能说明如下。

☑　d：density，概率密度函数，表示概率的变化率。注意，d 不是概率。

☑　p：probability，概率分布函数，表示概率值。

☑　q：quantile，分位数函数，表示分位点。例如，0.9 分位点。

☑　r：random，生成随机函数。

以正态分布函数 norm()为例，加入前缀后的说明如下。

☑　dnorm()：返回正态分布中的概率密度值。

☑　pnorm()：返回正态分布中的概率值。

☑　qnorm()：返回正态分布中的分位数值。

☑　rnorm()：创建 n 个服从正态分布的随机数。

13.2.3　正态分布

正态分布又称为高斯分布或常态分布，是生活中最常见、应用最广泛的一种数据分布形式，在数据分析、建模等方面有着重要作用。如全国男女的身高数据、考试成绩、人的寿命数据等都服从正态分布。

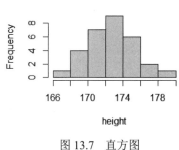

正态分布曲线像一口倒扣的钟，中间高，两边低，左右对称，大部分数据集中在平均值附近，小部分数据在两端。例如，某高三一班的 30 名男生的身高，绘制出直方图如图 13.7 所示。这就是一个典型的正态分布，即中间高，两边低，左右对称。当然，30 个学生的数据量比较少，数据越多，正态分布的特征越明显。

图 13.7　直方图

在 R 语言中，实现正态分布主要使用 dnorm()、pnorm()、qnorm()、rnorm() 函数。这 4 个函数的功能各不相同，其中较为重要且常用的是 dnorm() 和 pnorm() 函数。在一般情况下，先使用 dnorm() 函数计算概率密度，绘制正态分布密度图，然后使用 pnorm() 函数计算概率。

【例 13.7】数学成绩超过 110 分的概率分布情况（实例位置：资源包\Code\13\07）

例 10.19 中，通过直方图得知某高一数学成绩的分布情况基本为正态分布，但是高分段缺失。下面使用 dorm() 函数计算平均分 79，标准差 19，超过 110 分的概率密度，然后绘制概率密度图，同时使用 pnorm() 函数计算超过 110 分的概率，最后在概率密度图中进行标注。运行 RStudio，编写如下代码。

```
1   library(openxlsx)                                # 加载程序包
2   df <- read.xlsx("datas/grade.xlsx",sheet=1)      # 读取 Excel 文件
3   mymean <- mean(df[,"得分"])                       # 均值
4   mymean
5   mysd <- sd(df[,"得分"])                           # 标准差
6   mysd
7   x <- seq(0,150,by = .1)                          # 创建 0~150 分，增量为 0.1 的数值向量
8   length(x)                                        # 记录数（0~150 分的样本数）
9   y <- dnorm(x,mean = 79,sd = 19)                  # 概率密度
10  plot(x,y,type = "l")                             # 绘制曲线密度图
11  x1 <- seq(110,150,by=.1)                         # 创建 110~150 分，增量为 0.1 的数值向量
12  y1 <- dnorm(x1,mean = 79,sd = 19)                # 超过 110 分的概率密度
13  # 绘制多边形并添加阴影
14  polygon(c(110,x1,150),c(0,dnorm(x1,mean = 79,sd = 19),0),density = 15)
15  z=(110-79)/19                                    # 标准化处理 z 分数
16  z
17  #z=1.63 左侧的正态曲线下方的面积，即低于 110 分的正态曲线下方的面积（概率）
18  p <- pnorm(1.63)
19  # 超过 110 分的概率
20  p1 <-1-p
21  p1
22  # 添加文本标签（超过 110 分的概率）
23  text(140,0.003,labels=paste(format(p1*100,digits=3),"%"),cex=1)
```

运行程序，结果如图 13.8 所示。从运行结果可知：在 1501 样本数据中数学成绩平均分 79，标准差 19，超过 110 分的概率为 5.16%。

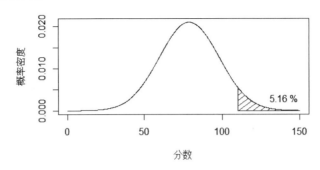

图 13.8 数学成绩概率密度分布图

◆ 代码解析

第 23 行代码：format()函数用于格式化，digits 参数为保留有效数字。

13.2.4 二项分布

二项分布是一种具有广泛用途的离散型随机变量的概率分布，是 n 个独立的成功/失败试验中成功次数的离散概率分布，其中每次试验的成功概率为 P。

在 R 语言中，二项分布概率的计算主要使用二项分布函数 binom()，其中 dbinom()函数对于离散变量，返回结果是特定值的概率，而对连续变量返回结果是密度；pbinom()函数表示求累计概率。这两个函数的参数 x/q 表示实验的成功次数，size 表示实验次数，prob 表示概率值。

【例 13.8】抛硬币实验（**实例位置：资源包\Code\13\08**）

抛出一枚均匀的硬币，抛一次正面朝上的概率为 0.5，使用二项分布函数 binom()计算抛 20 次 10 次正面朝上的概率是多少。运行 RStudio，编写如下代码。

```
dbinom(10,20,0.5)
```

运行程序，结果为 0.1761971，即抛 20 次，10 次正面朝上的概率为 0.1761971。

13.2.5 泊松分布

泊松分布是一种统计与概率学里常用的离散概率分布，用于描述单位时间内随机事件发生的次数。泊松分布主要满足下面 3 个条件。

（1）小概率事件。

（2）发生概率是稳定的。

（3）与下一次事件的发生是相互独立的。

在 R 语言中，计算泊松分布概率主要使用泊松分布函数 pois()。

【例 13.9】计算客服接待顾客的概率（**实例位置：资源包\Code\13\09**）

某网店客服平均每分钟接待两个顾客，那么客服一分钟接待 5 个顾客的概率是多少？下面使用泊松分布函数 dpois()进行计算。运行 RStudio，编写如下代码。

```
dpois(5,lambda = 2)
```

运行程序，结果为 0.03608941，即客服一分钟接待 5 个顾客的概率为 0.03608941。

⬦ 代码解析

lambda 参数表示每个时间间隔的平均事件数。

13.3　列联表和频数表

在数据分析过程中，经常需要对数据集按照两个或两个以上的变量进行分组统计，从而查看数据的分布状况，这种情况叫作"列联表"。在 R 语言中列联表是按照两个或两个以上的变量对数据进行分组统计频数，然后比较各组数据，从而寻找变量间的关系。本节主要介绍创建列联表的常用函数。

13.3.1　table()函数

table()函数可以使用 *n* 个分类变量（因子）创建一个 *n* 维的列联表。

【例 13.10】创建简单的列联表（**实例位置：资源包\Code\13\10**）

创建一个优秀大学生夏令营考核信息的数据集，然后使用 table()函数创建一个简单的列联表，分析男生和女生毕业学校类别和考核结果的分布情况。运行 RStudio，编写如下代码。

```
1   # 创建数据
2   性别 <- c(rep("男",10),rep("女",12))  # 性别变量
3   # 毕业学校类别变量
4   毕业学校类别 <- c(985,211,211,985,985,985,985,211,985,985,211,211,211,211,211,
5                   211,211,985,985,985,985,211)
6   # 考核结果变量
7   考核结果 <- c("合格","优秀","合格","优秀","优秀","优秀","优秀","合格","优秀","合格","优秀",
8                "优秀","合格","优秀","优秀","优秀","优秀","优秀","合格","不合格","优秀")
9   # 构建数据框
10  df <- data.frame(性别,毕业学校类别,考核结果)
11  # 输出数据
12  df
13  mytable <- table(性别,毕业学校类别)  # 二维列联表，性别变量为行，毕业学校类别为列
14  mytable                             # 输出表格
```

运行程序，结果如图 13.9 所示。从运行结果可知：table()函数创建的是一个二维列联表，包括行和列，"性别"为行，"毕业学校类别"为列。另外，还可以看出男生 985 毕业的比较多。

table()函数还可以创建三维列联表。如增加一个"考核结果"变量，主要代码如下：

```
1   mytable <- table(性别,毕业学校类别,考核结果)  # 三维列联表
2   mytable                                   # 输出表格
```

运行程序，结果如图 13.10 所示。

创建完成的列联表可以用于进行简单统计。例如，对每一行数据求和、对每一列数据求和以及数据的占比情况，示例代码如下：

```
1   margin.table(mytable,1)    # 对每一行数据求和
2   margin.table(mytable,2)    # 对每一列数据求和
3   prop.table(mytable)        # 计算数据占总数的比例
```

毕业学校类别		
性别	211	985
男	3	7
女	8	4

图 13.9　二维列联表

```
, , 考核结果 = 不合格

      毕业学校类别
性别  211 985
  男    0   0
  女    0   1

, , 考核结果 = 合格

      毕业学校类别
性别  211 985
  男    2   2
  女    1   1

, , 考核结果 = 优秀

      毕业学校类别
性别  211 985
  男    1   5
  女    7   2
```

图 13.10　三维列联表

| 4 | prop.table(mytable, 1) | # 以行为单位，计算数据占总数的比例 |
| 5 | prop.table(mytable, 2) | # 以列为单位，计算数据占总数的比例 |

13.3.2　ftable()函数

ftable()函数能够以一种紧凑而吸引人的方式创建多维列联表，而不像 table()函数创建的三维列联表那样看上去数据很乱。

【例 13.11】 使用 ftable()函数创建三维列联表（**实例位置：资源包\Code\13\11**）

创建一个优秀大学生夏令营考核信息的数据集，然后使用 ftable()函数创建三维列联表，主要代码如下：

| 1 | mytable <- ftable(性别,毕业学校类别,考核结果) | # 三维列联表 |
| 2 | mytable | # 输出表格 |

运行程序，结果如图 13.11 所示。

从运行结果可知：ftable()函数创建的三维列联表数据看上去更加紧凑和清晰。

		考核结果　不合格　合格　优秀
性别	毕业学校类别	
男	211	0　　2　　1
	985	0　　2　　5
女	211	0　　1　　7
	985	1　　1　　2

图 13.11　使用 ftable()函数创建三维列联表

13.3.3　xtab()函数

xtab()函数可以根据一个公式和一个矩阵或数据框创建一个 N 维列联表。

【例 13.12】 使用 xtab()函数创建列联表（**实例位置：资源包\Code\13\12**）

创建一个优秀大学生夏令营考核信息的数据集，然后使用 xtab()函数创建列联表，主要代码如下：

1	mytable <- xtabs(~性别+毕业学校类别,data=df)	# 二维频数表
2	mytable	# 输出表格
3	mytable <- xtabs(~性别+毕业学校类别+考核结果,data=df)	# 三维频数表
4	mytable	# 输出表格

运行程序，结果如图 13.12 和图 13.13 所示。

	毕业学校类别	
性别	211	985
男	3	7
女	8	4

图 13.12　二维列联表

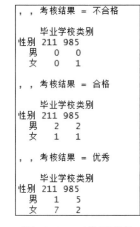

图 13.13　三维列联表

本节主要介绍了如何创建列联表和频数表，关于列联表分析主要分析的是变量之间有无关联，即是否存在独立性，下面将介绍如何进行独立性检验。

13.4　独立性检验

独立性检验是统计学的一种检验方式，是利用随机变量判断两个分类变量是否有关系的方法。R语言提供了多种检验分类变量独立性的方法，本节主要介绍 3 种检验方法，分别为卡方检验、Fisher

（费希尔）精确检验和 Cochran-Manel-Haenszel（简称 CMH 检验）检验。

13.4.1　卡方检验

首先来了解一下什么是卡方检验。卡方检验是用途非常广泛的一种假设检验方法，用于确定两个分类变量之间是否具有显著的相关性，还是相对独立。

例如，观察人们购买饮料的模式，并尝试将一个人的性别与他喜欢的饮料味道相关联。如果发现相关性，则可以通过了解购买者的性别数量调整对应口味的库存。

在 R 语言中卡方检验可以使用 chisq.test() 函数，语法格式如下：

```
chisq.test(data)
```

其中，data 参数表示包含观察值中变量计数值的数据。

【例 13.13】使用 chisq.test() 函数进行卡方检验（**实例位置：资源包\Code\13\13**）

使用 chisq.test() 函数进行卡方检验，同样使用优秀大学生夏令营考核信息数据集，主要代码如下：

```
1  mytable <- xtabs(~性别+毕业学校类别,data=df)      # 二维列联表
2  mytable                                          # 输出表格
3  chisq.test(mytable)                              # 卡方检验
```

运行程序，结果如图 13.14 所示。从运行结果可知：卡方值为 1.65，自由度为 1，P 为 0.199，大于 0.05，学生性别和毕业学校类别之间不存在显著的相关性，是相对独立的。

```
> # 卡方检验
> chisq.test(mytable)

        Pearson's Chi-squared test with Yates' continuity correction

data:  mytable
X-squared = 1.65, df = 1, p-value = 0.199
```

图 13.14　卡方检验

独立性检验主要使用 P（即 p-value）来衡量，P 的范围为 0～1，$P \leqslant 0.05$ 表明变量之间存在某种显著性关系，不独立；$P > 0.05$ 表明变量之间不存在显著性关系，是相对独立的。

13.4.2　Fisher 精确检验

Ronald Aylmer Fisher（费希尔）是英国统计学家和遗传学家，现代统计科学的奠基人之一，Fisher 精确检验便是以他的名字命名的统计方法。Fisher 精确检验可以将所有 R×C 列表的精确概率计算出来。Fisher 精确检验直接将概率求和得到 P，而不是根据卡方值和自由度查表得到的，因此 Fisher 精确检验不提供卡方值。

在 R 语言中可以使用 fisher.test() 函数进行 Fisher 精确检验，语法格式如下：

```
fisher.test(mytable)
```

其中，mytable 参数是一个二维列联表。

【例 13.14】使用 fisher.test() 函数进行 Fisher 精确检验（**实例位置：资源包\Code\13\14**）

下面使用 fisher.test() 函数进行精确检验，同样使用优秀大学生夏令营考核信息数据集，主要代码

如下：

```
1   mytable <- xtabs(~性别+毕业学校类别,data=df)        # 二维列联表
2   mytable                                          # 输出表格
3   fisher.test(mytable)                             # Fisher 精确检验
```

运行程序，结果如图 13.15 所示。从运行结果可知：经过 Fisher 精确检验，P 为 0.1984，大于 0.05，学生性别和毕业学校类别之间不存在显著性关系，是相对独立的。

```
          Fisher's Exact Test for Count Data

data:  mytable
p-value = 0.1984
alternative hypothesis: true odds ratio is not equal to 1
95 percent confidence interval:
 0.02378266 1.72973171
sample estimates:
odds ratio
 0.2314046
```

图 13.15　Fisher 精确检验

注意

fisher.test()函数不适用于 2×2 的列联表。

13.4.3　Cochran-Manel-Haenszel 检验

Cochran-Manel-Haenszel 检验也称 CMH 检验，主要用于检验在对第三个分类变量分组后与其他两个分类变量之间是否存在关系，是对分类数据进行检验的常用方法。

在 R 语言中主要使用 mantelhaen.test()函数实现 Cochran-Manel-Haenszel 检验。

【例 13.15】Cochran-Manel-Haenszel 检验（**实例位置：资源包\Code\13\15**）

下面使用 mantelhaen.test()函数进行 Cochran-Manel-Haenszel 检验，同样使用优秀大学生夏令营考核信息数据集，主要代码如下：

```
1   mytable <- xtabs(~毕业学校类别+考核结果+性别,data=df)    # 三维列联表
2   mytable                                              # 输出表格
3   mantelhaen.test(mytable)                             # Cochran-Manel-Haenszel 检验
```

运行程序，结果如图 13.16 所示。从运行结果可知：经过 Cochran-Manel-Haenszel 检验，P 为 0.3456，大于 0.05，表明毕业学校类别和考核结果与性别不存在显著性关系，是相对独立的。

```
          Cochran-Mantel-Haenszel test

data:  mytable
Cochran-Mantel-Haenszel M^2 = 2.1247, df = 2, p-value =
0.3456
```

图 13.16　Cochran-Manel-Haenszel 检验

13.5　相关性分析

任何事物之间都存在一定的联系。如夏天温度的高低与空调的销量存在相关性。当温度升高时，

空调的销量也会相应提高。

相关性分析是指对多个具备相关关系的数据进行分析，从而衡量数据之间的相关程度或密切程度。相关性可以应用到所有数据的分析过程中。如果一组数据的改变引发另一组数据朝相同方向变化，那么这两组数据存在正相关性。例如，身高与体重，一般个子高的人体重会重一些，个子矮的人体重会轻一些。如果一组数据的改变引发另一组数据朝相反方向变化，那么这两组数据存在负相关性，如运动与体重。

13.5.1　相关系数

在相关性分析过程中，变量之间的相关性主要通过相关系数来判断。相关系数是用来描述定量与变量之间的关系，是反应数据之间关系密切程度的统计指标。相关系数的取值区间在 1～-1，1 表示数据之间完全正相关（线性相关），-1 表示数据之间完全负相关，0 表示数据之间不相关。相关系数越接近 0，表示相关关系越弱；越接近 1，表示相关关系越强。相关系数的绝对值在 0.8 以上，一般认为有强相关性，0.3～0.8 表示有弱相关性，0.3 以下表示没有相关性。

在 R 语言中有多种表示相关性的系数，如 Pearson 系数、Spearman 系数、Kendall 系数、偏相关系数、多分格相关系数和多系列相关系数。下面主要介绍 Pearson 系数、Spearman 系数、Kendall 系数和偏相关系数。

1. Pearson 系数、Spearman 系数和 Kendall 系数

Pearson 为积相关系数，用于衡量两个定量变量之间的线性关系程度。Spearman 为等级相关系数，用于衡量分级定序变量之间的相关程度。Kendall 是一种非参数的等级相关度量。

在 R 语言中，计算这 3 个相关系数主要使用 cor() 和 cov() 函数。

cor() 函数返回相关系数值，值在 1 到-1 之间。语法格式如下：

```
cor(x,y = NULL,use= "everything",method= c("pearson","kendall","spearman"))
```

参数说明如下。
- ☑ x：向量、矩阵或数据框。
- ☑ y：向量、矩阵或数据框，默认值为 NULL。
- ☑ use：用于指定缺失数据时的处理方法，可选字符串。默认值为 everything，表示遇到缺失数据时，函数返回值为 NA；all.obs 表示遇到缺失数据时报错；complete.obs 和 na.or.complete 处理方式类似，表示对缺失值按行删除；pairwise.complete.obs 表示依次比较多对变量，并将两个变量相互之间的缺失行剔除，然后用剩下的数据计算两者的相关系数。
- ☑ method：相关系数计算方法，字符串类型，值为 pearson（默认值）、kendall 或 spearman，也可以缩写。

cov() 函数返回协方差系数，用来衡量两个变量间的整体误差。绝对值越大，表明相关性越强；绝对值越小，表明相关性越弱。cov() 函数的语法格式和参数说明可以参考 cor() 函数。

【例 13.16】使用 cor() 函数计算数据的相关性（**实例位置：资源包\Code\13\16**）

R 语言自带的 state.x77 数据集提供了美国 50 个州 1977 年的人口、收入、文盲率、预期寿命和高中毕业率等数据。使用 cor() 函数计算该数据集中数据的相关系数，了解数据之间的相关性。运行

RStudio，编写如下代码。

```
cor(state.x77)
```

运行程序，结果如图 13.17 所示。

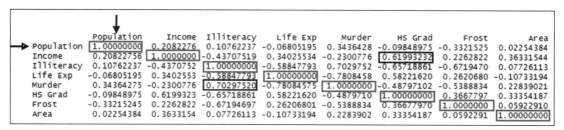

图 13.17　相关系数

从运行结果可知：对角线数据的相关系数都是 1，呈完全正相关（线性）关系，因为这是自身与自身的比较，如 Population（人口）与 Population（人口）的相关性是 1。同时可以看出 Murder（犯罪率）与 Illiteracy（文盲率）、Income（收入）与 HS Grad（高中毕业率）有一定的正相关性，而且相关性很强。

技巧

如果为整个数据集创建相关系数矩阵，可在 cor()函数中直接指定数据集名称；如果只对部分变量创建相关系数矩阵，可以使用向量。主要代码如下：

```
cor(state.x77[c("Population","Income","Illiteracy")])
```

相关系数的优点是可以通过数字对变量的关系进行度量，并且带有方向性，1 表示正相关，–1 表示负相关，越靠近 0 相关性越弱。缺点是无法利用这种关系对数据进行预测。

下面简单了解一下 state.x77 数据集，相关字段说明如表 13.2 所示。

表 13.2　state.x77 数据集

字　段	说　明	字　段	说　明	字　段	说　明
Population	人口	Life Exp	预期寿命	Frost	天气
Income	收入	Murder	犯罪率	Area	面积
Illiteracy	文盲率	HS Grad	高中毕业率		

例 13.16 通过 cor()函数计算数据的相关系数，我们可直观感受 state.x77 数据集中数据之间的相关性。下面使用 cov()函数计算 state.x77 数据集中数据的协方差，通过协方差了解数据的相关性。

【例 13.17】使用 cov()函数计算数据的相关性（实例位置：资源包\Code\13\17）

运行 RStudio，编写如下代码。

```
1  # 抽取数据
2  x <- state.x77[,c(1,2,3,6)]
3  y <- state.x77[,c(4,5)]
4  cov(x,y)                     # 计算协方差
```

运行程序，结果如图 13.18 所示。从运行结果可知：人口与预期寿命为负相关，与犯罪率正相关。收入与预期寿命为正相关，与犯罪率负相关。

2．偏相关系数

偏相关系数是指在控制一个或多个变量时，剩余其他变量之间的相互关系，常用于社会科学的研究中。在 R 语言中主要使用 ggm 包的 pcor()函数计算偏相关系数。语法格式如下：

```
pcor(u,s)
```

参数说明如下。

☑　u：数值向量（前两个数值表示要计算相关系数的下标，其余数值为条件变量的下标）。

☑　s：cov()函数计算出来的协方差结果。

【例 13.18】使用 pcor()函数计算偏相关系数（实例位置：资源包\Code\13\18）

分析 state.x77 数据集中，在控制了收入、文盲率和高中毕业率的影响时，人口和犯罪率之间的关系。运行 RStudio，编写如下代码。

```
1    library(ggm)                        # 加载程序包
2    colnames(state.x77)                 # 获取数据集中所有变量的名称
3    pcor(c(1,5,2,3,6),cov(state.x77))   # 使用 pcor()函数计算偏相关系数
```

运行程序，结果如图 13.19 所示。从运行结果可知：控制了收入、文盲率和高中毕业率的影响时，人口和犯罪率之间的偏相关系数为 0.3462724。

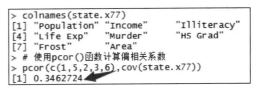

```
                Life Exp      Murder
Population  -407.8424612  5663.523714
Income       280.6631837  -521.894286
Illiteracy    -0.4815122     1.581776
HS Grad        6.3126849   -14.549616
```
图 13.18　协方差

```
> colnames(state.x77)
[1] "Population" "Income"     "Illiteracy"
[4] "Life Exp"   "Murder"     "HS Grad"
[7] "Frost"      "Area"
> # 使用pcor()函数计算偏相关系数
> pcor(c(1,5,2,3,6),cov(state.x77))
[1] 0.3462724
```
图 13.19　偏相关系数

说明

ggm 是第三方 R 语言包，使用前应先进行安装。运行 RGui，输入如下代码：

```
install.packages("ggm")
```

按 Enter 键，在 CRAN 镜像站点的列表中选择镜像站点，然后单击"确定"按钮，开始安装。安装完成后，就可以在程序中使用 ggm 包了。

13.5.2　相关性分析

为了促进销售，企业必然要投入广告，这样就会产生广告展现量和费用成本相关数据。在通常情况下，我们认为费用越高，广告效果就越好，它们之间必然存在相关性。但仅通过主观判断没有说服力，无法证明数据之间相关性的真实存在，也无法度量它们之间相关性的强弱。因此需要通过相关性分析找出数据之间的真实关系。

下面来看一下费用成本与广告展现量相关数据情况（由于数据太多，只显示部分数据），如图 13.20 所示。

▲	A	B	C	D	E	F	G	H	I	J
1	日期	费用	展现量	点击量	订单金额	加购数	下单新客数	访问页面数	进店数	商品关注数
2	2020/2/1	1754.51	38291	504	2932.4	154	31	4730	94	7
3	2020/2/2	1708.95	39817	576	4926.47	242	49	4645	93	14
4	2020/2/3	921.05	39912	583	5413.6	228	54	4941	82	13
5	2020/2/4	1369.76	38085	553	3595.4	173	40	4551	99	6
6	2020/2/5	1460.02	37239	585	4914.8	189	55	5711	83	16
7	2020/2/6	1543.76	35196	640	4891.8	207	53	6010	30	6
8	2020/2/7	1457.93	33294	611	3585.5	151	37	5113	37	7
9	2020/2/8	1600.38	36216	659	4257.1	240	45	5130	78	11
10	2020/2/9	1465.57	36275	611	4412.3	174	47	4397	75	12
11	2020/2/10	1617.68	41618	722	4914	180	45	5670	86	5
12	2020/2/11	1618.95	44519	792	5699.42	234	63	5825	50	1
13	2020/2/12	1730.31	50918	898	8029.4	262	78	6399	92	8
14	2020/2/13	1849.9	49554	883	6819.5	228	67	6520	84	12
15	2020/2/14	2032.52	52686	938	6596.5	271	59	7040	121	10
16	2020/2/15	2239.69	60906	978	6007.9	246	68	7906	107	12
17	2020/2/16	2077.94	58147	989	6476.7	280	72	7029	104	16
18	2020/2/17	2137.24	59479	1015	6895.4	260	72	6392	101	9
19	2020/2/18	2103.28	60372	993	5992.3	253	60	6935	100	11

图 13.20　费用成本与广告展现量

相关性分析方法有很多，最简单的方法是将数据进行可视化处理。单纯从数据角度很难发现数据之间的趋势和联系，但将数据绘制成图表后就可以很直观地看出数据之间的趋势和联系。

下面通过散点图查看广告展现量与费用成本之间的相关性。运行 RStudio，编写如下代码。

```
1  library(openxlsx)              # 加载程序包
2  df <- read.xlsx("datas/广告.xlsx",sheet=1)   # 读取 Excel 文件
3  x <- df[["费用"]]
4  y <- df[["展现量"]]
5  # 绘制散点图
6  plot(x, y, xlab="费用成本（x）", ylab="广告展现量（y）", pch=19)
```

运行程序，结果如图 13.21 所示。

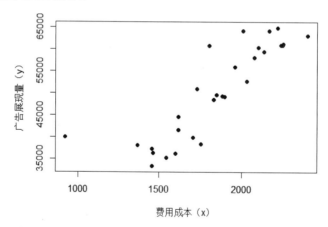

图 13.21　广告展现量与费用成本散点图

虽然图 13.21 清晰地展示了广告展现量与费用成本之间存在一定的相关性，但无法判断数据之间具体有什么关系，相关性无法准确地度量，并且数据超过两组时无法完成各组数据的相关性分析。

下面使用 cor() 函数计算相关系数，相关系数是反映数据之间关系密切程度的统计指标，主要代码如下：

```
cor(df1)
```

运行程序，结果如图 13.22 所示。

	费用	展现量	点击量	订单金额	加购数	下单新客数	访问页面数	进店数	商品关注数
费用	1.0000000	0.8560127	0.8585966	0.6257874	0.6017346	0.6424477	0.7633200	0.6508993	0.1557482
展现量	0.8560127	1.0000000	0.9385539	0.7280374	0.7512832	0.7561067	0.8470172	0.6975909	0.2099898
点击量	0.8585966	0.9385539	1.0000000	0.8548834	0.8158577	0.8636944	0.9101424	0.5859167	0.2054461
订单金额	0.6257874	0.7280374	0.8548834	1.0000000	0.8136941	0.9472378	0.8031933	0.4656295	0.2798305
加购数	0.6017346	0.7512832	0.8158577	0.8136941	1.0000000	0.8090869	0.7763792	0.4715942	0.3128821
下单新客数	0.6424477	0.7561067	0.8636944	0.9472378	0.8090869	1.0000000	0.8429035	0.4855702	0.3617179
访问页面数	0.7633200	0.8470172	0.9101424	0.8031933	0.7763792	0.8429035	1.0000000	0.5413966	0.3274999
进店数	0.6508993	0.6975909	0.5859167	0.4656295	0.4715942	0.4855702	0.5413966	1.0000000	0.3938636
商品关注数	0.1557482	0.2099898	0.2054461	0.2798305	0.3128821	0.3617179	0.3274999	0.3938636	1.0000000

图 13.22　相关系数

从分析结果可知："费用"与"费用"自身的相关性是 1，与"展现量""点击量"的相关系数是 0.8560127、0.8585966；"展现量"与"展现量"自身的相关性是 1，与"点击量""订单金额"的相关系数是 0.9385539、0.7280374。除了"商品关注数"相关系数比较低外，其他都很高，可以看出"费用"与"展现量"、"点击量"等有一定的正相关性，而且相关性很强。

13.6　t 检验

t 检验主要用于样本数据量较小、总体标准差未知的正态分布。其本质是用 t 分布理论推断差异发生的概率，从而比较两个平均数的差异是否显著。如比较男女身高是否存在差异，或将两种教学方法用于两组学生，观察这两种方法对学生学习成绩的提高是否存在差异。

13.6.1　独立样本的 t 检验

当两组样本数据的变量从各自总体中抽取时，说明两组样本数据没有任何关联，两组抽样样本数据间彼此独立，这样的样本称为独立样本。

在 R 语言中，可以使用 t.test()函数进行独立样本的 t 检验。语法格式如下：

```
t.test(x, y = NULL,alternative = c("two.sided","less", "greater"), mu = 0, paired = FALSE, var.equal = FALSE,conf.level = 0.95, ...)
```

参数说明如下。

☑　x,y：用于均值比较的数值向量。当 y 为 NULL 时，表示单样本 t 检验。

☑　alternative：表示指定假设检验的备择检验类型，值为 two.sided 表示双侧检验，less 表示左侧检验，greater 表示右侧检验。

☑　mu：数值型，默认值为 0。当检验为单样本 t 检验时，表示 x 所代表的总体均值是否与 mu 中指定的值相等；当检验为双样本 t 检验时，表示 x 和 y 代表的总体均值之差是否与 mu 中指定的值相等。

☑　paired：逻辑型，值为 FASLE 表示独立样本检验，值为 TRUE 表示非独立样本检验。

☑　var.equal：在双样本检验时，总体方差是否相等。

☑　conf.level：表示假设检验的置信水平，默认值为 0.95。

【例 13.19】两种药物增加睡眠时间的差异（实例位置：资源包\Code\13\19）

使用 R 语言中自带的 sleep 睡眠数据集，通过 t.test()函数检验该数据集中两种药物下增加睡眠时间的差异是否显著。运行 RStudio，编写如下代码。

```
1   head(sleep)                              # 查看数据
2   plot(extra ~ group, data = sleep)        # 绘制箱形图，group 表示不同的药物 1 和 2，因子类型
3   t.test(extra ~ group, data = sleep)      # 检验两种药物下增加睡眠时间的显著性
```

运行程序，结果如图 13.23 和图 13.24 所示。从运行结果可知：通过箱形图的中位数可以看出在第二种药物的作用下，患者增加睡眠的时间比较长，p-value（p）大于 0.05，即两种药物下增加睡眠时间的差异不显著。

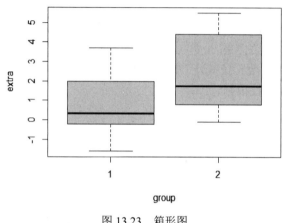

图 13.23　箱形图

```
            Welch Two Sample t-test
data:  extra by group
t = -1.8608, df = 17.776, p-value = 0.07939
alternative hypothesis: true difference in means between
 group 1 and group 2 is not equal to 0
95 percent confidence interval:
 -3.3654832  0.2054832
sample estimates:
mean in group 1 mean in group 2
         0.75            2.33
```

图 13.24　t 检验结果

🔸 补充知识——详解 t.test()函数返回值

☑ t：t 统计量，即 t 检验的统计量的值，显著性指标。一般认为 t 大于 2 或小于 -2 时，两组数据之间的差异是显著的。

☑ df：t 统计量的自由度。统计学中，自由度指的是计算某一统计量时，取值不受限制的变量个数。

☑ p-value：一个通过计算得到的概率值，也称为 P。一般 P 的界限为 0.05，当 $P<0.05$ 时拒绝原假设，说明差异显著；$P>0.05$ 时，不拒绝原假设，说明差异不显著。

☑ alternative hypothesis：备择假设，第一组和第二组的均值之差不等于 0。

☑ 95 percent confidence interval：95%的置信区间。

☑ sample estimates：样本估计均值。估计均值或均值之差，取决于它是独立样本 t 检验还是非独立样本 t 检验。上述实例为独立样本 t 检验，因此结果是第一组的均值和第二组的均值。

13.6.2　非独立样本的 t 检验

当两组样本数据之间相关时，称为非独立样本。在 R 语言中非独立样本的 t 检验同样使用 t.test()函数，不同的是需要设置 paired 参数为 TRUE。

【例 13.20】比较年轻男性与年长男性的失业率（**实例位置：资源包\Code\13\20**）

使用 MASS 包中提供的 UScrime 数据集，其中变量 U1 为 14～24 岁年龄段城市男性的失业率，变量 U2 为 35～39 岁年龄段城市男性的失业率，使用 t.test()函数比较年轻男性与年长男性的失业率。运行 RStudio，编写如下代码。

```
1   library(MASS)                    # 加载程序包
2   df <- UScrime[,c(10,11)]         # 抽取 UScrime 数据集中的数据
3   x <- df$U1                       # 提取年轻男性失业率
4   y <- df$U2                       # 提取年长男性失业率
5   t.test(x,y,paired=TRUE)          # t 检验
```

运行程序，结果如图 13.25 所示。

```
          Paired t-test

data:  x and y
t = 32.407, df = 46, p-value < 2.2e-16
alternative hypothesis: true mean difference is not equal to 0
95 percent confidence interval:
 57.67003 65.30870
sample estimates:
mean difference
       61.48936
```

图 13.25　非独立样本的 t 检验

从运行结果可知：P 小于 0.05，年轻男性与年长男性的失业率的差异显著。

13.7　要点回顾

本章主要介绍了基础的统计分析方法，其中必须掌握的是描述性统计分析方法，比较重要的是概率与数据分布，它是进行数据分析、数据建模的必备知识。进行回归分析前，应首先查看数据的相关性，因此相关性分析也是必需掌握的知识点。

第 **3** 篇

高级应用

本篇详细介绍了 3 类典型的数据分析方法，包括方差分析、回归分析和时间序列分析，详细讲解相关技术并结合案例学习数据建模。

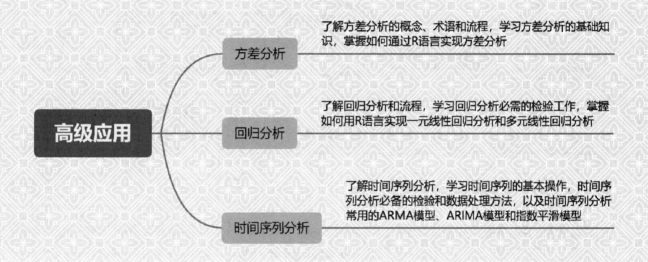

高级应用

- **方差分析** —— 了解方差分析的概念、术语和流程，学习方差分析的基础知识，掌握如何通过R语言实现方差分析

- **回归分析** —— 了解回归分析和流程，学习回归分析必需的检验工作，掌握如何用R语言实现一元线性回归分析和多元线性回归分析

- **时间序列分析** —— 了解时间序列分析，学习时间序列的基本操作，时间序列分析必备的检验和数据处理方法，以及时间序列分析常用的ARMA模型、ARIMA模型和指数平滑模型

第 14 章

方差分析

方差分析主要用于分析分类变量与数值变量之间的关系，在实际工作中可以解决很多问题。本章主要介绍方差的基本概念、方差相关术语、方差分析的基本流程等，以及如何通过 R 语言实现方差分析。

本章知识架构及重难点如下。

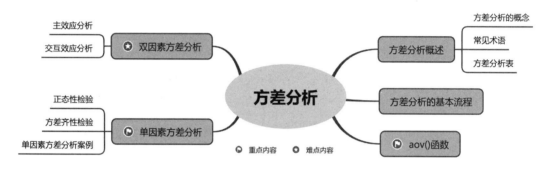

14.1　方差分析概述

14.1.1　方差分析的概念

通过 9.1.7 节的学习，我们已经了解了什么是方差以及方差的应用，下面来认识下方差分析。

方差分析主要用于分析分类变量与数值变量之间的关系。例如，分析不同地区的饮料销量是否存在显著差异，其中地区为分类变量，销量为数值变量。

方差分析又称为变异数分析或 F 检验，它以最简单的形式比较和检验多个样本的均值间是否有所不同，是数据分析中最基础和最常用的分析方法。根据分类变量（因子变量）个数的不同，可分为单因素方差分析、双因素方差分析和多因素方差分析。

14.1.2　常见术语

下面来认识下方差分析中的一些常见术语。

- ☑　因素：影响变量变化的客观条件。在方差分析中因素为分类变量，在 R 语言中是因子类型，如学历。
- ☑　水平：因素的不同等级。例如，学历包括中专、大专、本科、硕士和博士，共 5 个水平。

☑ 均值比较：包括相对比较和多重比较。其中，相对比较用来比较各因素对因变量的效应大小；多重比较用于研究因素单元对因变量的影响之间是否存在显著性差异。

☑ 解释变量：解释组间差异的变量。通常是人为设置的，分配在不同组中，通过观察组间差异分析解释变量的作用。典型的解释变量有性别、药物类型、不同疗法、不同教学方法等。

☑ 响应变量：在统计观察或实验中需要测量和记录的特征。例如，一个人的身高、体重，病情的轻重，学生的得分等。

需要注意的是，解释变量和响应变量并不是界限分明的，同样一个特征在不同的统计分析中可能是解释变量，也可能是响应变量。例如，性别可以影响体重，因此体重是响应变量；而在某一疾病研究中，体重是影响疾病程度的因素，这时体重又成了解释变量。

14.1.3 方差分析表

方差分析表的用途是进行数据分析，统计判断按照方差分析过程得出的计算结果，如离差平方和、自由度、均方和 F 检验值等指标数值。

方差分析表的一般形式如表 14.1 所示。

表 14.1 方差分析表

	自由度 df	平方和 SS	均方值 MS	F	P（p-value）
组间（因素）	$k-1$	SSA	MSA	MSA/MSE	
组内（误差）	$n-k$	SSE	MSE	—	
总和	$n-1$	SST	—	—	

表 14.1 中，n 为全部观测值的个数（也就是样本数据的个数），k 为因素水平总体个数。表中的计算结果可以通过下面的公式计算得到。

$$MSA = \frac{组间平方和}{自由度} = \frac{SSA}{k-1}$$

$$MSE = \frac{组内平方和}{自由度} = \frac{SSE}{n-k}$$

$$F = \frac{MSA}{MSE} \sim F(k-1, n-k)$$

总平方和 SST=组间平方和 SSA+组内平方和 SSE

在方差分析表中，df、SS、SSA、SSE 等都有着明确的含义，下面一起来认识下。

☑ df：自由度。在统计学中，自由度指的是计算某一统计量时，取值不受限制的变量个数。公式为 $df=n-k$，其中 n 为样本数量，k 为被限制的条件数或变量个数，或计算某一统计量时用到的其他独立统计量的个数。

☑ SS：平方和，即统计所得数据的平方和，用来衡量数据间的差异性。

☑ SSA：组间平方和。

☑ SSE：组内误差平方和。

☑ SST：总误差平方和，即全部观测值与总平均值间的误差平方和，反映了整体观测值的离散程度。

- ☑ *MS*：均方值，其值等于对应的 *SS* 除以 *df*。
- ☑ *MSA*：组间均方值。
- ☑ *MSE*：组内均方值。
- ☑ *F*：衡量不同样本均值间差异大小的标准化统计量，用于检验同一因素下不同组之间的平均数是否存在显著性差异。其值等于 *MSA/MSE*，*F* 越大，结果越显著，拟合程度也就越好。
- ☑ *P*：统计学上的重要指标，用于判断数据间的差异是否显著。在假设检验中，*P* 越小，拒绝原假设的概率越大，即差异性越显著。"*"代表 *P* 小于 0.05，表示两组间存在显著差异；"**"代表 *P* 小于 0.01，表示两组间的差异极其显著。

14.2　方差分析的基本流程

在 R 语言中可以使用 aov() 函数进行方差分析，使用 summary() 函数得出方差分析表的详细结果。在使用 aov() 函数进行方差分析前，需要先对数据进行正态性检验和方差齐性检验，基本流程如图 14.1 所示。

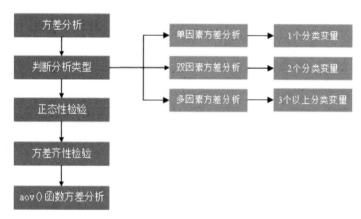

图 14.1　方差分析的基本流程

14.3　aov() 函数

在 R 语言中可以使用 aov() 函数进行方差分析，通过 summary() 函数得出方差分析表的详细结果。下面重点介绍 aov() 函数。

aov() 函数是用于方差分析的模型，语法格式如下：

```
aov(formula, data = NULL, projections = FALSE, qr = TRUE, contrasts = NULL, ...)
```

参数说明如下。

- ☑ formula：待拟合模型的表达式，以公式形式给出方差分析的类型，如表 14.2 所示。其中涉及的符号及其说明如表 14.3 所示。

表14.2 formula中的模型及公式

模 型	公 式
单因素方差分析	y~A
含单个协变量的单因素方差分析	y~x+A
双因素方差分析	y~A*B
含两个协变量的双因素方差分析	y~x1+x2+ A*B
随机化区组	y~B+A（B 是区组因子）
单因素重复测量方差分析	y~A+Error（Subject/A）
含单个组内因子（W）和单个组间因子（B）的两因素方差分析	y~B*W+ Error（Subject/W）

表14.3 表达式中的符号及其说明

符 号	说 明
~	分隔符号，左边为响应变量，右边为解释变量。如用 A、B、C 测试 y，公式为：y~A+B+C
+	分隔解释变量
:	表示变量的交互项。如用 A、B 以及 A 与 B 的交互项预测 y，公式为：y~A+B+A:B
*	表示所有可能的交互项。公式为：y~A*B*C
^	表示交互项达到某个次数。公式为：y~(A+B+C)^2
.	表示包含除因变量外的所有变量。如一个数据框中包含变量 y、A、B 和 C，公式为：y~.
-	表示从公式中去除某个变量。公式为：y~A*B-A:B
-1	删除截距项。公式为：y~A+B-1
0	删除截距项。公式为：y~A+B+0
I()	在 I() 中的表达式按照算术意义进行解释。如公式 y~A+I(B+C)

☑ data：公式中指定的变量，如果缺少变量，则以标准方式搜索变量。

☑ projections：逻辑值，是否返回预测。

☑ qr：逻辑值，是否返回 QR 分解。

☑ contrasts：用于公式中某些因素的对比列表，不用于任何错误项，并且仅在错误项中为因素提供对比，并给出警告。

☑ …：附加参数，要传递给 lm() 函数的参数。如子集或 na.action。

另外，levene.test() 函数也可以实现方差分析，适用于正态分布、非正态分布以及分布不明的数据。

14.4 单因素方差分析

单因素方差分析用来研究单个因子变量的不同水平是否对观测变量产生显著影响。从数据类型上看，数据中包含一个因子变量。例如，分析不同口味对饮料销量的影响、不同学历对工资收入的影响、不同职业对工资收入的影响等。这些问题都可以通过单因素方差分析得到答案。

在进行单因素方差分析时，数据应首先满足 3 个条件，即独立性、正态性和方差齐性。R 语言中，默认数据符合独立性。下面重点介绍正态性检验和方差齐性检验。

14.4.1　正态性检验

正态性检验的方法有多种，常见的有 *W* 检验、*K-S* 检验、*Q-Q* 图和 *P-P* 图。具体选择哪种检验方法，读者可根据实际需求判断。

1．*W* 检验

在检验中用 *W* 统计量作为正态性检验，因此也称为 *W* 检验。*W* 检验适用于样本量不太大的数据集。在 R 语言中数据样本量为 3～5000，一般使用 *W* 检验。

W 检验主要使用 shapiro.test()函数实现。语法格式如下：

```
shapiro.test(x)
```

参数 x 为待检验的数据集，记录数为 3～5000，返回值为一个对象。对象的属性 p.value 与显著性水平相比（一般与 0.05 相比），如果 p.value 值较大，则说明其服从正态分布，该值越接近 1 越好。

首先看一组数据，如图 14.2 所示。这是 R 语言自带的 PlantGrowth 数据集，用于比较 3 种处理方式对植物产量的影响，包括两个变量 30 条记录，其中变量 weight 是植物的产量，group 是不同的处理方式，值分别为 ctrl、trt1 和 trt2。

```
  weight group
1   4.17  ctrl
2   5.58  ctrl
3   5.18  ctrl
4   6.11  ctrl
5   4.50  ctrl
6   4.61  ctrl
```

图 14.2　数据集 PlantGrowth

【例 14.1】使用 shapiro.test()函数实现正态分布检验（**实例位置：资源包\Code\14\01**）

使用 shapiro.test()函数对 PlantGrowth 数据集中 3 种处理方式（ctrl、trt1 和 trt2）下的每组数据进行正态性检验。首先将数据按照不同的处理方式进行拆分，然后构建函数对 3 种处理方式（ctrl、trt1 和 trt2）下的每组数据进行正态性检验。运行 RStudio，编写如下代码。

```
1  data(PlantGrowth)                        # 导入数据集
2  mydata <- PlantGrowth
3  mydata1 <- split(mydata[,1],mydata$group)   # 根据不同处理方式拆分数据
4  lapply(mydata1, function(x){             # 构建函数，对3种处理方式的数据进行正态分布检验
5      shapiro.test(x)
6  })
```

运行程序，结果如图 14.3 所示。从运行结果可知：*P* 大于 0.05，说明数据符合正态分布。

2．*K-S* 检验

当数据样本量较大时，可以使用 *K-S* 检验数据是否符合正态分布。*K-S* 检验又称 *K-S* 单样本检验。

在 R 语言中实现 *K-S* 检验主要使用 ks.test()函数，它是 R 语言自带的函数，语法格式如下：

```
ks.test(x, y, ...,alternative = c("two.sided", "less", "greater"),exact = NULL)
```

参数说明如下。

☑　x：向量，要进行检验的数据。

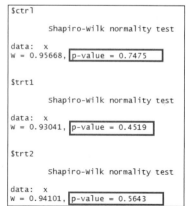

图 14.3　使用 shapiro.test()函数实现
正态分布检验

☑　y：向量，也是要进行检验的数据。可以是字符串，表示累积分布函数的名称，如"pnorm"表示具有连续型累积分布函数的名称。

☑　…：当指定参数 y 时，其为指定分布函数的参数。

☑　alternative：备择假设，指定单、双侧检验。

☑　exact：是否计算精确的 P 值。

【例 14.2】使用 ks.test()函数实现正态分布检验（**实例位置：资源包\Code\14\02**）

创建两个样本数据 a 和 b，使用 ks.test()函数进行正态分布检验，判断 a 和 b 是否来自同一个分布。运行 RStudio，编写如下代码。

```
1   set.seed(0)                              # 保证前后生成的随机数保持一致
2   a <- runif(50, min = -5, max = 5)        # 生成 50 个最小值为-5，最大值为 5，且符合均匀分布的随机数
3   b <- rnorm(50, mean = 0, sd = 5)         # 生成 50 个平均值为 0，标准差为 5，且符合正态分布的随机数
4   # 正态分布检验
5   ks.test(a,"pnorm", mean = 0, sd = 5)
6   ks.test(b,"pnorm", mean = 0, sd = 5)
7   ks.test(a, b)                            # a 和 b 是否来自同一个分布
```

运行程序，结果如图 14.4 所示。从运行结果可知：D 没有偏离 0 太远，P（p-value）大于 0.05，说明数据符合正态分布。

```
        Exact one-sample Kolmogorov-Smirnov test

data:  a
D = 0.16691, p-value = 0.1097
alternative hypothesis: two-sided

> ks.test(b,"pnorm", mean = 0, sd = 5)

        Exact one-sample Kolmogorov-Smirnov test

data:  b
D = 0.097205, p-value = 0.6957
alternative hypothesis: two-sided

> ks.test(a, b)

        Exact two-sample Kolmogorov-Smirnov test

data:  a and b
D = 0.18, p-value = 0.3959
alternative hypothesis: two-sided
```

图 14.4　使用 ks.test()函数实现正态分布检验

3．Q-Q 图

在实际数据分析中，通常结合 Q-Q 图和 P-P 图综合判断数据是否符合正态分布。Q-Q 图和 P-P 图都属于散点图。关于散点图的绘制可以参考第 10 章。

Q-Q 图可以使用 qqnorm()函数和 car 包中的 qqPlot()函数直接绘制，也可以手动计算然后结合 plot()函数绘制，下面分别进行举例。

【例 14.3】使用 qqnorm()函数绘制 Q-Q 图（**实例位置：资源包\Code\14\03**）

创建一组向量数据，使用 qqnorm()函数绘制符合正态分布的散点图，并使用 qqline()函数在该 Q-Q 图上添加辅助线。运行 RStudio，编写如下代码。

```
1   a <- seq(1, 100, 1)           # 创建向量
2   qqnorm(a)                     # 绘制符合正态分布的散点图
3   qqline(a, col="red", lwd=2)   # 绘制辅助线
```

运行程序，结果如图 14.5 所示。

【例 14.4】手动计算并绘制简单的 *Q-Q* 图（实例位置：资源包\Code\14\04）

Q-Q 图的横坐标为假定正态分布的分位数，需要通过公式计算得出，纵坐标为实际数据。使用 plot() 函数绘制散点图，使用 abline() 函数为散点图添加辅助线。运行 RStudio，编写如下代码。

```
1    a <- seq(1, 100, 1)                    # 创建向量
2    t <- (rank(a) -0.5)/length(a)          # 计算分位数
3    q <- qnorm(t)                          # 标准化分位数
4    plot(q, a)                             # 绘制符合正态分布的散点图
5    abline(mean(a), sd(a), col="red", lwd=2)   # 绘制直线
```

运行程序，结果如图 14.6 所示。

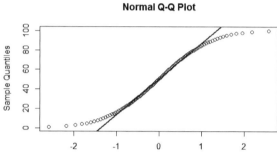

图 14.5　使用 qqnorm() 函数绘制 *Q-Q* 图　　　　图 14.6　手动计算并绘制简单的 *Q-Q* 图

🔸 代码解析

第 2 行代码：rank() 函数用于排名，返回向量中每个元素的排名，默认为升序。

第 3 行代码：qnorm() 函数为正态分布分位数函数。

在 car 包中的 qqPlot() 函数也可以绘制 *Q-Q* 图。car 包是第三方 R 语言包，使用前应首先进行安装。

【例 14.5】使用 qqPlot() 函数绘制 *Q-Q* 图（实例位置：资源包\Code\14\05）

下面使用 qqPlot() 函数绘制 *Q-Q* 图及 95% 置信区间。运行 RStudio，编写如下代码。

```
1    library(car)                           # 加载程序包
2    set.seed(100)                          # 保证每次生成的数据不变
3    a <- rnorm(100)                        # 随机生成 100 个符合正态分布的数据
4    qqPlot(a, col="red", col.lines="green")    # 绘制 Q-Q 图
```

运行程序，结果如图 14.7 所示。

4．*P-P* 图

P-P 图是以实际累积概率为横坐标，也就是 *Q-Q* 图例 14.3 中的变量 *t*，正态分布的期望累积概率为纵坐标绘制的散点图。当变量服从正态分布时，散点图中的数据点基本都在一条直线上，如图 14.7 所示。

【例 14.6】绘制简单的 *P-P* 图（实例位置：资源包\Code\14\06）

首先创建一组向量数据，然后进行计算并绘制一个简单的 *P-P* 图。运行 RStudio，编写如下代码。

```
1    a <- seq(1, 100, 1)                    # 创建向量
2    t <- (rank(a)-0.5)/length(a)           # 计算累积比例数值
```

```
3    p <- pnorm(a,mean=mean(a), sd=sd(a))              # 期望累积概率
4    plot(t,p)                                          # 绘制 P-P 图
```

运行程序，结果如图 14.8 所示。

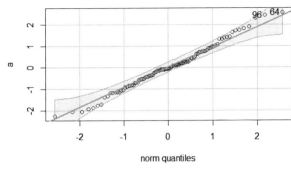

图 14.7　使用 qqPlot()函数绘制 *Q-Q* 图

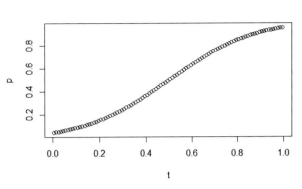

图 14.8　绘制简单的 *P-P* 图

14.4.2　方差齐性检验

方差齐性检验又称方差一致性检验，指的是当对不同样本组进行比较时，判断某变量在不同样本组的方差是否一致。方差齐性检验是方差分析和回归分析的重要前提假设。

在 R 语言中可以使用 bartlett.test()函数和 car 包中的 leveneTest()函数实现方差齐性检验。

1．bartlett.test()函数

bartlett.test()函数适用于符合正态分布的数据作为方差齐性检验的数据，语法格式如下：

```
bartlett.test(x, g, ...)
```

其中参数 x 为数据框，g 为分组变量。

【例 14.7】使用 bartlett.test()函数实现方差齐性检验（**实例位置：资源包\Code\14\07**）

使用 bartlett.test()函数对不同班级的学生数学成绩进行方差齐性检验。运行 RStudio，编写如下代码。

```
1    library(openxlsx)                                  # 加载程序包
2    df <- read.xlsx("datas/grade1.xlsx",sheet=1)       # 读取 Excel 文件
3    bartlett.test(df$得分,df$班级)                      # 方差齐性检验
```

运行程序，结果如图 14.9 所示。

```
        Bartlett test of homogeneity of variances

data:  df$得分 and df$班级
Bartlett's K-squared = 2.0424, df = 2, p-value = 0.3602
```

图 14.9　使用 bartlett.test()函数实现方差齐性检验

从运行结果可知：P（p-value）大于 0.05，说明数据的方差是齐性的。

2．leveneTest()函数

car 包中的 leveneTest()函数对于非正态分布数据和正态分布数据都适用，语法格式如下：

```
leveneTest(y, group, center=median, ...)
```

参数说明与 bartlett.test()函数一样，这里不再赘述，下面直接举例。

【例 14.8】 使用 leveneTest()函数实现方差齐性检验（**实例位置：资源包\Code\14\08**）

使用 car 包的 leveneTest()函数对 PlantGrowth 数据集中 3 种处理方式对植物产量的影响进行方差齐性检验。运行 RStudio，编写如下代码。

```
1   library(car)                              # 加载程序包
2   data(PlantGrowth)                         # 导入数据集
3   mydata <- PlantGrowth
4   leveneTest(weight~group,data = mydata)    # 方差齐性检验
```

运行程序，结果如图 14.10 所示。从运行结果可知：P 为 0.3412，大于 0.05，说明数据的方差是齐性的。

```
Levene's Test for Homogeneity of Variance (center = median)
      Df F value Pr(>F)
group  2  1.1192 0.3412
      27
```

图 14.10　使用 leveneTest()函数实现方差齐性检验

14.4.3　单因素方差分析案例

最简单的方差分析是单因素方差分析。下面通过单因素方差分析内置数据集 chickwts 中不同种类的食物是否影响雏鸡的体重。

1．查看数据

chickwts 数据集是 R 语言自带的数据集。运行 RStudio，查看 chickwts 数据集，代码如下：

```
1   data(chickwts)              # 导入数据集
2   str(chickwts)              # 查看数据结构
3   unique(chickwts$feed)      # 查看 feed 食物类型
```

运行程序，结果如图 14.11 所示。从运行结果可知：chickwts 数据集包括两个变量 71 条记录，其中变量 weight 是数值型，表示雏鸡的质量，feed 是因子类型，表示食物的种类，值分别为 horsebean、linseed、soybean、sunflower、meatmeal 和 casein。

```
> # 查看数据整体概况
> str(chickwts)
'data.frame':   71 obs. of  2 variables:
 $ weight: num  179 160 136 227 168 108 124 143 140 ...
 $ feed  : Factor w/ 6 levels "casein","horsebean",..: 2 2 2 2 2 2
 2 2 2 ...
> # 查看 feed 食物的种类
> unique(chickwts$feed)
[1] horsebean linseed   soybean   sunflower meatmeal  casein
6 Levels: casein horsebean linseed meatmeal ... sunflower
```

图 14.11　chickwts 数据集概况

2．正态性检验

下面使用 W 检验（即 shapiro.test()函数）对数据进行正态性检验，主要代码如下：

```
1   # 正态性检验（W 检验）
2   # 根据不同食物种类拆分数据
3   mydata <- split(chickwts[,1],chickwts$feed)
4   # 构建函数对 6 种食物的数据，进行正态分布检验
5   mydata
```

```
6    lapply(mydata, function(x){
7        shapiro.test(x)
8    })
```

运行程序，结果如图 14.12 所示。

接下来使用 qqnorm()函数绘制 *Q-Q* 图观察雏鸡质量数据是否符合正态分布，主要代码如下：

```
1    qqnorm(chickwts$weight)                    # 绘制散点图
2    qqline(chickwts$weight, col="red", lwd=2)  # 绘制直线红色加粗
```

运行程序，结果如图 14.13 所示。从运行结果可知：雏鸡质量数据基本在一条直线上，说明数据符合正态分布。

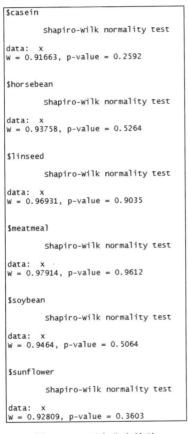

图 14.12　正态分布检验

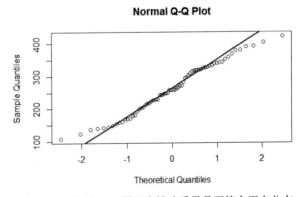

图 14.13　绘制 *Q-Q* 图观察雏鸡质量是否符合正态分布

3．方差齐性检验

由于数据符合正态分布，因此可以使用 bartlett.test()函数进行方差齐性检验，主要代码如下：

```
bartlett.test(chickwts$weight,chickwts$feed)
```

运行程序，结果如图 14.14 所示。从运行结果可知：*P* 大小 0.05，说明数据的方差是齐性的。

```
        Bartlett test of homogeneity of variances
data:  chickwts$weight and chickwts$feed
Bartlett's K-squared = 3.2597, df = 5, p-value = 0.66
```

图 14.14　方差齐性检验

4．绘制雏鸡体重分布图

箱形图可以绘制多组数据，其最大的优点是不受异常值影响。下面通过箱形图分析用 6 种不同食物喂养出来的雏鸡的平均质量情况，主要代码如下：

```
1    weight_mean <- tapply(chickwts$weight, chickwts$feed,mean)    # 计算雏鸡的平均质量
2    boxplot(chickwts$weight~chickwts$feed)                        # 绘制箱形图
3    points(1:6,weight_mean,pch=24,bg=2)                           # 在箱形图中添加平均质量标记
```

运行程序，结果如图 14.15 所示。从运行结果可知：喂食不同种类的食物，雏鸡的平均质量各不相同。

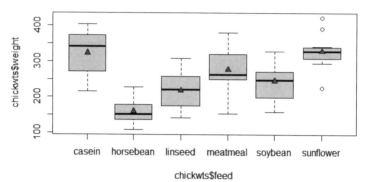

图 14.15　箱形图查看雏鸡质量分布情况

虽然从箱形图中已经看出了雏鸡的平均质量各不相同，但还不足以证明喂食不同种类的食物是否影响雏鸡的质量。下面使用 aov() 函数进一步分析，得出方差分析表从而找到确切的答案。

5．使用 aov() 函数创建方差分析表

使用 aov() 函数创建雏鸡质量的方差分析表，主要代码如下：

```
1    chick_anova <- aov(weight~feed,data = chickwts)    # 使用 aov()函数创建方差分析表
2    summary(chick_anova)                               # 获取描述性统计量
```

运行程序，结果如图 14.16 所示。从运行结果可知：P 小于 0.05，统计结果显著，说明喂食不同种类的食物，雏鸡的质量存在显著差异。

```
            Df Sum Sq Mean Sq F value   Pr(>F)
feed         5 231129   46226   15.37 5.94e-10 ***
Residuals   65 195556    3009
---
Signif. codes:  0 '***' 0.001 '**' 0.01 '*' 0.05 '.' 0.1 ' ' 1
```

图 14.16　方差分析表

 说明

图 14.16 方差分析表中，feed（食物类型）是因素；Residuals 是误差；Signif 是显著性；Df 是自由度；Sum Sq 是离差平方和；Mean Sq 是平均离差平方和；F value 表示 F；Pr（>F）表示 P 大于 F，即均值不完全相同；"*" 代表显著性类别，P 小于 0.1 时，"*" 的数量随着 P 的减少而增加。

14.5　双因素方差分析

双因素方差分析是研究两个因素的不同水平对实验结果的显著影响。从数据类型上看，数据中包含两个分类变量（因子变量）。

例如，在饮料销售中，除了口味会影响销量，销售地区是否也会影响销量呢？如果不同地区的销量存在显著差异，那么就需要在分析后采用不同的销售策略。例如，销量高的地区保持市场占有率，而销量低的地区应进一步扩大宣传，提升该地区销量。

上述提到的"口味"和"销售地区"就是双因素，即因素 A 和因素 B。而对因素 A 和因素 B 同时进行分析就属于双因素方差分析。

进行双因素方差分析时，需要检验是只有一个因素在起作用，还是两个因素都起作用，或是两个因素的影响都不显著。在双因素方差分析中，数据同样需要先满足独立性、正态性和方差齐性 3 个条件。这里我们默认数据已符合这 3 个条件，直接进行下一步分析。

14.5.1　主效应分析

主效应分析主要研究两种因素对实验结果的显著影响，其中每个因素对实验结果的显著影响都是独立的，不存在相互关系。在统计学中，称之为主效应或因子效应。

下面以 R 语言内置数据集 warpbreaks 为例，该数据集为织布机异常数据，通过主效应分析纱线类型、纱线张力两个因素对损坏次数影响的显著性。

1. 查看数据

warpbreaks 数据集是 R 语言自带的数据集，首先了解一下该数据集的概况。运行 RStudio，编写如下代码。

```
1    data(warpbreaks)          # 导入数据
2    head(warpbreaks)          # 显示前 6 条数据
3    str(warpbreaks)           # 查看数据结构
```

运行程序，结果如图 14.17 所示。从运行结果可知：warpbreaks 数据集包括 54 条记录和 3 个变量，其中变量 breaks 为数值型，表示损坏次数；wool 为因子类型，表示纱线类型；tension 为因子类型，表示纱线张力。

```
> head(warpbreaks)
  breaks wool tension
1     26    A       L
2     30    A       L
3     54    A       L
4     25    A       L
5     70    A       L
6     52    A       L
> str(warpbreaks)
'data.frame':  54 obs. of  3 variables:
 $ breaks : num  26 30 54 25 70 52 51 26 67 18 ...
 $ wool   : Factor w/ 2 levels "A","B": 1 1 1 1 1 1 1 1 1 1 ...
 $ tension: Factor w/ 3 levels "L","M","H": 1 1 1 1 1 1 1 1 1 2 ...
```

图 14.17　查看数据概况

接下来看一下纱线类型和纱线张力都包括哪些值，主要代码如下：

```
1    unique(warpbreaks$wool)                    # 查看纱线类型
2    unique(warpbreaks$tension)                 # 查看纱线张力
```

运行程序，结果如图 14.18 所示。

2. 查看数据分组状况和相关性

使用 table()函数查看数据的分组状况，使用 summary()函数得出卡方检验结果，主要代码如下：

```
1    mytable <- table(warpbreaks$wool,warpbreaks$tension)    # 查看数据分组状况
2    print(mytable)
3    summary(mytable)                                        # 卡方检验
```

运行程序，结果如图 14.19 所示。

```
> # 查看纱线类型
> unique(warpbreaks$wool)
[1] A B
Levels: A B
> # 查看纱线张力
> unique(warpbreaks$tension)
[1] L M H
Levels: L M H
```

图 14.18　查看数据中的值

```
> # 查看数据分组状况
> mytable <- table(warpbreaks$wool,warpbreaks$tension)
> print(mytable)

   L M H
 A 9 9 9
 B 9 9 9
> # 卡方检验
> summary(mytable)
Number of cases in table: 54
Number of factors: 2
Test for independence of all factors:
       Chisq = 0, df = 2, p-value = 1
```

图 14.19　数据分组状况和相关性

从运行结果可知：卡方值为 0，自由度为 2，P 为 1，大于 0.05，纱线类型和纱线张力之间不存在关系，是相对独立的。

3. 主效应分析

主效应分析同样使用 summary()和 aov()函数。进行主效应分析前，应先通过单因素方差分析分别查看 wool（不同类型的纱线）和 tension（不同张力的纱线）对损坏次数产生的影响。主要代码如下：

```
1    summary(aov(breaks~wool,data=warpbreaks))
2    summary(aov(breaks~tension,data=warpbreaks))
```

运行程序，结果如图 14.20 所示。

```
            Df Sum Sq Mean Sq F value Pr(>F)
wool         1    451   450.7   2.668  0.108
Residuals   52   8782   168.9
> summary(aov(breaks~tension,data=warpbreaks))
            Df Sum Sq Mean Sq F value  Pr(>F)
tension      2   2034  1017.1   7.206 0.00175 **
Residuals   51   7199   141.1
---
Signif. codes:  0 '***' 0.001 '**' 0.01 '*' 0.05 '.' 0.1 ' ' 1
```

图 14.20　单因素方差分析

从运行结果可知：单独分析时，wool 使用不同类型的纱线，对损坏次数没有显著影响；tension 使用不同张力的纱线，对损坏次数有显著影响。但是，这个结果并不能证明使用不同类型的纱线和使用不同张力的纱线两个因素同时存在时对损坏次数有或者没有显著影响，还需要通过主效应分析进行检

验。主要代码如下：

```
1   mydata1 <-aov(breaks~wool+tension,data=warpbreaks)
2   summary(mydata1)
```

运行程序，结果如图 14.21 所示。从运行结果可知：P 小于等于 0.05，使用不同类型的纱线和不同张力的纱线对损坏次数产生了显著影响。

```
            Df Sum Sq Mean Sq F value Pr(>F)
wool         1    451   450.7   3.339 0.07361 .
tension      2   2034  1017.1   7.537 0.00138 **
Residuals   50   6748   135.0
---
Signif. codes:  0 '***' 0.001 '**' 0.01 '*' 0.05 '.' 0.1 ' ' 1
```

图 14.21　主效应分析

14.5.2　交互效应分析

交互效应分析用于研究两个或两个以上因素相互作用对实验结果的影响。同样使用 warpbreaks 数据集和 aov()函数，只需在主效应分析模型上加上 wool*tension，就可以实现交互效应分析。下面分析使用不同类型的纱线和使用不同张力的纱线两个因素相互作用时对损坏次数影响的显著性，主要代码如下：

```
1   mydata2 <-aov(breaks~wool+tension+wool*tension,data=warpbreaks)
2   summary(mydata2)
```

运行程序，结果如图 14.22 所示。从运行结果可知：P 小于 0.05，使用不同类型的纱线和不同张力的纱线对损坏次数产生了显著影响。

```
              Df Sum Sq Mean Sq F value  Pr(>F)
wool           1    451   450.7   3.765 0.058213 .
tension        2   2034  1017.1   8.498 0.000693 ***
wool:tension   2   1003   501.4   4.189 0.021044 *
Residuals     48   5745   119.7
---
Signif. codes:  0 '***' 0.001 '**' 0.01 '*' 0.05 '.' 0.1 ' ' 1
```

图 14.22　交互效应分析

14.6　要点回顾

方差分析是数据分析中一个非常重要的分支，主要用于差异性检验，在实际生活中应用比较广泛。例如，分析不同地区销量的差异性，不同包装销量的差异性，不同治疗方案对病人的疗效是否相同，不同时间、不同区域氮氧化物含量的差异性等。

第 15 章

回归分析

回归分析应用非常广泛，本章主要介绍回归分析的基本概念和应用、回归分析的基本流程、分析前必须的检验工作，以及如何用 R 语言实现一元线性回归分析和多元线性回归分析。

本章知识架构及重难点如下。

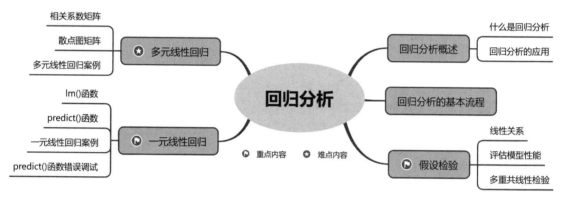

15.1　回归分析概述

回归分析是数据分析与预测的核心，适用于很多方面。本节主要介绍什么是回归分析以及回归分析的应用。

15.1.1　什么是回归分析

回归分析是对两个或两个以上变量之间相关关系进行定量研究的一种统计分析方法。通过回归分析可以做需求预测，发现分析变量之间的相关关系，进而利用这些相关关系预测未来的需求。

回归分析用于确定一个唯一的因变量和一个或多个数值型的自变量之间的关系，假设因变量和自变量之间的关系遵循一条直线，也就是存在线性关系，那么就叫作线性回归。线性回归是对一个或多个自变量和因变量之间的关系进行建模的一种回归分析方法，包括一元线性回归和多元线性回归。

☑　一元线性回归：只有一个自变量和一个因变量，且二者的关系可用一条直线近似表示，如图 15.1 所示。

☑ 多元线性回归：自变量有多个时，研究因变量和多个自变量之间的关系，如图 15.2 所示。

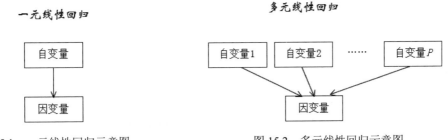

图 15.1　一元线性回归示意图　　　　图 15.2　多元线性回归示意图

说明

被预测的变量叫作因变量，用来预测的变量叫作自变量。

简单地说，当研究一个因素（如最高气温）对饮料销量的影响时，可以使用一元线性回归；当研究多个因素（如最高气温、销售地区、饮料口味等）对饮料销量的影响时，可以使用多元线性回归。

除此之外，回归分析还包括逻辑回归和泊松分布等。逻辑回归用来对二元分类的结果建模，泊松分布用来对整型的计数数据建模。读者只要学会线性回归分析，再研究其他回归分析方法就轻松多了。

15.1.2　回归分析的应用

回归分析通常用来对数据之间的复杂关系建立模型，用来估计一种处理方法对结果的影响和预测未来。具体应用如下：

☑ 根据种群和个体测得的特征，研究它们之间的差异性，从而用于不同领域的科学研究，如经济学、社会学、心理学、物理学和生态学。

☑ 量化事件及其相应的因果关系，如应用于药物临床试验、工程安全检测、销售研究等。

☑ 给定已知规则，预测未来行为的模型，如用来预测保险赔偿、自然灾害损失、选举结果等。

回归分析也可用于假设检验，其中包括数据是否能够表明原假设是真还是假。回归模型对关系强度和一致性的估计提供了信息，用于评估结果是否具有偶然性。回归分析也是大量分析方法的一个综合体，几乎可以应用于所有的机器学习任务。如果只选择一种分析方法，那么回归分析是一个不错的选择。

15.2　回归分析的基本流程

回归分析中常用的分析方法有一元线性回归和多元线性回归，基本分析流程如图 15.3 所示。

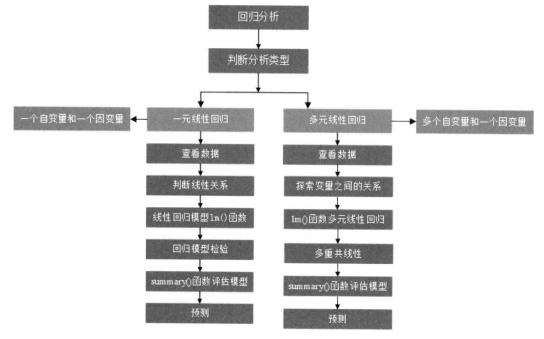

图 15.3　回归分析的基本流程

15.3　假 设 检 验

进行回归分析前，首先应判断变量之间的线性关系。应用回归模型后，需要评估模型的性能，以更好地进行分析与预测。在进行多元线性回归分析时，还要检验自变量的多重共线性。

15.3.1　线性关系

在进行一元线性回归分析前，首先要确定两个变量之间是否存在线性关系。线性关系用于检验自变量与因变量之间的线性关系，也就是说数据是否分布在一条直线上。检验是否满足线性关系的最简单方法是绘制自变量 x 与因变量 y 的散点图，这样可以直观地查看两个变量之间是否存在线性关系。如果图中的点看起来分布在一条直线上，那么这两个变量之间就存在某种类型的线性关系。

例如，绘制最高气温与冰红茶销量的散点图，观察最高气温与冰红茶销量的线性关系，代码如下：

```
1    height <- c(29,28,34,31,25,29,32)
2    tea <- c(77,64,96,88,56,67,90)
3    plot(height,tea)
```

运行程序，结果如图 15.4 所示。从运行结果可知：最高气温与冰红茶销量大致在一条直线上。

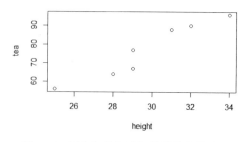

图 15.4　最高气温与冰红茶销量的散点图

15.3.2　评估模型性能

summary()函数为评估回归模型的性能提供了 6 个关键点，如图 15.5 所示。

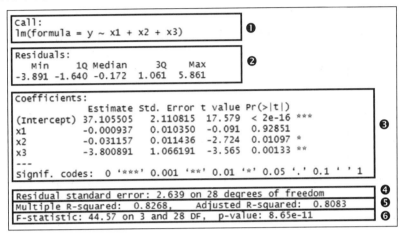

图 15.5　summary()函数返回结果

下面对 summary()函数的返回结果进行详细地解读。

（1）Call（调用）：当创建模型时，表明模型是如何被调用的。

（2）Residuals（残差）：列出了残差的最小值（Min）、1/4 分位数（1Q）、中位数（Median）、3/4 分位数（Q3）和最大值（Max）。

（3）Coefficients（系数）：Intercept 表示截距，x1、x2 和 x3 为自变量

☑　Estimate 列：包含由普通最小二乘法计算出来的估计回归系数。

☑　Std. Error 列：估计的回归系数的标准差。

☑　t value 列：t 统计量。

☑　Pr(>|t|)列：对应 t 统计量的 P，与预设的 0.05 进行比较，判定对应自变量的显著性。原假设是该系数显著为 0；若 $P<0.05$，则拒绝原假设，即对应的变量显著不为 0。从图 15.5 可以看出 x2 和 x3 的 $P<0.05$，则通过显著性检验；Intercept 的 $P<0.05$，说明变量显著。

说明

"*"为显著性标记。其中，"***"说明极为显著，"**"说明高度显著，"*"说明显著，"·"说明不太显著，没有显著性标记符号则说明不显著。

（4）Residual standard error：残差的标准差。

（5）Multiple R-squared 和 Adjusted R-squared：Multiple R-Squared 表示相关系数的平方，即 R^2，用于验证因变量与自变量的相关性程度；Adjusted R-squared 表示修正相关系数的平方，这个值会小于 R^2，其目的是不要轻易做出自变量与因变量相关的判断。它们与 p-value 存在决定关系，系数显著的时候 R^2 也会很大。从图 15.5 可以看出相关系数的平方为 0.8268，表示拟合程度良好，这个值越高越好。

（6）F-statistic：F 统计量，也称为 F 检验，其值越大越显著。p-value 表示 F 统计量对应的 P，用

于判断回归方程的显著性检验。从图 15.5 可以看出 P 值为 p-value: 8.65e-11<0.05，通过显著性检验。

以上内容简单总结如下。

☑ t 检验：检验自变量的显著性。

☑ R-squared：查看回归方程拟合程度。

☑ F 检验：检验回归方程整体显著性。

如果是一元线性回归方程，则 t 检验和 F 检验的检验效果是一样的，对应的值也是相同的。

15.3.3 多重共线性检验

除了因变量和自变量之间可能存在相关关系，自变量与自变量之间也会存在相关关系，还可能是强相关关系。在回归分析中，如果两个或两个以上自变量之间存在相关性，这种自变量之间的相关性就称作多重共线性，也称作自变量间的自相关性。

在多元线性回归分析中，相比于模型的优化，更为重要的工作是进行多重共线性检验，剔除影响回归模型的变量。

方差膨胀因子是判别多重共线性的指标，用于衡量自变量的行为（方差）受其与其他自变量的相互作用、相关性影响或膨胀的程度。

在 R 语言中可以使用 car 包的 vif() 函数计算方差膨胀因子。vif() 函数用于计算方差膨胀和广义线性方差膨胀因子。方差膨胀因子越小，多重共线性程度越小，自变量之间的关系也越小。反之，方差膨胀因子越大，多重共线性越严重。一般认为方差膨胀因子大于 10 时（严格说是 5），模型存在严重的共线性问题。

vif() 函数的语法格式如下：

```
vif(model, merge_coef = FALSE)
```

参数说明如下。

☑ model：模型返回的计算结果变量。

☑ merge_coef：默认值为 FALSE，不与模型汇总矩阵的系数合并。

示例代码如下：

```
vif(myfit)
```

 说明

vif() 函数详细的应用可参考"第 15.5.3 节 多元线性回归案例"。

15.4 一元线性回归

只有一个自变量和一个因变量，二者关系可用一条直线近似表示的情况，称为一元线性回归。一元线性回归的目的是研究因变量 Y 和自变量 X 之间的关系。下面介绍如何在 R 语言中应用一元线性回归进行回归分析。

15.4.1 lm()函数

lm()函数是 R 语言中经常用到的函数，用来拟合线性回归模型。lm()函数使用最小二乘法对线性模型进行估计，是拟合线性模型最基本的函数。

说明

所谓"二乘"就是平方的意思，"最小二乘法"也称为"最小平方和"，其目的是通过最小化误差的平方和，使得预测值与真值无限接近。

lm()函数主要用于线性回归分析，也可以用于单因素方差分析和协方差分析。语法格式如下：

```
lm(formula, data, subset, weights, na.action, method = "qr", model = TRUE, x = FALSE, y = FALSE, qr = TRUE, singular.ok =
TRUE, contrasts = NULL, offset, ...)
```

主要参数说明如下。

☑ formula：待拟合模型的表达式。例如，y~x、y~x+1 和 y~x-1，其中"+1"表示有截距项，与 -1 相对应；"-1"表示没有截距项；而 x 表示默认有截距项。另外，"~"符号左边为因变量，右边为自变量，多个自变量之间用"+"符号分隔。

说明

更多符号及说明可参考第 14 章的表 14.3。

☑ data：数据框，包含了用于拟合线性回归模型的数据。

lm()函数的返回结果存储在一个列表中，其中包含了大量的拟合模型信息，可以使用 unlist()函数查看。感兴趣的读者可以自行尝试。

【例 15.1】 使用 lm()函数实现简单回归分析（**实例位置：资源包\Code\15\01**）

通过最高气温预测冰红茶销量。运行 RStudio，编写如下代码。

```
1   height <- c(29,28,34,31,25,29,32)
2   tea <- c(77,64,96,88,56,67,90)
3   myfit <- lm(formula = tea~height)
4   myfit
```

运行程序，结果如图 15.6 所示。从运行结果可知：Intercept 对应的是截距，即-69.733；height 对应的是系数（斜率），即 4.933。

截距和系数都有了，就可以根据一元线性回归方程 $y=ax+b$ 计算 y，也就是被预测的值（因变量）。这里，x 为特征（自变量），a 为系数，b 为截距。

```
Call:
lm(formula = tea ~ height)

Coefficients:
(Intercept)        height
   -69.733         4.933
```

图 15.6 lm()函数回归分析结果

假如未来 3 天的最高气温为 31、34、32，那么冰红茶销量预测值的计算代码如下：

```
1   height1 <- c(31,34,32)
2   tea1 <- -69.733+4.933*height1
3   tea1
```

运行程序，预测销量为[1] 83.190 97.989 88.123

15.4.2　predict()函数

预测销量虽然可以通过一元线性回归方程计算得出，但在 R 语言中却不必这么麻烦。这是因为 R 语言中提供了专门的预测函数——predict()函数。

predict()函数用于在新的样本数据上进行预测，语法格式如下：

```
predict(object, newdata, se.fit = FALSE, scale = NULL, df = Inf,interval = c("none", "confidence", "prediction"),level = 0.95, type
= c("response", "terms"),terms = NULL, na.action = na.pass,pred.var = res.var/weights, weights = 1, …)
```

主要参数说明如下。

☑　object：对象，从 lm()函数继承类的对象，即 lm()函数的返回值。

☑　newdata：可选参数，数据框，用于预测的数据。如果省略，则是数据的拟合值。

☑　df：自由度。

☑　interval：区间计算的类型。值为 prediction，返回在默认置信水平 95%下的置信区间（lwr 为区间左端，upr 为区间右端）；值为 confidence，返回预测值的预测范围区间。

☑　level：置信水平，默认值为 0.95。

☑　type：预测类型。值为 response，返回预测概率；值为 terms，返回一个矩阵，提供线性预测下模型公式中每一项的拟合值。

☑　pred.var：未来观测值的方差。

☑　weights：用于预测的方差权重。

【例 15.2】 使用 predict()函数实现简单预测（实例位置：资源包\Code\15\02）

下面使用 predict()函数实现数据预测。运行 RStudio，编写如下代码。

```
1    # 创建数据框
2    df <- data.frame(x=c(3, 5, 5, 7, 7, 6, 7, 8, 12, 15), y=c(22, 24, 24, 25, 25, 27, 29, 31, 35, 38))
3    # 回归分析
4    myfit <- lm(y ~ x, data=df)
5    myfit
6    new <- data.frame(x=c(18,22,34))          # 创建新数据
7    predict(myfit, newdata = new)             # 预测结果
```

运行程序，结果如图 15.7 所示。

15.4.3　一元线性回归案例

以 R 语言内置的 women 数据集为例，分析年龄 30～39 女性的身高和体重，并通过身高预测体重。

1. 查看数据

women 数据集是 R 语言自带的数据集，下面查看该数据集的概况，运行 RStudio，编写如下代码。

```
Call:
lm(formula = y ~ x, data = df)

Coefficients:
(Intercept)            x
     17.400        1.413

> # 创建新数据
> new <- data.frame(x=c(18,22,34))
> # 预测结果
> predict(myfit, newdata = new)
       1        2        3
42.84000 48.49333 65.45333
```

图 15.7　使用 predict()函数实现简单预测

```
1    data(women)                    # 导入数据集
2    str(women)                     # 查看数据结构
```

运行程序，结果如图 15.8 所示。从运行结果可知：women 数据集包括两个变量 15 条记录，其中变量 height 和 weight 都是数值型，分别表示身高和体重。

2．判断线性关系

判断线性关系最简单直接的方法就是绘制散点图。下面绘制身高与体重的散点图，查看身高与体重的数据分布情况，从而判断线性关系，主要代码如下：

```
plot(women$height,women$weight,xlab = "身高（英寸）",ylab = "体重（磅）")
```

运行程序，结果如图 15.9 所示。从运行结果可知：身高与体重基本在一条直线上，可以认为两者具有线性关系。

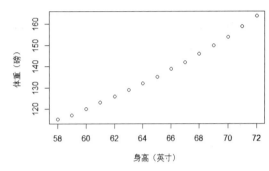

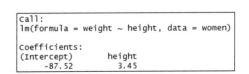

图 15.8　查看数据

图 15.9　身高体重分布散点图

3．拟合回归模型

下面使用 lm() 函数拟合回归模型得到截距和系数，绘制拟合回归线，主要代码如下：

```
1    # 回归分析
2    y <- women$weight
3    x <- women$height
4    myfit <- lm(y~x)
5    myfit
6    abline(myfit)                    # 绘制拟合回归线
```

运行程序，结果如图 15.10 和图 15.11 所示。从运行结果可知：图 15.10 中 Intercept 对应的是截距，即-87.52；height 对应的是系数（斜率），即 3.45。图 15.11 是通过回归分析结果绘制的回归线。

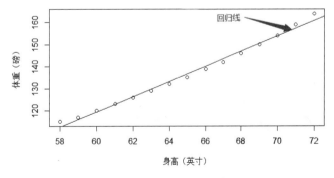

```
Call:
lm(formula = weight ~ height, data = women)

Coefficients:
(Intercept)         height
     -87.52           3.45
```

图 15.10　回归分析结果

图 15.11　拟合回归线

4．回归模型检验

对于回归模型和回归系数的检验，一般用方差分析或 t 检验，两者的检验结果是等价的。方差分析主要是针对整个模型的，而 t 检验是针对回归系数的。

使用 anova()函数对回归模型进行方差分析，主要代码如下：

```
anova(myfit)
```

运行程序，结果如图 15.12 所示。从运行结果可知：$P<0.05$，回归模型在 $P=0.05$ 的水平下显著，身高和体重存在线性回归关系。

5．评估模型性能

使用 summary()函数评估模型性能，主要代码如下：

```
summary(myfit)
```

运行程序，结果如图 15.13 所示。从运行结果可知：x 的 $P<0.05$，通过显著性检验；Intercept 的 $P<0.05$，显著。

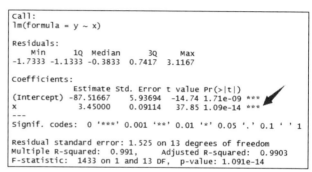

```
Analysis of Variance Table

Response: y
          Df Sum Sq Mean Sq F value    Pr(>F)
x          1 3332.7  3332.7    1433 1.091e-14 ***
Residuals 13   30.2     2.3
---
Signif. codes:
0 '***' 0.001 '**' 0.01 '*' 0.05 '.' 0.1 ' ' 1
```

图 15.12　回归模型的检验结果

```
Call:
lm(formula = y ~ x)

Residuals:
    Min      1Q  Median      3Q     Max
-1.7333 -1.1333 -0.3833  0.7417  3.1167

Coefficients:
             Estimate Std. Error t value Pr(>|t|)
(Intercept) -87.51667    5.93694  -14.74 1.71e-09 ***
x             3.45000    0.09114   37.85 1.09e-14 ***
---
Signif. codes:  0 '***' 0.001 '**' 0.01 '*' 0.05 '.' 0.1 ' ' 1

Residual standard error: 1.525 on 13 degrees of freedom
Multiple R-squared:  0.991,     Adjusted R-squared:  0.9903
F-statistic: 1433 on 1 and 13 DF,  p-value: 1.091e-14
```

图 15.13　回归系数的检验结果

6．预测体重

既然身高对体重有显著作用，那么就可以通过身高预测体重。例如，新增 3 名女性的身高数据，分别为 72.5、74 和 76 英寸，使用 predict()函数预测体重，主要代码如下：

```
1    new <- data.frame(x=c(72.5,74,76))     # 新增身高数据
2    predict(myfit,newdata = new)           # 预测体重
```

运行程序，结果如下：

```
       1        2        3
162.6083 167.7833 174.6833
```

15.4.4　predict()函数错误调试

下面来看一个错误示例。在一元线性回归案例中使用 predict()函数，通过该函数计算预测值时出现了如图 15.14 所示的警告信息。

经过分析可知：是由于自变量使用了不同的名称，例如，原始身高数据的变量名称为 height，而新

增的用来预测体重的身高数据的变量名称为 x，出现歧义因此产生了上述错误。

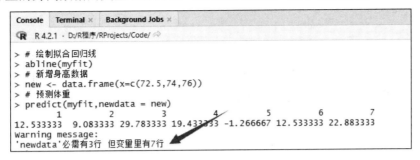

图 15.14 警告信息

解决方法：使原始身高数据的变量名称与用来预测体重的身高数据的变量名称保持一致，均设置为 x，如图 15.15 所示。

图 15.15 变量保持一致

在使用 predict()函数时，也要注意这个问题。

15.5 多元线性回归

多元线性回归是指有两个或两个以上自变量的回归分析，是研究因变量和多个自变量之间的关系的一种统计方法。通过对变量实际观测的分析、计算，建立因变量与多个自变量的回归方程，经统计检验认为回归效果显著后，便可用于预测与控制。由多个自变量的最优组合，共同预测或估计因变量，比只用一个自变量进行预测或估计更有效，更符合实际，因此多元线性回归比一元线性回归的实用意义更大。本节主要介绍在 R 语言中如何实现多元线性回归分析。

15.5.1 相关系数矩阵

在进行多元线性回归分析前，首要任务是探索数据，确定各个变量之间的关系。通过相关系数矩阵可以快速浏览多个变量之间的关系。在 R 语言中可以使用 cor()函数创建相关系数矩阵。

说明

有关 cor()函数的详细介绍可参考第 13 章。

15.5.2 散点图矩阵

通过散点图可以直观地观察变量之间的关系。在多元线性回归分析中，当有多个自变量时可以为每个自变量和因变量创建一个散点图，但是过多的自变量就会变得比较烦琐。此时，可以为多个自变量创建散点图矩阵。散点图矩阵简单地将一个散点图集合排列在网格中，其中每个行与列的交叉点所在的散点图表示其所在的行与列的两个变量的相关关系。

在 R 语言中有很多函数可以绘制散点图矩阵。pairs()函数是绘制散点图矩阵的基本函数，除此以外，还可以使用 psych 包中的 pairs.panels()函数创建散点图矩阵。

> **说明**
>
> psych 包属于第三方 R 语言包，使用前应首先进行安装，安装方法为 install.packages("psych")。

【例 15.3】使用 pairs.panels()函数绘制散点图矩阵（实例位置：资源包\Code\15\03）

下面以 R 语言自带的数据集 state.x77 为例，使用 pairs.panels()函数为 state.x77 的数据集绘制散点图矩阵，以直观地观察变量之间的关系。运行 RStudio，编写如下代码。

```
1    library(psych)              # 加载程序包
3    data(state.x77)             # 导入数据集
4    pairs.panels(state.x77)     # 绘制散点图矩阵
```

运行程序，结果如图 15.16 所示。

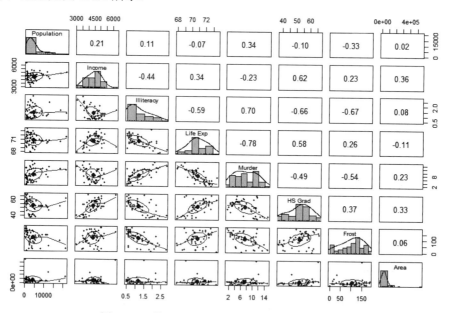

图 15.16　使用 pairs.panels()函数绘制散点图矩阵

从运行结果可知：在散点图矩阵中，对角线的上方是相关系数矩阵；对角线是直方图，描绘了每个变量的数值分布；对角线的下方是散点图额外的可视化信息，每个散点图中两个变量的相关性由一个椭圆的形状表示，椭圆越被拉伸，其相关性越强。一个几乎类似于圆的椭圆形，表示相关性很弱，如 Population 和 Illiteracy、Population 和 HS Grad 等。位于椭圆中心的点表示 *x* 轴变量的均值和 *y* 轴变量的均值所确定的点。散点图中绘制的曲线为局部回归曲线，表示 *x* 轴和 *y* 轴变量之间的一般关系。

15.5.3 多元线性回归案例

下面按照多元线性回归分析的基本流程分析预测内置数据集 mtcars 中的汽车油耗。该数据集包含了 32 辆汽车信息，包括它们的行驶里程（英里/加仑）、气缸数、排量、总功率和质量等，具体分析过程如下。

1. 查看数据

mtcars 数据集是 R 语言自带的数据集，下面查看该数据集的概况，运行 RStudio，编写如下代码。

```
1    data(mtcars)          # 导入数据集
2    str(mtcars)           # 查看数据结构
3    print(mtcars)         # 查看数据
```

运行程序，结果如图 15.17 和图 15.18 所示。

```
> str(mtcars)
'data.frame':   32 obs. of  11 variables:
 $ mpg : num  21 21 22.8 21.4 18.7 18.1 14.3 24.4 22.8 19.2 ...
 $ cyl : num  6 6 4 6 8 6 8 4 4 6 ...
 $ disp: num  160 160 108 258 360 ...
 $ hp  : num  110 110 93 110 175 105 245 62 95 123 ...
 $ drat: num  3.9 3.9 3.85 3.08 3.15 2.76 3.21 3.69 3.92 3.92 ...
 $ wt  : num  2.62 2.88 2.32 3.21 3.44 ...
 $ qsec: num  16.5 17 18.6 19.4 17 ...
 $ vs  : num  0 0 1 1 0 1 0 1 1 1 ...
 $ am  : num  1 1 1 0 0 0 0 0 0 0 ...
 $ gear: num  4 4 4 3 3 3 3 4 4 4 ...
 $ carb: num  4 4 1 1 2 1 4 2 2 4 ...
```

图 15.17 查看数据结构

	mpg	cyl	disp	hp	drat	wt	qsec	vs	am	gear	carb
Mazda RX4	21.0	6	160.0	110	3.90	2.620	16.46	0	1	4	4
Mazda RX4 Wag	21.0	6	160.0	110	3.90	2.875	17.02	0	1	4	4
Datsun 710	22.8	4	108.0	93	3.85	2.320	18.61	1	1	4	1
Hornet 4 Drive	21.4	6	258.0	110	3.08	3.215	19.44	1	0	3	1
Hornet Sportabout	18.7	8	360.0	175	3.15	3.440	17.02	0	0	3	2
Valiant	18.1	6	225.0	105	2.76	3.460	20.22	1	0	3	1
Duster 360	14.3	8	360.0	245	3.21	3.570	15.84	0	0	3	4
Merc 240D	24.4	4	146.7	62	3.69	3.190	20.00	1	0	4	2
Merc 230	22.8	4	140.8	95	3.92	3.150	22.90	1	0	4	2
Merc 280	19.2	6	167.6	123	3.92	3.440	18.30	1	0	4	4
Merc 280C	17.8	6	167.6	123	3.92	3.440	18.90	1	0	4	4
Merc 450SE	16.4	8	275.8	180	3.07	4.070	17.40	0	0	3	3
Merc 450SL	17.3	8	275.8	180	3.07	3.730	17.60	0	0	3	3
Merc 450SLC	15.2	8	275.8	180	3.07	3.780	18.00	0	0	3	3
Cadillac Fleetwood	10.4	8	472.0	205	2.93	5.250	17.98	0	0	3	4
Lincoln Continental	10.4	8	460.0	215	3.00	5.424	17.82	0	0	3	4
Chrysler Imperial	14.7	8	440.0	230	3.23	5.345	17.42	0	0	3	4
Fiat 128	32.4	4	78.7	66	4.08	2.200	19.47	1	1	4	1
Honda Civic	30.4	4	75.7	52	4.93	1.615	18.52	1	1	4	2
Toyota Corolla	33.9	4	71.1	65	4.22	1.835	19.90	1	1	4	1
Toyota Corona	21.5	4	120.1	97	3.70	2.465	20.01	1	0	3	1
Dodge Challenger	15.5	8	318.0	150	2.76	3.520	16.87	0	0	3	2
AMC Javelin	15.2	8	304.0	150	3.15	3.435	17.30	0	0	3	2
Camaro Z28	13.3	8	350.0	245	3.73	3.840	15.41	0	0	3	4
Pontiac Firebird	19.2	8	400.0	175	3.08	3.845	17.05	0	0	3	2
Fiat X1-9	27.3	4	79.0	66	4.08	1.935	18.90	1	1	4	1
Porsche 914-2	26.0	4	120.3	91	4.43	2.140	16.70	0	1	5	2
Lotus Europa	30.4	4	95.1	113	3.77	1.513	16.90	1	1	5	2
Ford Pantera L	15.8	8	351.0	264	4.22	3.170	14.50	0	1	5	4
Ferrari Dino	19.7	6	145.0	175	3.62	2.770	15.50	0	1	5	6
Maserati Bora	15.0	8	301.0	335	3.54	3.570	14.60	0	1	5	8
Volvo 142E	21.4	4	121.0	109	4.11	2.780	18.60	1	1	4	2

图 15.18 查看数据

从运行结果可知：mtcars 数据集包含 32 条数据和 11 个变量（均为数值型）。变量的具体说明如表 15.1 所示。

表 15.1　mtcars 数据集变量说明

变　　量	中 文 解 释	说　　　明
mpg	行驶里程（英里/加仑）	汽车行驶里程（英里/加仑）
cyl	气缸数	功率更大的汽车通常具有更多的汽缸
disp	排量（立方英寸）	发动机气缸的总容积
hp	总功率	汽车产生的功率的量度
drat	后轴比率	驱动轴的转动与车轮的转动如何对应。较高的值会降低燃油效率
wt	质量	质量（1000 磅）
qsec	加速度	1/4 英里时间：汽车的速度和加速度
vs	发动机缸体	表示车辆的发动机形状是 V 形还是更常见的直形
am	变速箱	表示汽车的变速箱是自动（0）还是手动（1）
gear	前进挡的数量	跑车往往具有更多的挡位
carb	化油器的数量	与更强大的发动机相关

2．查看数据分布情况

既然分析的是汽车行驶里程（英里/加仑）（mpg），那么 mpg 就是因变量。我们来看一看 mpg 中数据的分布情况，主要代码如下：

```
summary(mtcars$mpg)
```

运行程序，结果如图 15.19 所示。从运行结果可知：平均数接近中位数，表明 mpg 的数据分布比较居中。

接下来再通过直方图看一下数据的分布情况，主要代码如下：

```
hist(mtcars$mpg)
```

运行程序，结果如图 15.20 所示。

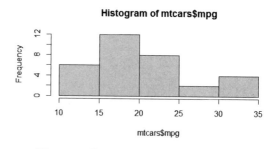

图 15.20　使用直方图查看数据分布情况

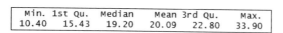

图 15.19　汽车行驶里程（英里/加仑）分布情况

3．相关系数矩阵

通过相关系数可以分析变量之间的关系。下面使用 cor()函数为 mtcars 数据集创建一个相关系数矩阵，主要代码如下：

```
cor(mtcars)
```

如果为整个数据集创建相关系数矩阵，可以在 cor() 函数中直接指定数据集名称；如果只对部分变量创建相关系数矩阵，则可以使用向量，如下面的代码。

```
cor(mtcars[c("mpg","cyl","disp","hp","drat","wt")])
```

运行程序，结果如图 15.21 所示。

```
            mpg         cyl        disp          hp        drat          wt
mpg   1.0000000  -0.8521620  -0.8475514  -0.7761684   0.68117191  -0.8676594
cyl  -0.8521620   1.0000000   0.9020329   0.8324475  -0.69993811   0.7824958
disp -0.8475514   0.9020329   1.0000000   0.7909486  -0.71021393   0.8879799
hp   -0.7761684   0.8324475   0.7909486   1.0000000  -0.44875912   0.6587479
drat  0.6811719  -0.6999381  -0.7102139  -0.4487591   1.00000000  -0.7124406
wt   -0.8676594   0.7824958   0.8879799   0.6587479  -0.71244065   1.0000000
qsec  0.4186840  -0.5912421  -0.4336979  -0.7082234   0.09120476  -0.1747159
vs    0.6640389  -0.8108118  -0.7104159  -0.7230967   0.44027846  -0.5549157
am    0.5998324  -0.5226070  -0.5912270  -0.2432043   0.71271113  -0.6924953
gear  0.4802848  -0.4926866  -0.5555692  -0.1257043   0.69961013  -0.5832870
carb -0.5509251   0.5269883   0.3949769   0.7498125  -0.09078980   0.4276059
            qsec          vs        gear        carb
mpg   0.41868403   0.6640389   0.59983243   0.4802848  -0.55092507
cyl  -0.59124207  -0.8108118  -0.52260705  -0.4926866   0.52698829
disp -0.43369788  -0.7104159  -0.59122704  -0.5555692   0.39497686
hp   -0.70822339  -0.7230967  -0.24320426  -0.1257043   0.74981247
drat  0.09120476   0.4402785   0.71271113   0.6996101  -0.09078980
wt   -0.17471588  -0.5549157  -0.69249526  -0.5832870   0.42760594
qsec  1.00000000   0.7445354  -0.22986086  -0.2126822  -0.65624923
vs    0.74453544   1.0000000   0.16834512   0.2060233  -0.56960714
am   -0.22986086   0.1683451   1.00000000   0.7940588   0.05753435
gear -0.21268223   0.2060233   0.79405876   1.0000000   0.27407284
carb -0.65624923  -0.5696071   0.05753435   0.2740728   1.00000000
```

图 15.21 相关系数矩阵

从运行结果可知：汽车行驶里程（英里/加仑）（mpg）与气缸数（cyl）、排量（disp）、总功率（hp）和质量（wt）的负相关性很强，与化油器的数量（carb）的负相关性较弱，与后轴比率（drat）、发动机缸体（vs）、变速箱（am）、前进挡的数量（qear）和加速度（qsec）的正相关性较弱。

说明

相关系数的绝对值在 0.8 以上时说明存在强相关性，0.3～0.8 可以认为有弱相关性，0.3 以下认为没有相关性。

4. 散点图矩阵

通过相关系数矩阵看得不是很直观，接下来将数据可视化。使用 pairs() 函数对 mtcars 数据集绘制散点图矩阵，主要代码如下：

```
pairs(mtcars)
```

运行程序，结果如图 15.22 所示。

虽然散点图矩阵中的散点图非常多，但也大致看出了汽车行驶里程（英里/加仑）（mpg）与排量（disp）、总功率（hp）和质量（wt）3 个自变量基本成线性关系。下面使用 pairs.panels() 函数绘制更加详尽的散点图矩阵，主要绘制因变量汽车行驶里程（英里/加仑）（mpg）与自变量排量（disp）、总功率（hp）和质量（wt）的散点图矩阵，详细看一下它们之间的线性关系。主要代码如下：

```
1  library(psych)                                    # 导入程序包
2  pairs.panels(mtcars[c("mpg","disp","hp","wt")])   # pairs.panels()函数绘制散点图矩阵
```

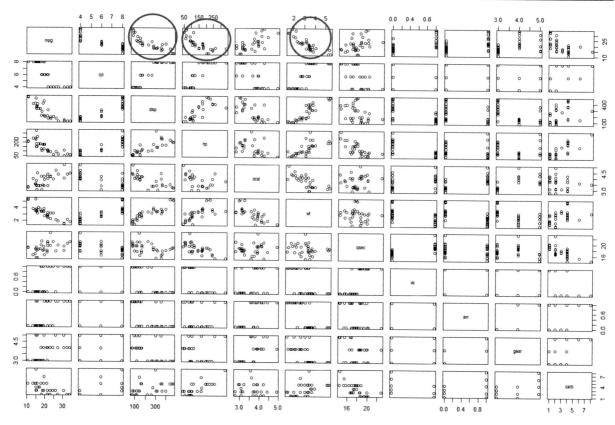

图 15.22　散点图矩阵 1

运行程序，结果如图 15.23 所示。

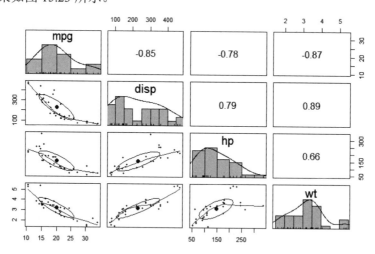

图 15.23　散点图矩阵 1

从运行结果可知，散点图矩阵大致分为 3 部分，下面分别进行介绍。

☑　对角线上方为相关系数矩阵。汽车行驶里程（英里/加仑）与排量、总功率和质量存在较强的
　　负相关，也就是说，排量、总功率和质量越大，汽车每加仑油行驶的英里数越少，汽车也就

越耗油。

☑ 对角线：每个变量数值分布的直方图。

☑ 对角线下方为散点图。散点图中的椭圆表示两个变量的相关性，椭圆越扁，变量之间的相关性越强；散点图中的曲线为局部回归曲线；散点图中位于椭圆中心的点为两个变量均值所确定的点。

5. 使用 lm() 函数进行多元线性回归

得知 mtcars 数据集中变量的相关性，下面使用排量、总功率和质量拟合多元线性回归模型，同样使用 lm() 函数，主要代码如下：

```
1    y <- mtcars$mpg
2    x1 <- mtcars$disp
3    x2 <- mtcars$hp
4    x3 <- mtcars$wt
5    myfit <- lm(y~x1+x2+x3)
6    myfit
```

运行程序，结果如图 15.24 所示。

```
Call:
lm(formula = y ~ x1 + x2 + x3)

Coefficients:
(Intercept)           x1           x2           x3
  37.105505    -0.000937    -0.031157    -3.800891
```

图 15.24 拟合系数

6. 回归系数检验

使用 summary() 函数对回归系数进行验证，主要代码如下：

```
summary(myfit)
```

运行程序，结果如图 15.25 所示。从运行结果可知：模型拟合的不是很好。自变量 x1（disp）的 P 值较大为' '，接近 1 表明其对因变量 mpg 的作用不显著，没有通过检验。

```
Call:
lm(formula = y ~ x1 + x2 + x3)

Residuals:
   Min    1Q Median    3Q    Max
-3.891 -1.640 -0.172  1.061  5.861

Coefficients:
             Estimate Std. Error t value Pr(>|t|)
(Intercept) 37.105505   2.110815  17.579  < 2e-16 ***
x1          -0.000937   0.010350  -0.091  0.92851
x2          -0.031157   0.011436  -2.724  0.01097 *
x3          -3.800891   1.066191  -3.565  0.00133 **
---
Signif. codes:  0 '***' 0.001 '**' 0.01 '*' 0.05 '.' 0.1 ' ' 1

Residual standard error: 2.639 on 28 degrees of freedom
Multiple R-squared:  0.8268,    Adjusted R-squared:  0.8083
F-statistic: 44.57 on 3 and 28 DF,  p-value: 8.65e-11
```

图 15.25 回归模型的结果 1

接下来需要修正模型，首先使用 vif() 函数检查自变量是否存在多重共线性，主要代码如下：

```
1    library(car)
2    vif(myfit)
```

运行程序，结果如图 15.26 所示。从运行结果可知：x1（disp）的 vif 值大于 5，存在多重共线性。为了不影响预测结果，手动将该变量移除，调整后的代码如下：

```
1    myfit <- lm(y~x2+x3)
2    summary(myfit)
```

运行程序，结果如图 15.27 所示。从运行结果可知：自变量 x2（hp）和 x3（wt）对因变量 mpg 的作用非常显著。

```
Call:
lm(formula = y ~ x2 + x3)

Residuals:
    Min     1Q Median     3Q    Max
 -3.941  -1.600 -0.182  1.050  5.854

Coefficients:
             Estimate Std. Error t value Pr(>|t|)
(Intercept) 37.22727    1.59879  23.285  < 2e-16 ***
x2          -0.03177    0.00903  -3.519  0.00145 **
x3          -3.87783    0.63273  -6.129 1.12e-06 ***
---
Signif. codes:  0 '***' 0.001 '**' 0.01 '*' 0.05 '.' 0.1 ' ' 1

Residual standard error: 2.593 on 29 degrees of freedom
Multiple R-squared: 0.8268,    Adjusted R-squared: 0.8148
F-statistic: 69.21 on 2 and 29 DF,  p-value: 9.109e-12
```

图 15.27　回归模型的结果 2

```
      x1       x2       x3
7.324517 2.736633 4.844618
```

图 15.26　自变量系数

7. 预测新数据

例如，当总功率（hp）为 256，质量（wt）为 5.7 时，预测汽车行驶里程（英里/加仑），主要代码如下：

```
1    ndata <- data.frame(x2=256,x3=5.7)
2    predict(myfit,newdata = ndata)
```

运行程序，结果如下：

```
      1
6.98976
```

从运行结果可知：预测的汽车每加仑油行驶的英里数为 6.98976。

15.6　要点回顾

本章主要介绍了一元线性回归和多元线性回归的知识，读者应重点掌握回归分析函数 lm() 的应用，以及进行回归分析时必要的检验工作，尤其是线性关系的检验。只有存在线性关系，回归分析与预测才有意义。

第 16 章

时间序列分析

时间序列分析的应用广泛，因为大多数数据都是与时间有关的。本章主要介绍什么是时间序列分析，时间序列分析的应用，时间序列的基本操作，进行时间序列分析前必需的检验和处理工作，以及时间序列分析常用的模型 ARMA 模型、ARIMA 模型和指数平滑模型。

本章知识架构及重难点如下。

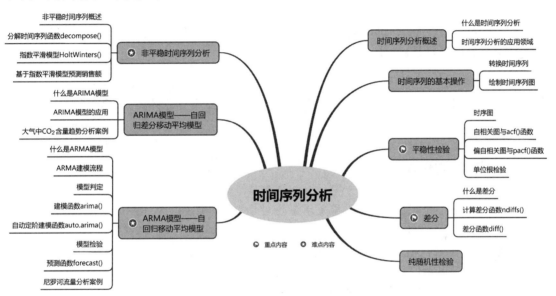

16.1　时间序列分析概述

16.1.1　什么是时间序列分析

时间序列指的是随着时间推移变化的连续数据，通常由一系列的时间戳和相应的数值组成。如某电商 2023 年上半年的销售额数据，如图 16.1 所示。

月份	1	2	3	4	5	6
销售额（万元）	34	33	36	38	40	42

图 16.1　时间序列示意图

时间序列分析主要用于研究时间序列的统计学方法，即这段时间内发生了什么以及接下来会发生什么，以实现根据已有历史数据对未来进行预测的目的。例如，记录某地区第 1 个月，第 2 个月，…，第 N 月的降雨量，然后利用时间序列分析方法就可以对未来各月的降雨量进行预测。

16.1.2　时间序列分析的应用领域

时间序列分析的应用非常广泛，在财务、经济、金融、天文、气象、生物学、海洋、医学、质量控制等领域都有着大量应用。例如：

- ☑ 进行销售预测。
- ☑ 进行股票市场、金融市场分析，理解并预测现货和期货。
- ☑ 分析相关性和滞后关系，预测某种疾病的发病率。
- ☑ 研究交通流量，预测交通状况。
- ☑ 国民经济宏观控制、区域综合发展规划等。
- ☑ 气象预报、水文预报、地震前兆预报、农作物病虫灾害预报、环境污染控制、生态平衡、天文学和海洋学等。

总之，时间序列分析是一个非常重要的数据分析方法，可以帮助我们更好地分析和预测时间序列数据，支持各种领域的研究和决策。

16.2　时间序列的基本操作

16.2.1　转换时间序列

对时间序列进行分析、绘图和建模都要求分析对象为时间序列，因此，在分析时间序列数据前，需要先将分析对象转换成时间序列对象。时间序列对象是 R 语言中一种特殊的数据结构，其中包含观测值、开始时间、结束时间以及周期（如月、季度或年）等。R 语言中转换时间序列的函数包括 ts()、zoo()和 xts()等，在第 6 章已经进行了介绍。这里我们重新温习一下 ts()函数，先来看一个例子。

【例 16.1】转换为时间序列数据（**实例位置：资源包\Code\16\01**）

将某月的图书单品销售数据导入到 R 语言中，然后使用 ts()函数将其转换为时间序列数据。运行 RStudio，编写如下代码。

```
1    library(openxlsx)                            # 加载程序包
2    df <- read.xlsx("datas/JD2020 单品.xlsx",sheet=1)   # 读取 Excel 文件
3    mydata <- ts(df$成交商品件数)                   # 转换为 ts 时间序列
4    print(mydata)
```

运行程序，结果如图 16.2 所示。

在例 16.1 中，ts()函数的 frequency 参数表示数据在一年中的频数。如将月度数据设置为 frequency =12，季度数据设置为 frequency=4，主要代码如下：

```
Time Series:
Start = 1
End = 12
Frequency = 1
 [1] 3556 3699 4978 6948 4847 4932 2983 4014 4611 3942 6085 4918
```

图 16.2　转换后的 ts 时间序列

```
1    # 月度
2    mdata <- ts(df$成交商品件数,frequency=12)
3    print(mdata)
```

```
4    # 季度
5    qdata <- ts(df$成交商品件数,frequency=4)
6    print(qdata)
```

运行程序，结果如图 16.3 所示。

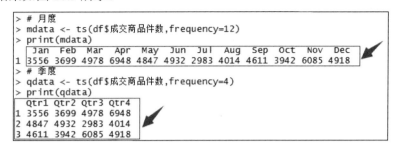

図 16.3　转换为月度数据和季度数据

还可以通过 ts()函数中的 start 参数指定数据的第一年和该年度的第一个间隔期。如指定第一个时间点为 2023 年的第 3 个季度，主要代码如下：

```
ts(df$成交商品件数,frequency=12,start = c(2023,3))
```

16.2.2　绘制时间序列图

转换为时间序列数据后，接下来需要将这些数据绘制成时间序列图，以直观地反映数据的趋势和规律等。在 R 语言中可以使用 plot.ts()函数绘制时间序列图。

【例 16.2】绘制简单的时间序列图（**实例位置：资源包\Code\16\02**）

使用 plot.ts()函数绘制一个简单的时间序列图。运行 RStudio，编写如下代码。

```
1    library(openxlsx)                              # 加载程序包
2    df <- read.xlsx("datas/JD2023 单品.xlsx",sheet=1)   # 读取 Excel 文件
3    mydata <- ts(df$成交商品件数)                      # 转换为 ts 时间序列
4    print(mydata)
5    plot.ts(mydata)                                # 绘制时间序列图
```

运行程序，结果如图 16.4 所示。

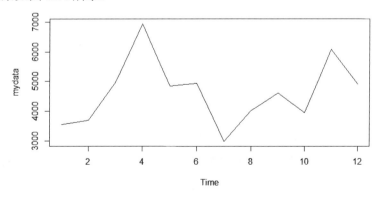

図 16.4　简单的时间序列图

由于未指定开始日期和结束日期，因此图中没有显示日期，只显示了编号。接下来修改时间序列，

设置开始日期为 2023 年 3 月，结束日期为 2023 年 11 月，频率为 12（即以月为单位），主要代码如下：

```
1   mydata <- ts(df$成交商品件数,start = c(2023,3),end = c(2023,11),frequency = 12)
2   plot.ts(mydata)                      # 绘制时间序列图
```

运行程序，结果如图 16.5 所示。

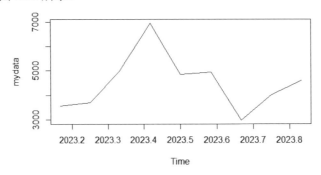

图 16.5　优化后的时间序列图

16.3　平稳性检验

在进行时间序列分析前，首先要确保时间序列为平稳时间序列。平稳性检验用于检验时间序列是否属于平稳时间序列。平稳时间序列是时间序列分析中最重要的部分，时间序列分析基本上都是以平稳时间序列为基础的。平稳时间序列是指时间序列的统计特征不随时间推移而变化，例如，均值没有系统变化（无趋势），方差没有系统变化，并且严格消除了季节性变化。直观地说，就是时间序列无明显上升或下降趋势，各观测值围绕某一固定值上下波动，如图 16.6 所示。

了解了什么是平稳时间序列，接下来学习如何进行平稳性检验。平稳性检验大致有两种方法：一种是图检验，即通过时序图、自相关图和偏自相关图的特征做出判断，这种方法简单快捷，缺点是不完全准确；另一种是指标检验，即通过统计监测方法加以辅助判断，目前最常用的平稳性统计检验方法为单位根检验，下面分别进行介绍。

16.3.1　时序图

通过时序图，可以判断观测值是否围绕一个确定的值上下波动。例如，在 0 的位置上下波动，可以认为是平稳时间序列，如图 16.6 所示。如果时序图有明显的趋势性或周期性，则认为是非平稳时间序列。

【例 16.3】使用时序图检验时间序列的平稳性 1（**实例位置：资源包\Code\16\03**）

通过时序图判断 R 语言自带的时间序列数据集 austres（澳大利亚 1971—1994 年每季度人口数）的平稳性。运行 RStudio，编写如下代码。

```
1   # 绘制时序图
2   ts.plot(austres)
```

运行程序，结果如图 16.7 所示。

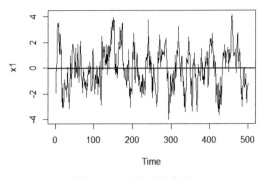

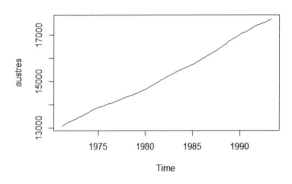

图 16.6 平稳时间序列　　　　　　　　　图 16.7 澳大利亚 1971—1994 年各季度人口数的时序图

从运行结果可知：从 1971 年开始各季度人口数呈明显的线性递增趋势，因此判断该时间序列为非平稳时间序列。

【例 16.4】使用时序图检验时间序列的平稳性 2（实例位置：**资源包\Code\16\04**）

通过时序图判断 R 语言自带的数据集 nottem（1920—1939 年各月大气温度）时间序列的平稳性。运行 RStudio，编写如下代码。

```
1    data(nottem)                                      # 导入数据集
2    tdata <- ts(nottem,start = 1920,end = 1939,frequency = 4)   # 转换为时间序列
3    ts.plot(tdata)                                    # 绘制时序图
```

运行程序，结果如图 16.8 所示。

从运行结果可知：1920—1939 年各月份的大气温度以季度为周期呈现明显周期性，因此，判断该时间序列为非平稳时间序列。

16.3.2 自相关图与 acf()函数

当通过时序图无法准确判断时间序列是否为平稳时间序列时，可以使用自相关图判断。

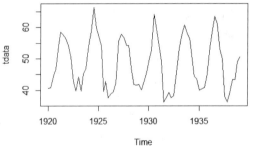

图 16.8 1920—1939 年大气温度时序图

自相关图是一个平面二维坐标悬垂线图（见图 16.9），横坐标表示滞后阶数，纵坐标表示自相关系数，悬垂线的长度表示自相关系数的大小，两条平行虚线是自相关系数两倍标准差的参考线。自相关系数在两倍标准差之内，说明该自相关系数很小，近似为 0；自相关系数在两倍标准差之外，说明该自相关系数很大，非 0。

在 R 语言中实现自相关系数和自相关图检验可以使用 acf()函数，该函数用于计算自相关系数并绘制自相关图，语法格式如下：

```
acf(x, lag.max = NULL, type = c("correlation", "covariance"), plot = TRUE, na.action = na.fail, demean = TRUE, ...)
```

参数说明如下。

☑　x：一个时间序列向量。

☑　lag.max：最大滞后阶数，它的大小决定了自相关图横坐标的长度。

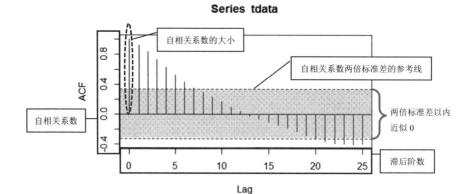

图 16.9　自相关图 1

 说明

滞后阶数，也叫滞后期数，是指一个时间序列与其自身在时间上移动（即滞后）的时间间隔。例如，一个月的销售额数据，如果滞后阶数为 1，则表示第二个月的销售额与第一个月的销售额之间存在一个月的时间间隔。如果不设置，则系统会自动指定滞后阶数。

- ☑ type：计算自相关系数的类型，值为 correlation（相关系数，默认值）或 covariance（协方差）。
- ☑ plot：设置是否绘制自相关系数图。
- ☑ na.action：设置如何处理缺失值。
- ☑ demean：设置是否对时间序列进行均值处理。
- ☑ …：附加参数。

一般而言，自相关系数递减缓慢且没有衰减到 0，有周期波动，表示不平稳（见图 6.10）；自相关系数快速递减为 0，正负交替衰减到 0，以及前几个大于 0，后面都为 0，表示平稳。

【例 16.5】绘制自相关图 1（实例位置：资源包\Code\16\05）

绘制澳大利亚 1971—1994 年各季度人口数的时间序列自相关图，判断时间序列的平稳性。运行 RStudio，编写如下代码。

```
1   # 计算自相关系数并绘制自相关图
2   acf(austres,lag.max = 30)
3   acf(austres,plot = FALSE)
```

运行程序，结果如图 16.10 和图 16.11 所示。

从运行结果可知：自相关系数在第 6 个周期（滞后 24 阶）之后在两倍标准差之内，可见衰减速度相当缓慢，而且明显呈现三角特征，这是非平稳时间序列常见的自相关特征。综上所述，该时间序列为非平稳时间序列。

【例 16.6】绘制自相关图 2（实例位置：资源包\Code\16\06）

下面通过自相关图判断 R 语言自带的时间序列数据集 nottem（1920—1939 年各月大气温度）时间序列的平稳性。运行 RStudio，编写如下代码。

```
1   data(nottem)        # 导入数据集
2   acf(nottem)         # 绘制自相关图
```

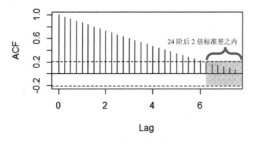

图 16.10　自相关图 2

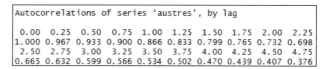

图 16.11　自相关系数

运行程序，结果如图 16.12 所示。从运行结果可知：自相关系数有周期波动，因此判断该时间序列为非平稳时间序列。

【例 16.7】绘制自相关图 3（**实例位置：资源包\Code\16\07**）

下面通过自相关图判断 R 语言自带的时间序列数据集 Nile（1871—1970 年尼罗河年流量）的平稳性。运行 RStudio，编写如下代码。

```
1   data(Nile)      # 导入数据集
2   acf(Nile)       # 绘制自相关图
```

运行程序，结果如图 16.13 所示。从运行结果可知：自相关系数递减缓慢且没有衰减到 0，因此判断该时间序列为非平稳时间序列。

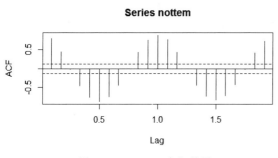

图 16.12　nottem 自相关图

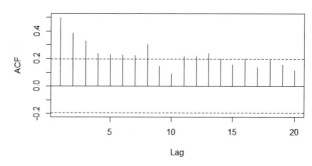

图 16.13　Nile 自相关图

16.3.3　偏自相关图与 pacf()函数

偏自相关图与自相关图类似，也是一个平面二维坐标悬垂线图，其横坐标表示滞后阶数，纵坐标表示自相关系数，悬垂线的长度表示自相关系数的大小，两条平行虚线是自相关系数两倍标准差的参考线。自相关系数在两倍标准差之内，说明该自相关系数很小，近似为 0；自相关系数在两倍标准差之外，说明该自相关系数很大，非 0。

在 R 语言中可以使用 pacf()函数计算偏自相关系数并绘图，语法格式如下：

```
pacf(x, lag.max, plot, na.action, ...)
```

参数说明可参考 acf()函数，这里不再赘述。

【例 16.8】计算偏自相关系数并绘图（实例位置：资源包\Code\16\08）

使用 pacf()函数计算偏自相关系数，并绘制偏自相关图，判断 R 语言自带的时间序列数据集 nottem（1920—1939 年各月大气温度）的平稳性。运行 RStudio，编写如下代码。

```
1    data(nottem)              # 导入数据集
2    pacf(nottem)             # 绘制偏自相关图
3    pacf(tdata,plot = F)      # 偏自相关系数
```

运行程序，结果如图 16.14 和图 16.15 所示。

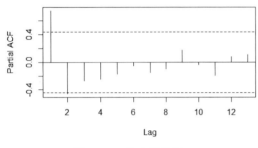

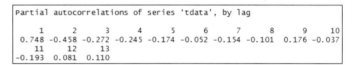

图 16.14　偏自相关图　　　　　　　　　　　　　图 16.15　偏自相关系数

以上介绍了如何通过自相关图和偏自相关图检验时间序列的平稳性。为了更好地进行判断，下面介绍两个重要的概念，即截尾和拖尾，为后面的模型判定奠定基础。平稳时间序列的自相关图和偏相关图不是拖尾，就是截尾。

☑ 截尾：在某阶之后，系数都为 0。例如，最初 1 阶时，系数明显大于两倍标准差，而后几乎 95% 的自相关/偏自相关系数都在两倍标准差以内，波动过程非常突然，像被"截断"一样，如图 16.16 所示。

☑ 拖尾：超过 5% 的自相关/偏自相关系数在两倍标准差范围之外，有一个衰减的趋势，比较缓慢，但是不都为 0，如图 16.17 所示，或者按指数形式衰减（正弦波形）。

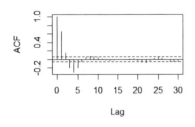

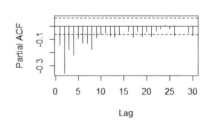

图 16.16　平稳自相关图（截尾）　　　　　　　　图 16.17　平稳偏自相关图（拖尾）

16.3.4　单位根检验

当通过时序图、自相关图和偏自相关图判断时间序列的平稳性模棱两可时，可通过指标进行判断，这种方法为单位根检验。单位根检验又称为 ADF 检验，用于检验时间序列中是否存在单位根。如果时

间序列的所有特征根都在单位圆内，那么该时间序列是平稳的；如果时间序列的所有特征根都在单位圆外，那么该时间序列是非平稳的。

在 R 语言中可以使用 aTSA 包的 adf.test()函数、fUnitRoots 包的 adfTest()函数和 tseries 包的 adf.test()函数实现单位根检验，从而判断时间序列的平稳性。下面介绍如何使用 aTSA 包的 adf.test()函数实现单位根检验，语法格式如下：

```
adf.test(x, nlag = NULL, output = TRUE)
```

参数说明如下。

☑ x：进行平稳性检验的时间序列的名称。

☑ nlag：最高滞后阶数，可以自己指定，如果不指定，系统会自动指定滞后阶数。例如，nlag=1，输出自回归 0 阶滞后平稳性检验结果；nlag=2，输出自回归 0~1 阶滞后平稳性检验结果。

☑ output：逻辑值，是否在 R 控制台中输出测试结果的逻辑值，默认值为 TRUE。

 说明

> aTSA 包属于第三方 R 语言包，使用前应先进行安装。安装方法如下。
>
> ```
> install.packages("aTSA")
> ```

【例 16.9】使用 adf.test()函数实现单位根检验（**实例位置：资源包\Code\16\09**）

下面使用 adf.test()函数实现单位根检验判断 R 语言自带的数据集 nottem（1920—1939 年每月大气温度）时间序列的平稳性。运行 RStudio，编写如下代码。

```
1    library(aTSA)              # 加载程序包
2    data(nottem)              # 导入数据集
3    adf.test(nottem)          # 单位根检验
```

运行程序，结果如图 16.18 所示。

↓ 补充知识

adf.test()函数返回的结果中包括 3 种类型结构，下面进行详细介绍。

（1）Type 1：无漂移项自回归结构，是典型的无截距项的线性回归结构。

（2）Type 2：有漂移项自回归结构。

（3）Type 3：带趋势回归结构。

其中每个类型结构都包括 lag、ADF 和 p.value，具体说明如下。

☑ lag：最高滞后阶数。如果不设置，则系统会自动指定滞后阶数。

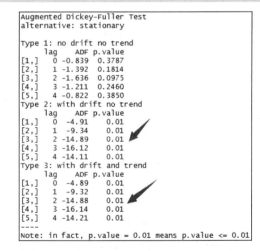

图 16.18 使用 nottem 数据集单位根检验结果

☑ ADF：自相关系数。

☑ p.value：P 为显著性。与预设的 0.05 进行比较，判断时间序列的平稳性。$P<0.05$，时间序列为平稳时间序列；$P>0.05$，时间序列为非平稳时间序列。

从运行结果可知：如果时间序列的结构考虑第一种类型（Type 1），P 大于显著性水平 0.05，则时间序列为非平稳时间序列；如果时间序列的结构考虑第二种（Type 2）和第三种类型（Type 3），P 均小于显著性水平 0.05，则时间序列为平稳时间序列。

16.4 差 分

非平稳时间序列可以通过差分转换为平稳时间序列。本节介绍什么是差分以及在 R 语言中如何实现差分。

16.4.1 什么是差分

差分是指变量中当期值与前一期值之间的差（即 1 阶），2 阶是指当期值与前两期值之间的差，以此类推。这里阶数是指滞后阶数，即位置向下移动的次数。

例如，向量 c(a1,a2,a3,a4,a5)，1 阶为当前值与前一期值的差，即 a2–a1、a3–a2、a4–a3、a5–a4；2 阶为当前值与前两期值的差，即 a3–a1、a4–a2、a5–a3，示意图如图 16.19 所示。

当确定时间序列为非平稳时间序列后，可以通过差分将其转换为平稳时间序列，依次进行 1 阶、2 阶、3 阶……差分，直到时间序列平稳为止。

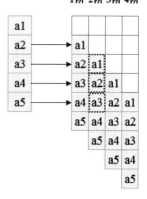

图 16.19 差分示意图

16.4.2 计算差分函数 ndiffs()

将非平稳时间序列转换为平稳时间序列的常用方法是做差分。差分的滞后阶数该如何设置呢？也就是说，经过几次差分才能将非平稳时间序列转换为平稳时间序列呢？通过 forecast 包的 ndiff() 函数可以解决这个问题。

ndiff() 函数返回一个时间序列转换为平稳时间序列需要的差分次数，语法格式如下：

```
k=ndiffs(x)
```

参数 x 为时间序列，k 为返回值。如果 k=0，则时间序列为平稳时间序列；如果 k>0，则 x 差分 k 阶之后变为平稳序列。

说明

forecast 包属于第三方 R 语言包，使用前应先进行安装，安装方法如下。

```
install.packages("forecast")
```

【例 16.10】使用 ndiffs() 函数计算差分次数（实例位置：资源包\Code\16\10）

在前面的实例中经过平稳性检验后得出 R 语言自带的数据集 Nile 为非平稳时间序列，下面使用 ndiffs() 函数计算将其转换为平稳时间序列需要的差分次数。运行 RStudio，编写如下代码。

| 1 | library(forecast) | # 加载程序包 |

```
2    data(Nile)                      # 导入数据集
3    k <- ndiffs(Nile)               # 计算差分次数
4    k
```

运行程序，结果为 1，说明一次差分就可以将该时间序列转换为平稳时间序列。

16.4.3 差分函数 diff()

在 R 语言中使用 diff()函数可以实现差分，语法格式如下：

```
diff(x, lag, differences)
```

参数说明如下。

☑ x：时间序列、向量，也可以是矩阵。

☑ lag：滞后阶数，默认值为 1。

☑ differences：连续执行 n 次差分，默认值为 1。

【例 16.11】通过差分转换为平稳时间序列（**实例位置：资源包\Code\16\11**）

使用 diff()函数将 R 语言自带的数据集 Nile 时间序列做差分，将该时间序列转换为平稳时间序列。运行 RStudio，编写如下代码。

```
1    # 加载程序包
2    library(forecast)
3    library(aTSA)
4    data(Nile)                      # 导入数据集
5    k <- ndiffs(Nile)               # 计算差分次数
6    k
7    mydata <- diff(Nile,k)
8    adf.test(mydata)                # 单位根检验
9    acf(mydata)                     # 绘制自相关图
```

运行程序，结果如图 16.20 和图 16.21 所示。

```
Augmented Dickey-Fuller Test
alternative: stationary

Type 1: no drift no trend
     lag    ADF   p.value
[1,]   0 -15.07   0.01
[2,]   1 -10.52   0.01
[3,]   2  -7.89   0.01
[4,]   3  -7.19   0.01
Type 2: with drift no trend
     lag    ADF   p.value
[1,]   0 -15.01   0.01
[2,]   1 -10.48   0.01
[3,]   2  -7.88   0.01
[4,]   3  -7.19   0.01
Type 3: with drift and trend
     lag    ADF   p.value
[1,]   0 -14.93   0.01
[2,]   1 -10.42   0.01
[3,]   2  -7.84   0.01
[4,]   3  -7.15   0.01
----
Note: in fact, p.value = 0.01 means p.value <= 0.01
```

图 16.20 差分后的单位根检验结果

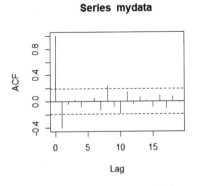

图 16.21 差分后的自相关图

从运行结果可知：经过差分后，单位根检验 $P<0.05$，为平稳时间序列；而差分后的自相关图自相关系数大部分都在两倍标准差范围内，近似为 0，为平稳时间序列。

16.5 纯随机性检验

当时间序列满足平稳时间序列后，还需要对其进行纯随机性检验。简单地说，纯随机性检验就是指时间序列数据之间都是随机的，没有任何相关性，而且数值一直在 0 上下波动。最初人们发现白光有这样的性质，因此纯随机性检验也称为白噪声检验。如果某个时间序列是白噪声，那么就没有分析的价值。

在 R 语言中 Box.test()函数可以实现白噪声检验，语法格式如下：

```
Box.test(x, lag = 1, type = c("Box-Pierce", "Ljung-Box"), fitdf = 0)
```

参数说明如下。

☑ x：数值向量或单变量时间序列。

☑ lag：滞后 n 阶的白噪声检验统计量，默认为滞后 1 阶的检验统计量结果。

☑ type：检验统计量的类型，默认值为 Box-Pierce，表示白噪声检验的 Q 统计量；值为 Ljung-Box，表示白噪声检验的 LB 统计量。

☑ fitdf：如果 x 是一系列残差，则要减去的自由度数。

在例 16.11 中已通过差分将 R 语言自带的数据集 Nile 转换为平稳时间序列并通过了单位根检验和自相关图的验证。下面使用 Box.test()函数对差分后的平稳时间序列进行白噪声检验。

【例 16.12】使用 Box.test()函数实现白噪声检验（实例位置：资源包\Code\16\12）

运行 RStudio，编写如下主要代码。

```
Box.test(mydata,type="Ljung-Box")
```

运行程序，结果如图 16.22 所示。从运行结果可知：P 为 2.109e-12（2.109e-12 为科学记数法，表示 2.109×10^{-12}），小于 0.05，表明时间序列为非白噪声。

```
         Box-Ljung test

data: tdata
X-squared = 49.38, df = 1, p-value = 2.109e-12
```

图 16.22　白噪声检验结果

16.6 ARMA 模型——自回归移动平均模型

16.6.1 什么是 ARMA 模型

ARMA 模型（auto-regressive moving average model），即自回归移动平均模型，由因变量对它的滞后值以及随机误差项的现值和滞后值回归得到。ARMA 模型由自回归模型（简称 AR 模型）和移动平均模型（简称 MA 模型）构成，可对不含季节性的平稳时间序列建模，是进行时间序列分析的重要方法。

ARMA 模型中涉及以下参数。

☑　p：自回归的滞后阶数，即 AR(p)。例如，AR(1)表示 1 阶 AR 模型。

☑　q：移动平均的滞后阶数，即 MA(q)。例如，MA(1)表示 1 阶 MA 模型。

☑　p,q：自回归和移动平均的滞后阶数，即 ARMA(p,q)。例如，ARMA(1,1)表示 1 阶 ARMA 模型。

16.6.2　ARMA 建模流程

ARMA 模型是针对平稳性时间序列的。因此，在建立 ARMA 模型前应首先确定时间序列为平稳非白噪声时间序列，然后建立 ARMA 模型进行分析与预测，具体流程如图 16.23 所示。

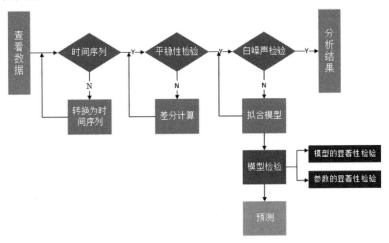

图 16.23　ARMA 建模流程

16.6.3　模型判定

ARMA 模型分为 AR 模型、MA 模型和 ARMA 模型 3 类。对时间序列进行分析时该如何判定最优模型呢？一般可根据自相关图和偏自相关图确定模型，如表 16.1 所示。

表 16.1　模型判定依据

模　　型	自相关图（ACF）	偏自相关图（PACF）
AR(p)	衰减趋于 0（几何型或振荡型）拖尾	p 阶后截尾（前面几个大于 0，后面都是 0）
MA(q)	q 阶后截尾（前面几个大于 0，后面都是 0）	衰减趋于 0（几何型或振荡型）拖尾
ARMA(p,q)	q 阶后衰减趋于 0（几何型或振荡型）拖尾	p 阶后衰减趋于 0（几何型或振荡型）拖尾

具体说明如下。

☑　如果自相关图拖尾，偏自相关图截尾，则选择 AR 模型。

☑　如果自相关图截尾，偏自相关图拖尾，则选择 MA 模型。

☑　如果自相关图和偏自相关图均拖尾，则选择 ARMA 模型。

16.6.4　建模函数 arima()

在 R 语言中对平稳时间序列应用 ARMA 模型可以使用 arima()函数，语法格式如下：

```
arima(x, order = c(0L, 0L, 0L),seasonal = list(order = c(0L, 0L, 0L), period = NA),xreg = NULL, include.mean = TRUE,
transform.pars = TRUE, fixed = NULL, init = NULL, method = c("CSS-ML", "ML", "CSS"), n.cond,SSinit = c("Gardner1980",
"Rossignol2011"), optim.method = "BFGS", optim.control = list(), kappa = 1e6)
```

主要参数说明如下。

☑　x：要进行模型拟合的时间序列的名称。

☑　order：指定模型滞后阶数，参数值为 p、d 和 q，具体说明如下。

➢　p：自回归的滞后阶数。

➢　d：差分的滞后阶数。

➢　q：移动平均的滞后阶数。

☑　include.mean：逻辑值，模型中是否拟合平均值。默认值为 TRUE，表示拟合均值；值为 FALSE，表示不拟合均值。

☑　method：指定参数估计方法，参数值为 CSS-ML、ML 和 CSS，具体说明如下。

➢　CSS-ML：默认值，条件最小二乘估计与极大似然估计的混合方法。

➢　ML：极大似然估计方法。

➢　CSS：条件最小二乘估计方法。

通过前面的学习，我们已经知道 R 语言自带的数据集 Nile（1871—1970 年尼罗河流量）时间序列为平稳时间序列，下面对其进一步分析。

【例 16.13】使用 arima()函数的简单应用（**实例位置：资源包\Code\16\13**）

使用 arima()函数的极大似然估计方法，对该时间序列应用 ARMA 模型。运行 RStudio，编写如下代码。

```
1    data(Nile)                                          # 导入数据集
2    tdata <- ts(Nile, start=1871)                       # 转换时间序列
3    arima(tdata,order = c(1,0,1),method = "ML")         # ARMA 模型
```

运行程序，结果如图 16.24 所示。

```
Call:
arima(x = tdata, order = c(1, 0, 1), method = "ML")

Coefficients:
         ar1      ma1   intercept
      0.8610  -0.5177   920.7037
s.e.  0.1067   0.1908    46.6692

sigma^2 estimated as 19892:  log likelihood = -637.04,  aic = 1280.08
```

图 16.24　ARMA 模型的返回结果

16.6.5　自动定阶建模函数 auto.arima()

对于新手来说，判断使用哪种模型比较困难，通常不知道从何入手，而且容易造成失误。R 语言为读者提供了自动最优建模函数，这是一个非常不错的选择。

在 R 语言中 forecast 包的 auto.arima()函数可以实现自动定阶最优建模，语法格式如下：

```
auto.arima(x,max.p,max.q,ic)
```

参数说明如下。

- ☑ x：需要定阶的时间序列的名称。
- ☑ max.p：自相关系数最高阶数，如果不指定，则默认值为 5。
- ☑ max.q：移动平均系数最高阶数，如果不指定，则默认值为 5。
- ☑ ic：规则，值为 aic、bic 和 aicc，默认值为 aic，即 AIC 准则。

说明

forecast 包属于第三方 R 语言包，使用时应首先进行安装，安装方法如下。

```
install.packages("forecast")
```

【例 16.14】使用 auto.arima()函数自动定阶最优建模（**实例位置：资源包\Code\16\14**）

对 R 语言自带的数据集 Nile（1871—1970 年尼罗河年流量）时间序列使用 auto.arima()函数，实现自动最优建模。运行 RStudio，编写如下代码。

```
1    library(forecast)
2    # 导入数据集
3    data(Nile)
4    # 转换时间序列
5    tdata <- ts(Nile, start=1871)
6    # 自动最优建模
7    mod1 <- auto.arima(tdata,trace = TRUE)
8    mod1
```

运行程序，结果如图 16.25 所示。

从运行结果可知：最优模型为 ARIMA 模型，即自回归差分移动平均模型。

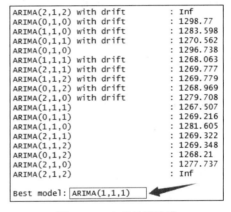

图 16.25　自动最优建模

说明

关于 ARIMA 模型的介绍可参考 16.7 节。

16.6.6　模型检验

模型检验包括两部分，即模型的显著性检验和参数的显著性检验。

1．模型的显著性检验

模型的显著性检验主要用来检验模型的残差序列是否为白噪声。如果残差序列为白噪声，则代表模型提取的信息充分，模型有效，可以进行预测。检验残差序列是否为白噪声，主要使用纯随机性检验中的 Box.test()函数，如果是白噪声，则说明模型显著。

2．参数的显著性检验

参数的显著性检验主要检验每个未知参数是否显著非零，检验的目的是使得模型最精简。如果某个参数不显著非零，即表示该参数所对应的自变量对因变量的影响不明显，该自变量就可以从模型中剔除，最终模型将由一系列参数显著非零的自变量表示。参数的显著性检验有以下两种方法。

☑ 近似判断。如果参数估计值的绝对值大于它的两倍标准差，我们就可以基于 95%的显著性水平，判断该参数显著非零。

☑ 通过 t 统计量的值和对应的 P 进行检验。

t 统计量需要手动计算（公式为：t 统计量=参数的估计值的绝对值/标准差），P 可以使用 R 语言的 pt()函数来计算，语法格式如下：

```
pt(t,df,lower.tail)
```

参数说明如下。

☑ t：t 统计量的值。

☑ df：自由度，$n-m$（n 为数据量，m 为参数的数量）。

☑ lower.tail：确定计算概率的方向。值为 T，计算 $P(X<=x)$；值为 F，计算 $P(X>x)$。

16.6.7　预测函数 forecast()

在 R 语言中包含多个进行 ARMR 模型预测的函数，常用的是 forecast 包中的 forecast()函数，它是 R 语言中最重要的统计函数之一，可以对大量的时间序列数据进行准确预测。

利用历史数据预测未来数据，语法格式如下：

```
forecast(object,h,level)
```

参数说明如下。

☑ object：拟合模型对象名。

☑ h：预测期数。

☑ level：置信区间的置信水平。如果不指定，系统会自动指定置信水平分别为 80%和 95%的双层置信区间。

16.6.8　尼罗河流量分析案例

本节通过 R 语言自带的时间序列数据集 Nile，分析 1871—1970 年间的尼罗河流量。

1．查看数据

导入 Nile 数据集并查看数据，代码如下：

```
1    data(Nile)            # 导入数据集
2    Nile                  # 查看数据
```

运行程序，结果如图 16.26 所示。

2．平稳性检验

首先绘制时序图，观察时间序列，主要代码如下：

```
3    plot(Nile,main="1871—1970 年尼罗河流量",xlab="时间",ylab=尼罗河流量")
```

运行程序，结果如图 16.27 所示。从运行结果可知：1913 年有一个下降的趋势。

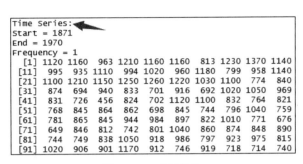

图 16.26　查看数据

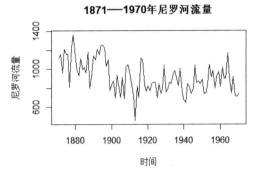

图 16.27　时序图

接下来做进一步判断，通过自相关图（acf()函数）和偏自相关图（pacf()检验）检验时间序列，主要代码如下：

```
1    par(mfrow=c(1,2))            # 将绘图区域划分为 1 行 2 列
2    acf(Nile)                    # 绘制自相关图
3    pacf(Nile)                   # 绘制偏自相关图
```

运行程序，结果如图 16.28 所示。从运行结果可知：自相关系数递减缓慢且没有衰减到 0，因此判断该时间序列为非平稳时间序列。

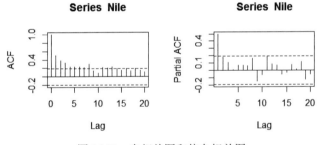

图 16.28　自相关图和偏自相关图

3．差分

首先通过差分将非平稳时间序列转换为平稳时间序列，主要代码如下：

```
1    # 通过差分将非平稳时间序列转换为平稳时间序列
2    k <- ndiffs(Nile)           # 计算需要几次差分转换为平稳时间序列
3    mydata <- diff(Nile,k)      # 差分
4    ndiffs(mydata)              # 差分次数返回值为 0 时为平稳时间序列
```

运行程序，结果为 0，说明时间序列为平稳时间序列。

再次绘制自相关图和偏自相关图进行检验，主要代码如下：

```
1    acf(mydata)                 # 绘制自相关图
2    pacf(mydata)                # 绘制偏自相关图
3    dev.off()                   # 关闭绘图设备
```

运行程序,结果如图 16.29 所示。

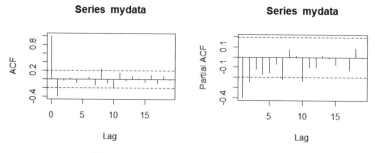

图 16.29   平稳自相关图和偏自相关图

4. 白噪声检验

使用 Box.test()函数对平稳时间序列进行纯随机性检验,判断是否为白噪声,主要代码如下:

```
Box.test(mydata,type="Ljung-Box")
```

运行程序,结果如图 16.30 所示。从运行结果可知:P 为 6.327e-05,小于 0.05,为非白噪声时间序列。其中 6.327e-05 为科学记数法,表示 6.327×10^{-5}。

```
            Box-Pierce test

data: mydata
X-squared = 16.002, df = 1, p-value = 6.327e-05
```

图 16.30   纯随机性检验结果

5. 最优建模

使用 auto.arima()函数进行自动最优建模,主要代码如下:

```
1    mod1 <- auto.arima(mydata,trace = TRUE)
2    mod1
```

运行程序,结果如图 16.31 和图 16.32 所示。

```
ARIMA(2,0,2) with non-zero mean : Inf
ARIMA(0,0,0) with non-zero mean : 1298.77
ARIMA(1,0,0) with non-zero mean : 1283.598
ARIMA(0,0,1) with non-zero mean : 1270.562
ARIMA(0,0,0) with zero mean     : 1296.738
ARIMA(1,0,1) with non-zero mean : 1268.063
ARIMA(2,0,1) with non-zero mean : 1269.777
ARIMA(1,0,2) with non-zero mean : 1269.779
ARIMA(0,0,2) with non-zero mean : 1268.969
ARIMA(2,0,0) with non-zero mean : 1279.708
ARIMA(1,0,1) with zero mean     : 1267.507
ARIMA(0,0,1) with zero mean     : 1269.216
ARIMA(1,0,0) with zero mean     : 1281.605
ARIMA(2,0,1) with zero mean     : 1269.322
ARIMA(1,0,2) with zero mean     : 1269.348
ARIMA(0,0,2) with zero mean     : 1268.21
ARIMA(2,0,0) with zero mean     : 1277.737
ARIMA(2,0,2) with zero mean     : Inf

Best model: ARIMA(1,0,1) with zero mean
```

图 16.31   列出模型

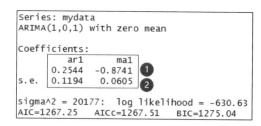

图 16.32   模型参数

6．模型的显著性检验

进行模型显著性检验，检验模型对象的残差是否为白噪声，主要代码如下：

```
Box.test(mod1$residuals)
```

运行程序，结果如图 16.33 所示。从运行结果可知：P 为 0.7447，大于 0.05，残差是白噪声，模型显著。

7．参数的显著性检验

计算 t 统计量对应的 P，通过 P 判断参数的显著性，主要代码如下：

```
1    # 参数的显著性检验
2    # 计算 n 和 m，n 为数据量，m 为估计的参数量
3    n <- length(Nile)
4    m = 2
5    t1 <- 0.2544/0.1194              # 计算参数 1 的 t 统计量
6    pt(t1,df=n-m,lower.tail = F)     # 计算参数 1 的 p 值
7    t2 <- abs(-0.8741)/0.0605        # 计算参数 2 的 t 统计量
8    pt(t2,df=n-m,lower.tail = F)     # 计算参数 2 的 p 值
```

运行程序，结果如图 16.34 所示。从运行结果可知：两个参数的 P 都小于 0.05，模型的参数都显著。

```
        Box-Pierce test

data:  mod1$residuals
X-squared = 0.10607, df = 1, p-value = 0.7447
```

图 16.33　模型的显著性检验

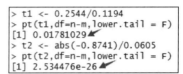

图 16.34　参数的显著性检验

其中，第 5 行代码用于计算 t 统计量，公式为"t 统计量=参数估计值的绝对值/标准差"，即图 16.32 方框中的第一行数的绝对值除以第二行数。

8．预测

根据 1971—1980 年尼罗河流量，进行 10 期预测，主要代码如下：

```
1    p <- forecast(mod1,10)
2    p
```

运行程序，结果如图 16.35 所示。

9．绘制预测图

绘制预测图，主要代码如下：

```
plot(p,lty=2)
lines(mod1$fitted,col="red")
```

运行程序，结果如图 16.36 所示。

从运行结果可知：虚线为预测值，实线为拟合值，深色阴影部分为置信水平为 80% 的预测值置信区间，浅色阴影部分为置信水平为 95% 的预测值置信区间。

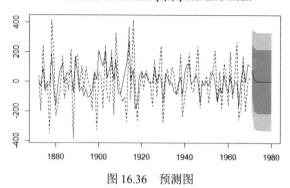

图 16.36　预测图

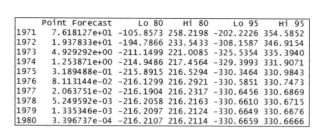

图 16.35　预测结果

16.7　ARIMA 模型 —— 自回归差分移动平均模型

16.7.1　什么是 ARIMA 模型

ARIMA 模型是 ARMA 模型的扩展版，包括以下 3 个参数。
- ☑　p：自回归的滞后阶数。
- ☑　d：差分的滞后阶数。
- ☑　q：移动平均的滞后阶数。

16.7.2　ARIMA 模型的应用

当时间序列为非平稳时间序列时，可以使用 ARIMA 模型。ARIMA 模型的建模流程与 ARMA 模型基本一样。

在 R 语言中，ARIMA 模型同样可以使用自动定阶建模函数 auto.arima()、建模函数 arima() 和预测函数 forecast()，不同的是 ARIMA 模型比 ARMA 模型多了差分，即需将非平稳时间序列转换为平稳时间序列后再进行分析建模预测。

16.7.3　大气中 CO_2 含量趋势分析案例

本节以 R 语言自带的时间序列数据集 CO_2（1959—1997 年各月的大气 CO_2 含量）为例，使用 ARIMA 模型分析预测大气中 CO_2 含量。

1. 绘制时序图

绘制时间序列图，观察时间序列。运行 RStudio，编写如下代码。

```
1    data(co2)                # 导入数据
2    plot(co2)                # 绘制时序图
```

运行程序，结果如图 16.37 所示。从运行结果可知：1959—1997 年大气中 CO_2 的含量存在一定规律，一直在有规律地增加。

2. 时间序列平稳性

通过自相关图和偏自相关图观察时间序列的平稳性，主要代码如下。

```
1  library(forecast)            # 加载程序包
2  par(mfrow=c(1,2))            # 1 行 2 列绘图区域
3  # 绘制自相关图和偏自相关图
4  acf(co2)
5  pacf(co2)
6  dev.off()                    # 关闭绘图设备
```

运行程序，结果如图 16.38 所示。

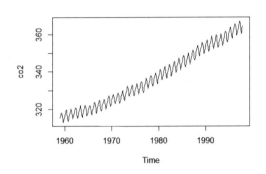

图 16.37　1959—1997 年各月大气中 CO_2 含量的时序图

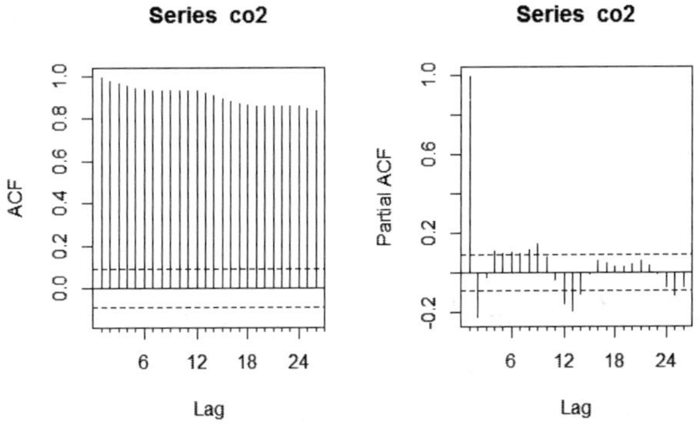

图 16.38　自相关图和偏自相关图

3. 使用 ARIMA 模型预测

使用自动定阶建模，主要代码如下：

```
1  fit <- auto.arima(co2)
2  fit
```

运行程序，结果如图 16.39 所示。

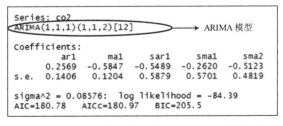

图 16.39　自动定阶建模——ARIMA 模型

4. 预测

基于 AMIRM 模型进行 12 期预测并绘制预测图，主要代码如下：

```
1  p <- forecast(fit,12)        # 基于 AMIRM 模型进行 12 期预测
2  p
3  plot(p)                      # 绘制预测图
```

运行程序，结果如图 16.40 和图 16.41 所示。

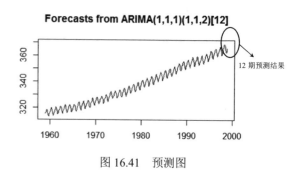

	Point Forecast	Lo 80	Hi 80	Lo 95	Hi 95
Jan 1998	365.1519	364.7766	365.5272	364.5779	365.7259
Feb 1998	365.9244	365.4722	366.3766	365.2329	366.6160
Mar 1998	366.7579	366.2548	367.2611	365.9884	367.5275
Apr 1998	368.1529	367.6066	368.6991	367.3175	368.9882
May 1998	368.7106	368.1253	369.2960	367.8154	369.6059
Jun 1998	367.9974	367.3756	368.6193	367.0464	368.9485
Jul 1998	366.5046	365.8483	367.1609	365.5009	367.5083
Aug 1998	364.4546	363.7656	365.1436	363.4009	365.5083
Sep 1998	362.5883	361.8681	363.3085	361.4868	363.6898
Oct 1998	362.7245	361.9744	363.4746	361.5773	363.8717
Nov 1998	364.1808	363.4019	364.9597	362.9896	365.3720
Dec 1998	365.6001	364.7934	366.4067	364.3664	366.8337

图 16.40　12 期预测结果

图 16.41　预测图

16.8　非平稳时间序列分析

前面的内容都是针对平稳时间序列的分析与预测，本节介绍如何针对非平稳时间序列进行分析。通常会对时间进行分解，进一步分析时间序列数据，挖掘有价值的信息。

16.8.1　非平稳时间序列概述

非平稳时间序列一般分为季节性、趋势性和随机性，下面分别进行介绍。
- ☑ 季节性：数据在某个固定的时间内有明显波动，即在固定的时间间隔内重复。时间序列的平均值有规律性、周期性的变化，则时间序列就会表现出季节性。季节性通常是在几天、几周或几年内重复。
- ☑ 趋势性：时间序列数据的总体呈上升或下降的趋势。趋势性分为确定性趋势和随机性趋势。确定性趋势可以用趋势线去拟合，去掉趋势部分，时间序列就变成了平稳时间序列。随机性趋势随着时间变化，趋势是随机变化的。
- ☑ 随机性：也称不规则性，去除季节性和趋势性后，数据中固有的不规则部分就是随机性。

16.8.2　分解时间序列函数 decompose()

在对非平稳时间序列进行分析时，一般先将时间序列分解，对于明显的周期性时间序列可以将其拆分成季节性部分、趋势部分和随机性部分，然后再进行分析预测。

对非平稳时间序列进行分解前，需要先使用 decompose()函数得到时间序列的基础信息。decompose()函数相当于 summary()函数，其语法格式如下：

```
decompose(x, type = c("additive", "multiplicative"), filter = NULL)
```

参数说明如下。
- ☑ x：时间序列。
- ☑ type：模型类型，默认值为 additive（加法模型，即季节部分+趋势部分+随机部分），值为

multiplicative（乘法模型，即季节部分×趋势部分×随机部分）。

☑　fliter：表示是否加入线性滤波，一般设置为 NULL 即可。

decompose() 函数的返回结果是一个列表，其中包含季节性、趋势性和随机性等信息，并且可以直接绘图，以更直观地观察时间序列数据。

【例 16.15】使用 decompose() 函数分解时间序列（**实例位置：资源包\Code\16\15**）

以 R 语言自带的时间序列数据集 co2（1959—1997 年各月大气 CO_2 浓度）为例，使用 decompose() 函数分解该时间序列并绘图，实现步骤如下。

（1）分解时间序列，返回结果。运行 RStudio，编写如下代码。

```
1    data(co2)                      # 1959—1997 年每个月大气 CO2 的浓度
2    mydata <- decompose(co2)       # 分解时间序列
3    mydata
```

运行程序，返回结果为列表，下面介绍各部分的含义。

☑　$x：原始时间序列。

☑　$seasonal：季节性部分。

☑　$trend：趋势性部分。

☑　$random：随机性部分。

☑　$figure：估计的季节性数值。

☑　$type：模型类型。

（2）将各个部分绘制成时间序列图，主要代码如下。

```
1    # 估计的季节性数值
2    mydata$figure
3    plot(mydata$figure,type="o")
4    # 绘制季节性部分时间序列图
5    mydata$seasonal
6    plot(mydata$seasonal)
7    # 绘制趋势性部分时间序列图
8    mydata$trend
9    plot(mydata$trend)
10   # 绘制随机性部分时间序列图
11   mydata$random
12   plot(mydata$random)
```

运行程序，结果如图 16.42～图 16.45 所示。

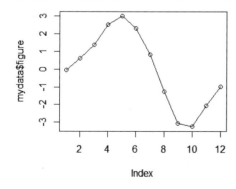

图 16.42　估计的季节性数值

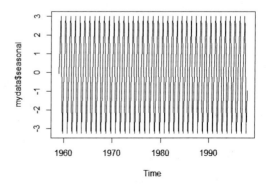

图 16.43　季节性部分时间序列图

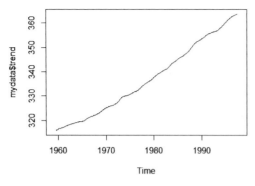

图 16.44　趋势性部分时间序列图

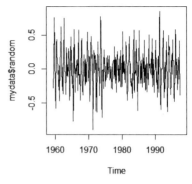

图 16.45　随机性部分时间序列图

（3）绘制综合图，主要代码如下：

```
plot(mydata)                                      # 绘制综合图
```

运行程序，结果如图 16.46 所示。

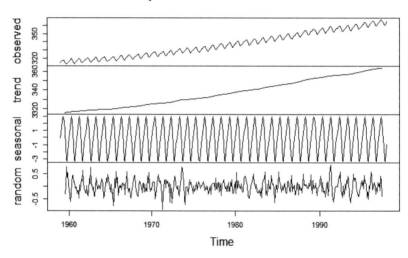

图 16.46　decompose()函数分解时间序列

分解时间序列究竟有什么用处呢？在对时间序列进行分析预测时，如果有需要的话，则可以对时间序列进行季节因素调整，将季节性部分从原始时间序列中去除，主要代码如下：

```
1    data <- decompose(co2,type='additive')      # 加法模型分解时间序列
2    myco2 <- co2-data$seasonal                   # 去除季节性部分
3    par(mfrow=c(2,1))                            # 绘制 2 行 1 列多子图
4    plot(co2)
5    plot(myco2)
6    dev.off()                                     # 关闭绘图设备
```

运行程序，原始时间序列与去除季节性部分的时间序列对比结果如图 16.47 所示。

同理，也可以将趋势性部分从原始时间序列中去除。

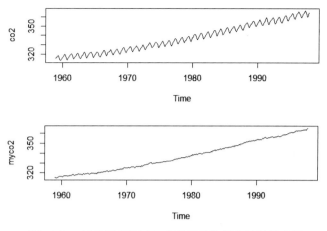

图 16.47　原始时间序列与去除季节性部分的时间序列

16.8.3　指数平滑模型 HoltWinters()

通过对时间序列的分解，可以确定时间序列的特征（即季节性、趋势性或随机性），根据这些特征便可以选择适当的模型（见表 16.2），从而预测未来的发展趋势。在 R 语言中，可以使用指数平滑模型 HoltWinters()函数进行预测，语法格式如下：

```
HoltWinters(x,alpha=NULL,beta=NULL,gamma=NULL,seasonal=c("additive","multiplicative"),
start.periods = 2, l.start = NULL, b.start = NULL, s.start = NULL, optim.start = c(alpha = 0.3, beta = 0.1, gamma = 0.1),
optim.control = list())
```

主要参数说明如下。
- ☑　x：时间序列。
- ☑　alpha：平滑系数 α。
- ☑　beta：平滑系数 β。
- ☑　gamma：平滑系数 γ。
- ☑　seasonal：时间序列为季节性和趋势性指定的模型，默认值为 additive（加法模型），值为 multiplicative（乘法模型）。

根据时间序列是否有趋势性和季节性，可将指数平滑模型分为 3 类，如表 16.2 所示。

表 16.2　时间序列类型及模型

时间序列特点	模　　型	相关参数设置
无趋势性、无季节性	简单指数平滑模型	alpha 参数不指定，beta=F，gamma=F
有趋势性、无季节性	Holt 两参数指数平滑模型	alpha 和 beta 参数不指定，gamma=F
有/无趋势性、有季节性	Holt-Winters 三参数指数平滑模型	alpha、beta 和 gamma 3 个参数都不指定

16.8.4　基于指数平滑模型预测销售额

模拟一组从 2000 年 1 月—2012 年 6 月的销售额数据，然后使用指数平滑模型预测 18 期销售额，实现步骤如下。

1．查看时间序列数据

首先读取文本文件，然后将其转换为时间序列并绘制时序图，运行 RStudio，编写如下代码。

```
1    data <- read.table("datas/xs.txt")                      # 读取文本文件
2    tdata <- ts(data, frequency=12, start=c(2000,1))        # 以月为单位时间，创建时间序列
3    plot(tdata)                                             # 绘制时间序列图
```

运行程序，结果如图 16.48 所示。可知，除了 2006 年上半年有一点波动，2000 年 1 月—2012 年 6 月销售额基本呈现一定的增长趋势。

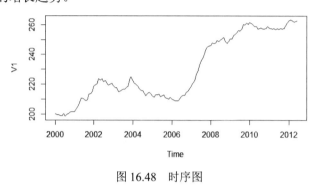

图 16.48　时序图

2．分解时间序列

使用 decompose()函数分解时间序列并绘图，主要代码如下：

```
1    mydata <- decompose(tdata)                              # 分解时间序列
2    plot(mydata)                                           # 绘制综合图
```

运行程序，结果如图 16.49 所示。

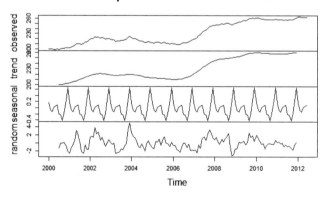

图 16.49　分解时间序列

从运行结果可知：时间序列存在一定的季节性和趋势性。

3．Holt 两参数指数平滑模型预测

使用 HoltWinters()函数实现 Holt 两参数指数平滑模型，进行 18 期预测并绘制预测图，主要代码

如下：

```
1    myfit <- HoltWinters(tdata)          # Holt 两参数指数平滑模型
2    # 基于 Holt 两参数指数平滑模型，进行 18 期预测
3    library(forecast)
4    myval <- forecast(myfit,h=18)
5    myval
6    plot(myval)                           # 绘制预测图
```

运行程序，结果如图 16.50 和图 16.51 所示。从运行结果可知：18 期预测结果，其中图 16.51 深色阴影部分为置信水平为 80%的预测值置信区间，浅色阴影部分为置信水平为 95%的预测值置信区间。

```
         Point Forecast    Lo 80      Hi 80      Lo 95      Hi 95
Jul 2012       262.6165  260.2935  264.9395  259.0638  266.1693
Aug 2012       263.8049  260.8885  266.7213  259.3447  268.2651
Sep 2012       264.8140  261.1406  268.4874  259.1960  270.4320
Oct 2012       265.9183  261.3570  270.4797  258.9423  272.8943
Nov 2012       267.6190  262.0618  273.1763  259.1200  276.1181
Dec 2012       268.3113  261.6654  274.9572  258.1472  278.4753
Jan 2013       268.5749  260.7581  276.3918  256.6201  280.5298
Feb 2013       268.1129  259.0502  277.1756  254.2527  281.9731
Mar 2013       267.4883  257.1106  277.8660  251.6169  283.3596
Apr 2013       267.2078  255.4503  278.9654  249.2262  285.1895
May 2013       267.7408  254.5422  280.9394  247.5557  287.9264
Jun 2013       268.2116  253.5136  282.9096  245.7329  290.6902
Jul 2013       268.1281  251.4092  284.8470  242.5588  293.6975
Aug 2013       269.3165  251.0298  287.6032  241.3494  297.2836
Sep 2013       270.3256  250.4138  290.2373  239.8732  300.7780
Oct 2013       271.4299  249.8386  293.0212  238.4088  304.4510
Nov 2013       273.1306  249.8075  296.4538  237.4610  308.8003
Dec 2013       273.8229  248.7176  298.9281  235.4277  312.2180
```

图 16.50　18 期预测销售额

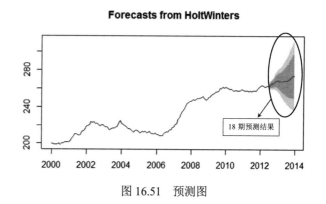

图 16.51　预测图

16.9　要点回顾

时间序列分析的应用非常广泛，需要学习的知识也比较多。例如，处理日期数据，绘制时间序列图，在进行时间序列分析前必备的检验工作，以及不同类型的时间序列应用哪种模型等。其中，读者应重点掌握 ARMA 模型、ARIMA 模型和指数平滑模型三大模型，以便能更好地分析与预测数据。

317